CEAC | 职业技能培训测评项目（电子商务方向）指定教材

商务智能

薛云 / 主编

郭彦丽 谢桂袖 / 副主编

人民邮电出版社

北京

图书在版编目（CIP）数据

商务智能 / 薛云主编. -- 北京 : 人民邮电出版社,
2019.3
ISBN 978-7-115-43976-5

Ⅰ. ①商… Ⅱ. ①薛… Ⅲ. ①数据处理 Ⅳ.
①TP274

中国版本图书馆CIP数据核字(2018)第270004号

内 容 提 要

商务智能是近年来企业信息化的热点，有着广阔的应用前景。本书以“认识—实施—案例—工具—发展”为主线，介绍了商务智能从理论到实践的全过程。全书一共分为 7 章，内容包括：第 1 章“认识商务智能”，解释了商务智能的相关概念及理论基础；第 2 章“实施商务智能”，讲述了商务智能项目的实施过程；第 3 章“分析商务智能案例”，展示了商务智能实际案例的实施细节、成果及价值所在；第 4 章至第 6 章讲解了商务智能开发工具的应用，即应用微策略软件进行数据报表的分析与展现，并通过案例讲解了数据挖掘方法；第 7 章介绍了商务智能的应用及未来发展趋势。

本书内容由浅入深、案例丰富、实践性强，可引导读者掌握商务智能的基础知识、熟悉商务智能的应用场景，进而让读者能够进行实际操作。本书可以作为高等院校信息管理、计算机应用、电子商务等相关专业学生学习商务智能理论与实践的教材，也可以作为从事商务智能相关工作的人员的参考资料，还可以作为MBA技术管理课程的教材。

◆ 主　　编　薛 云
　副 主 编　郭彦丽　谢桂袖
　责任编辑　朱海昀
　责任印制　马振武

◆ 人民邮电出版社出版发行　　北京市丰台区成寿寺路 11 号
　邮编　100164　　电子邮件　315@ptpress.com.cn
　网址　http://www.ptpress.com.cn
　北京天宇星印刷厂印刷

◆ 开本：787×1092　1/16
　印张：14.25　　　　2019 年 3 月第 1 版
　字数：320 千字　　　2024 年 7 月北京第 5 次印刷

定价：49.80 元

读者服务热线：(010) 81055256　印装质量热线：(010) 81055316
反盗版热线：(010) 81055315
广告经营许可证：京东市监广登字 20170147 号

前言 PREFACE

商务智能（Business Intelligence，BI）是利用数据存储、数据集成、数据分析技术，把海量的业务数据转化成有价值的信息，辅助管理者进行决策的一套完整的解决方案。目前，各行各业对商务智能人才的需求也在不断增加。很多大学的计算机学院、软件学院和商学院等都开设了商务智能的相关课程，培养商务智能人才，以满足市场的需求。因此，编者从国内商务智能人才培养的需求出发，考虑到国内外相关著作中存在的不足之处，结合北京汇智协同教育科技有限公司推出的“CEAC 职业技能培训测评——商务智能课程”撰写本书，并开发了相应的视频教学资源。希望本书能够符合市场需求，也希望读者通过学习本书能够对商务智能有更深入的了解。

全书以“认识—实施—案例—工具—发展”为主线，讲述了商务智能从理论到实际操作的全过程。“认识”部分解释了商务智能的相关概念及理论基础，让读者充分了解商务智能；“实施”部分讲述了商务智能项目的实施过程，为商务智能的实际操作打牢知识基础；“案例”部分展示了企业真实商务智能案例的实施细节、成果及价值，让读者亲身体验商务智能带给企业决策者的洞察力；“工具”部分应用微策略（MicroStrategy，MSTR）软件进行实践，让读者体验商务智能工具的便捷和强大；“发展”部分介绍了商务智能的应用及未来发展趋势，引导读者追随技术发展的方向。

本书的特色如下。

（1）结构合理：按照理论够用和实践充分的原则进行综合构思和组织内容。

（2）资源丰富：考虑到读者的学习需求，本书配备了丰富的教学资源。读者可以登录 CEAC 职业技能培训测评学习网站，选择“在线课程”专区的商务智能课程进行学习，并获取相关参考资料。读者也可以关注微信公众号（LearningBI），获取相关学习资料，参与相关的互动。

（3）实践充分：本书提供了 Desktop 工具的下载链接、数据文件和微课视频。读者可以在人邮教育社区（www.ryjiaoyu.com）下载获取。

（4）案例具体：书中的案例从实际的企业背景和商业需求出发，进行了功能的展示，使读者可以充分了解商务智能的实践效果，体现了本书的实用性。

本书由薛云担任主编，郭彦丽、谢桂袖担任副主编，参与编写的还有胡佳伟、林曼、吴晟和刘秋霞。各章具体编写分工如下：薛云负责第 1、2 章的编写；胡佳伟、林曼和吴晟负责第 3 章的编写，薛云和刘秋霞负责第 4、5、6 章的编写；郭彦丽、谢桂袖负责第 7 章的编写。

由于编者水平所限，书中难免存在疏漏之处，敬请广大读者批评指正，以期在今后的修订中进一步完善。

特别感谢北京汇智协同教育科技有限公司对本书编写进行非常具体的规划和设计，并跟踪和把控本书编写的整个过程。与此同时，感谢德昂信息技术（北京）有限公司在师资、教学资源、教学案例等方面给予的大力支持。编者在本书编写过程中参考了有关书籍和资料，在此向相关作者表示衷心感谢！

编者

2018 年 10 月

CONTENTS 目录

第 3 章

第 4 章

第 5 章

第 6 章

第1章 认识商务智能

据统计，在如今信息爆炸的时代，全球每天大约产生15PB（1PB=1024TB）数据，且数据量正在以每年1.3倍的速度迅速扩增。然而在海量的数据中，真正能够被企业用于分析和运用的部分不足10%。国际数据企业的调查表明，企业37%的业务决策主要依赖于“直觉”或“本能”。面对日益激烈的市场竞争，企业越来越需要提高决策的准确度和灵敏度。显然，依赖于“直觉”和“本能”的决策模式已经不符合时代的发展。企业现有的海量数据是隐藏着巨大商业价值的数据资产，如何从这些海量数据中挖掘出企业决策者所需的信息已经越来越重要。在此背景下，商务智能（Business Intelligence，BI）应运而生，而且得到相关业界的日益重视。

本章将从商务智能概念，数据可视化，数据仓库，数据的抽取、转换、加载，数据挖掘几个方面认识和解读商务智能。

【学习目标】

1. 了解商务智能的发展历史，理解商务智能的基础知识，掌握商务智能的架构模型。

2. 了解数据可视化的概念，理解商务智能与数据可视化的关系，掌握常见图表的应用场景。

3. 理解数据仓库的基础知识，掌握数据仓库的建模及体系结构。

4. 理解数据抽取、转换、加载的含义。

5. 了解数据挖掘的定义及在商务智能中的应用，理解数据挖掘的功能和对象，掌握数据挖掘的步骤。

1.1 什么是商务智能

1.1.1 商务智能的概念

从20世纪90年代开始到目前，商务智能越来越受到企业界的关注，其概念最早由美国加特纳企业（Gartner是全球最具权威的IT研究与顾问咨询企业之一）于1996年提出。

加特纳企业将商务智能定义为：商务智能描述了一系列的概念和方法，通过应用基于事实的支持系统来辅助商业决策的制订，商务智能技术提供使企业迅速分析数据的技术和方法，包括收集、管理和分析数据，将这些数据转化为有用的信息，然后分发到企业各处。

国内研究商务智能的著名学者王茁，给出的商务智能的概念为：商务智能是企业利用现代信息技术收集、管理和分析结构化与非结构化的商务信息，创造和累计商务知识、见解，进而改善商务决策水平、采取有效的商务行动、完善各种商务流程、提升各方面商务绩效、增强综合竞争力的智慧和能力。

综上，对商务智能概念的理解可以分别从信息技术和管理科学的角度进行。从信息技术的角度理解，商务智能是一种满足企业决策需要的解决方案，即从来自不同的企业运作系统的数据中提取有用的数据并进行清理，以保证数据的正确性，然后经过抽取、转换和加载，再合并到一个企业级的数据仓库里，从而得到企业数据的全局视图，并在此基础上利用合适的查询和分析工具、数据挖掘工具等对其进行分析和处理，最后为管理者的决策过程提供支持。从管理科学的角度理解，商务智能是指对商业信息的搜集、管理和分析的过程，目的是使企业的各级决策者获得知识、提升洞察力，促使他们做出对企业更有利的决策。

1.1.2 商务智能的特点

商务智能是融合了先进信息技术与创新管理理念的结合体，我们通过了解商务智能的特点可以更好地理解商务智能的内涵。商务智能的特点如下。

1. 综合性的开放系统

商务智能是企业面向内外部环境，同外界环境保持动态互连的开放系统。

2. 具有强大的数据分析处理与展示功能

商务智能集成了在线分析处理、数据挖掘等多项数据分析技术。

3. 注重在系统的海量数据和信息中发现知识

企业为了在竞争中取得优势地位，必须通过商务智能技术识别和应用隐藏在所收集的数据中的知识。

4. 综合了多项技术的应用

商务智能所采用的技术并不是新的技术，而是已有的数据仓库、在线分析处理、数据挖掘等技术的综合。

5. 服务于企业战略

商务智能对企业的内外部数据进行分析，支持企业战略管理。

6. 有助于提升企业绩效

商务智能必须要促进企业某一方面业务顺利开展，提升业绩。

7. 用户具有多样性

商务智能的用户包括企业一线的业务人员、各级管理者，甚至外部的顾客和商业合作伙伴，每一层用户拥有不同的使用权限，不过商务智能最终服务于各类企业决策者。

1.1.3 商务智能的发展历史

从最初的事务处理系统（Transaction Processing System，TPS），到高层管理信息系统（Executive Information System，EIS）、管理信息系统（Management Information System，MIS）和决策支持系统（Decision Support System，DSS）等，再到今天的企业商务智能，就是商务智能的发展历程。

1. TPS

TPS 是企业信息化进程中首要进行的任务之一。TPS 是进行日常业务处理、记录、汇总、综合、分类，并为组织的操作层次服务的基本商务系统。TPS 可以帮助组织降低业务成本，提高信息准确度，提升业务服务水平，其在企业中主要表现为 4 种系统：市场营销系统，生产制造系统，财务系统会计系统，人力资源系统。TPS 向 EIS、MIS、DSS 和商务智能系统提供了所要的基础数据，是它们的基础。

2. EIS

EIS 是服务于组织高层经理的一类特殊的信息系统，能够使经理们更快地得到更广泛的信息。EIS 首先是一个“组织状况报导系统”，能够迅速、方便、直观地用图形提供综合信息，并可以预警与控制“成功关键因素”遇到的问题，能有选择地向管理人员和执行人员提供关于业务状况的信息。EIS 虽然能提供关于商业活动情况的一些信息，但若要对商业活动面临的问题进一步分析，还要借助于另一些分析工具或由专业人员来实现。

3. MIS

MIS 由人和计算机网络集成，能提供企业管理所需信息，以支持企业的生产经营和决策的人机系统，主要功能包括经营管理、资产管理、生产管理、行政管理和系统维护等。MIS 是 EIS 的进一步发展，其应用范围比 EIS 更为广泛，能够帮助管理人员了解日常业务，并进行高效的控制、组织、计划。

4. DSS

DSS 是辅助决策者通过数据、模型和知识，以人机交互方式进行半结构化或非结构化决策的计算机应用系统。它为决策者提供分析问题、建立模型、模拟决策过程和方案的环境，调用各种信息资源和分析工具，帮助决策者提高决策水平和质量。它是 MIS 向更高一级发展而产生的先进信息管理系统。

DSS 比 MIS 更为灵活，它允许决策者查询存储于关系数据库中的任何问题，甚至储存于不同计算机系统或网络中的数据库中的有关数据，并以多样化的格式提交给决策者及其他信息系统。

5. 商务智能

随着互联网的快速发展，在 DSS 基础上发展商务智能成为必然。因为在统一的平台上，企业能向组织内外的人员（包括员工、供货商、合作伙伴、客户）方便地发送信息；而且，随着基于互联网的各种信息系统在企业中的应用，企业将收集越来越多的关于客户、产品及销售情况在内的各种信息，这些信息能帮助企业更好地预测和把握未来。在 DSS 基础上进一步发展起来的商务智能系统能够向用户提供更为复杂的商业信息，可以更为方便地定制各种报表和图表的格式，能够向行政管理人员、技术人员和普通员工提供个性化的多维信息，使分析处理信息的能力和信息的利用率大为提高。例如，用户想了解销售情况时，可以通过商务智能系统得到按产品、地区、客户分类的网上销售和正常柜台销售的多种分析报告，在此基础上，可以进一步解决企业决策时需要了解的各种问题，并帮助企业更快、更好地制订和做出决策。

另外，随着企业信息技术的升级，如今在企业界，数据资产的观念正在进入企业的资源计划（Enterprise Resource Planning，ERP）系统中，而把数据转换为资产的方法和技术也正在成为企业投资 IT 领域的热点。目前大部分大中规模的企业都是信息丰富的组织，而一个信息丰富的组织的绩效不仅仅依赖于产品、服务或地点等因素，更重要的是依赖知识。从数据转换为信息，再从信息转换为知识，并不是一个简单的过程。商务智能的本质正是把数据转化为知识，其致力于知识发现和挖掘，使企业的数据资产能带来明显的经济效益，减少不确定性因素的影响，使企业取得新的竞争优势。

1.1.4 商务智能的技术实现路径

商务智能的技术实现路径参见图 1-1。

图 1-1 商务智能的技术实现路径

首先，数据是起点，也是基础。ERP 系统中已经积累了大量数据，但是，这些数据却是按照单据与流程的需要而存储的，对于管理者来说，就显得有些杂乱无章。他们期望看到的数据是简单且直观的，所以，分析人员需要将数据进行抽取、清洗，将之转换为有价值的信息。

其次，信息转变为知识，而知识管理的一个重要工作就是将某个特定人脑中的经验，变为可复制。在这里，这个过程就是建模的过程。将不同分析主题的分析视角（维度）与分析内容（度量）固化下来，让大家知道原来可以从这些角度来分析这么多指标。

最后，知识辅助决策。决策不是少数高管的专利。管理学中有一个著名的“木桶理论”，就是说，一个木桶能装多少水，并不取决于木桶最长的木板，而取决于最短的那根。而对于企业管理来说，不管董事长、总经理的决策水平多高，相关决策是否能发挥应有作用的关键在于各级管理人员都能理解且执行到位。所以，通过一个数据分析平台的建立，让所有的管理者都看到统一的数据（当然是有权限控制的），都能基于数据去决策与执行，才能真正提升企业的整体决策水平。

因此，商务智能的技术实现路径，总结下来有 3 点：数据获取、建模与平台化展现。企业的商务智能离不开对数据的获取、使用和管理这 3 个过程，如图 1-2 所示。

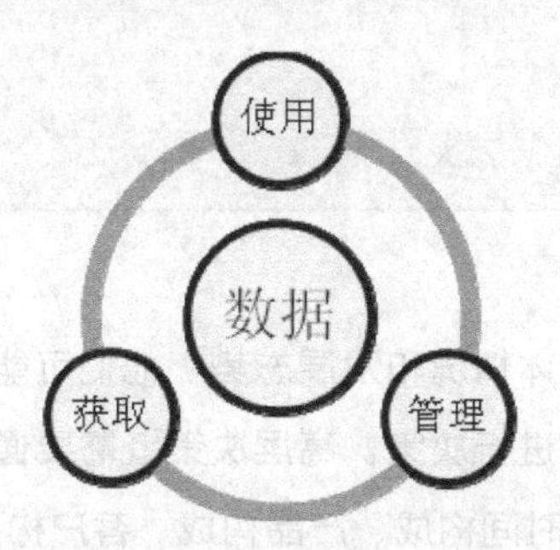

图 1-2 企业数据的应用过程

1.1.5 商务智能的架构模型

商务智能系统是一系列的概念、方法和过程的集合体，通过这些概念、方法和过程来获取和分析数据，提取有用的信息，更好地帮助决策。企业级商务智能系统可以看成是一种解决方案，它能够帮助企业通过现有的数据资源，获取和分析信息，帮助企业管理者做出最优决策。将企业级商务智能系统的层次架构划为数据层、技术层、分析层、展示层、决策层这 5 个层次，如图 1-3 所示。

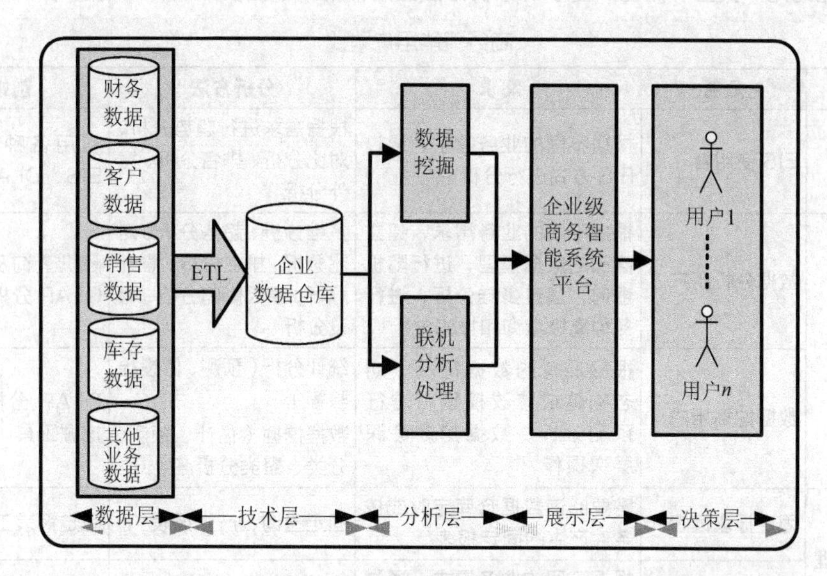

图 1-3 企业商务智能模型

（1）数据层，确保从企业的 ERP 系统、客户关系管理系统（Customer Relationship Management，CRM）、供应链管理系统（Supply Chain Management，SCM）等系统收集到真实的、有效的数据。

（2）技术层，商务智能系统通过 ETL（Extract-Transform-Load，数据抽取、转换、加载）将数据层的原始数据集成到数据仓库中，针对不同部门的异构数据进行整合，以待进一步的分析处理。

（3）分析层，系统需建立良好的模型库、知识库、方法库，从数据仓库中分析和挖掘出有价值的信息，转化为用户能理解的知识，充分展现企业级数据的智能分析功能。

（4）展示层，企业可通过查询报表，制订关键绩效指标，进行绩效管理等工作。

（5）决策层，用户运用系统提供分析结果，将战略决策用于指导具体的行动，体现了商务智能的价值。

1.1.6 商务智能的用户

1. 高层决策者

高层决策者需要了解业务的总体情况和发展态势。他们可能使用系统提供的分析工具自己发现问题，但更主要的是利用分析结果进行决策。高层决策者需要通晓业务的具体状态和发展趋势，包括业务的状态和构成（机构构成、时间构成、产品构成、客户构成等），以及各个指标的发展趋势和预测。

2. 数据分析专家

数据分析专家需要更加深入地从数据仓库中发现问题和市场机会及风险，需要及时把发现的结果报告给高层决策者。

3. 中下级经理和业务人员

中下级经理和业务人员，通常仅仅关心与各自工作相关的内容，注重报表和固定的数据查询。

商务智能的用户类型、角色、需求、分析方法及所需的前端工具如表 1-1 所示。

表 1-1 商务智能用户对比

用户类型	角色	需求	分析方法	前端工具
高层决策者	EIS 使用者	根据不同的业务需求，通过 EIS 方式进行分析	根据需求进行趋势分析、对比分析、排名分析、意外分析	利用各种软件开发的 EIS、OLAP 分析工具
数据分析专家	数据分析用户	根据不同的业务需求，建立自己的数据模型，进行随机查询；通过多维分析，进行各种高级查询和报表分析	多维分析、趋势分析、对比分析、排名分析、意外分析、原因影响分析、假设分析	随机查询及报表工具、OLAP 分析工具
	数据挖掘用户	根据现有的数据情况，动态构建或修改模型，进行预测分析、数据挖掘等深层次操作	统计分析（预测、假设检验等）， 数据挖掘（估计、预测、分类、聚类分析等）	OLAP 分析工具、数据挖掘工具
中下级别经理和业务人员	固定报表读者	需要阅读数据仓库定时或按条件产生的固定报表	固定查询、产生报表	固定报表工具
	信息浏览者	根据不同的业务需求，通过建立简单的查询进行分析，产生动态报表	自查询、动态报表	即席查询及报表工具

1.1.7 商务智能与大数据

1. 大数据的概念

研究机构 Gartner 给出的大数据的定义是：大数据是需要新处理模式才能具有更强的决策力、洞察发现力和流程优化能力来适应海量、高增长率和多样化的信息资产。

麦肯锡全球研究所给出的大数据的定义是：一种规模大到在获取、存储、管理、分析方面大大超出了传统数据库软件工具能力范围的数据集合，具有海量的数据规模、快速的数据流转、多样的数据类型和价值密度低四大特征。

2. 大数据的相关技术

大数据需要特殊的技术，在合理时间内可以有效地获取、管理、处理大量的数据，并整理成为有价值的信息。适用于大数据的技术，包括大规模并行处理数据库、数据挖掘技术、分布式文件系统、分布式数据库、云计算平台、互联网和可扩展的存储系统等。

从技术上看，大数据与云计算的关系就好比一枚硬币的正反面一样密不可分。大数据必然无法用单台的计算机进行处理，必须采用分布式架构。它的特色在于对海量数据进行分布式数据挖掘。但它必须依托云计算的分布式处理、分布式数据库和云存储、虚拟化技术。

3. 大数据的应用

大数据到底改变了什么？它其实就是通过海量的数据处理，让决策过程变得更轻松、更靠谱。比如，在网上购物时，它首先会告诉你某个商品有多少人评价，评价越多，也就意味着越多人买；当单击进去之后，就可以看到好评度的具体数据。还可以提供一个价格趋势信息，展示历史价位走势，告诉用户其他电商平台是不是更便宜。除此之外，还可提供其他同类或同价位商品的推荐与排名等。有了这些信息，用户就掌握了做购买决策时的几个关键信息："这款商品好不好卖？""这款商品口碑好不好？""这个价格便不便宜，现在是不是最便宜的时候？""有没有其他更好的商品？""这个时候，是否将这个商品放进购物篮并付款？"可见，做决定将变得非常轻松。

4. 商务智能与大数据

大数据是将结构化的精确数据进行价值挖掘，化繁为简；将海量的数据归纳整理为几个简单的指标。简而言之，商务智能就是一种简化的大数据工具。商务智能与大数据技术的对比如表 1-2 所示。

表 1-2　商务智能与大数据技术的对比

内容	商务智能	大数据
信息量	不太大，常为 TB 量级	大，常为 PB 量级
信息特征	结构化信息，非实时信息	主要为非结构化信息，如文本、图形、音频、视频、遥感和遥测信息等，大多是实时信息
信息来源	主要为企业交易数据	主要是社会日常运作和各种服务中实时产生的数字数据，如社交媒体、移动电话和短信、电子商务交易产生的数据等
涉及技术	数据仓库、数据挖掘技术等	大规模并行处理数据库、数据挖掘技术、分布式文件系统、分布式数据库、云计算平台、互联网和可扩展的存储系统等
关联关系	商务智能是达成业务管理的应用工具。没有商务智能，大数据就没有了转化为价值的工具，没办法变成决策的依据	大数据是基础，没有大数据，商务智能就失去了存在的基础。同样，商务智能未来的发展方向是"极速、实时、智能"。要能够快速、实时地看到通过大数据产生的库存、账单等信息，还要建立业务模型和数据模型，让大数据按照业务逻辑展现
数据来源	结构化数据	大数据能够基于商务智能工具对大容量数据和非结构化数据进行处理；与传统基于事务的数据仓库系统相比较，大数据分析不仅关注结构化的历史数据，还倾向对非结构化海量数据进行分析；大数据是对商务智能的一个完美补充

续表

内容	商务智能	大数据
精确性要求	高	不高
因果与关联	重因果性分析	重关联性分析
效益	通过数据分析提高运营能力	将更有利于深入了解业务运转和与客户的互动

1.2 什么是数据可视化

1.2.1 数据可视化的概念

数据可视化旨在借助图形化手段，来清晰、有效地传达信息。数据可视化为了达到上述目的，需在数据满足分析决策需要和数据展现形式上同时予以考虑，通过直观地传达关键数据与特征，实现对于相当分数而又复杂的数据集的深入洞察。然而，现实中，设计人员往往并不能很好地把握设计与功能之间的平衡，从而创造出华而不实的数据可视化形式，无法达到其主要目的，也就是传达与沟通不畅。

数据可视化与信息图形、信息可视化、科学可视化以及统计图形密切相关。当前，在研究、教学和开发领域，数据可视化是一个极为活跃而又重要的领域。

1.2.2 商务智能与数据可视化的关系

商务智能的目标是将商业和企业运维中收集的数据转化为知识，辅助决策者做出明智的业务经营决策。数据包括来自业务系统的订单、库存、交易账目、客户和供应商等，以及其他外部环境中的各种数据。从技术层面上看，商务智能是数据仓库、联机分析处理工具和数据挖掘等技术的综合应用，其目的是使各级决策者获得知识、提升洞察力。为了使分析后的数据直观、简练地呈现在用户面前，则需要采用一定的形式表示和发布出来，此时便需要应用数据可视化技术。

商务智能中的数据可视化，是以商业报表、关键绩效指标、图形等易为人们所辨识的方式将原始数据间的复杂关系、潜在信息以及发展趋势，通过可视化展现平台，以易于访问和交互的方式来揭示数据的价值，从而提升决策人员的业务过程洞察力。目前，多数商务智能软件企业已提供了基于 Web 应用的展现服务，来扩展商务智能的信息发布范围。另外，随着移动应用的普及和移动办公的需求日益强烈，部分主流商务智能软件企业也有了移动端平台展现可视化开发的业务，例如微策略（MicroStrategy）。下面介绍两个在商务智能数据可视化中常用的两种展现形式，即仪表盘和平衡计分卡。

1. 仪表盘

仪表盘（Dashboard）在商务智能分析中起着很重要的直观展示数据与支持决策的作用。由于仪表盘是一个商务智能综合分析展示的平台，所以一个界面上可能会有多个组件和图表，但这并不意味着这些数据和图表组件是随意堆砌的。商务智能仪表盘的展示大多有一个特定的主题或分类。大致归纳为 3 种：运营仪表盘、策略仪表盘和战略仪表盘。根据种类的不同，仪表盘的设计及展示也大不相同。

商务智能仪表盘也可以被称为管理驾驶舱，无论是管理决策者，还是企业业务流程中的普通员工，都可以利用它来展示聚合分析的结果，让决策更加快速、准确，进而更快地推进业务流程，最终提高工作效率。

2. 平衡计分卡

平衡计分卡（Balanced Score Card）是商务智能分析中另一个主要应用数据可视化技术的部分。1992年，Robert Kaplan及David Norton在《Harvard Business Review》（哈佛商业评论）中发表题为“The Balanced Score Card：Measures That Drive Performance”的文章（平衡计分卡：驱动绩效的度量）。这是第一次提出平衡计分卡的概念。

平衡计分卡主要是通过图、卡、表来实现战略的规划。此工具可以将企业的策略，透过财务、内部业务流程、学习与成长、客户这4个方面来审视，如图1-4所示。每一方面都包括了策略目标、行动计划及衡量指标这三大部分。所谓“平衡”，是从3个角度来观察：一是外部及内部间的平衡，外部强调财务方面及客户方面，内部则强调内部流程及学习与成长方面；二是财务及非财务方面衡量的平衡；三是领先指标及落后指标的平衡等。

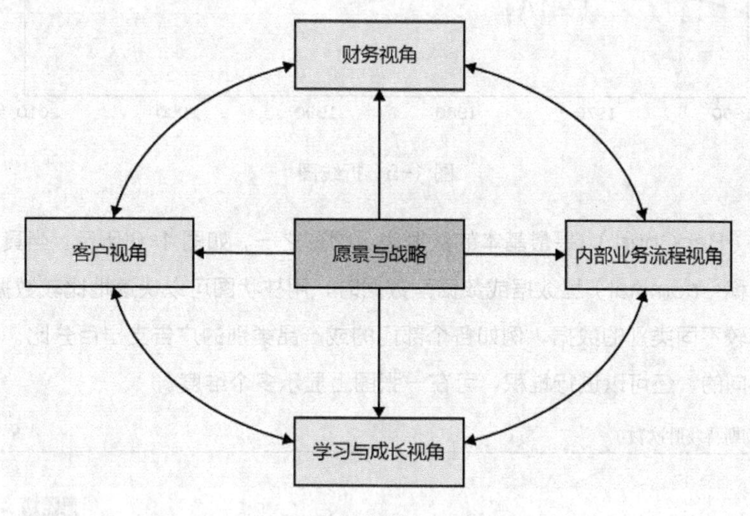

图1-4 平衡计分卡视角图

1.2.3 常见图表概览

通常业务分析系统的终端用户在面对特定目标时，并不很确定应该使用何种类型图表。某些图表能够更好地解答特定的问题。下面简单介绍业务分析系统中常见的图表，并分别说明它们能够更好地解决或分析什么问题。有人觉得，基本图表太简单、太原始，不高端、不大气，因此追求更复杂的图表。这是对图表的一种误解。其实越简单的图表，越容易理解。快速、简洁地表现数据是“数据可视化”的最重要目的和最高的追求。

1. 基本图表

下面介绍数据可视化中最常用的基本图表。

（1）折线图（Line Chart），是最常用于描述时间序列数据的图表，如图1-5所示。折线图表示两种变量之间的关系，常用于追踪在一个时间段内的趋势或变化（通常将时间设为 *X* 轴）。折线图将图表中的各个数据点依次连接起来，帮助发现一段时间内的变化趋势。折线图常用于显示随时变化的度量，例如，某股票 5 年内的价格改变，企业 1 个月内每天客服呼叫数量的变化。

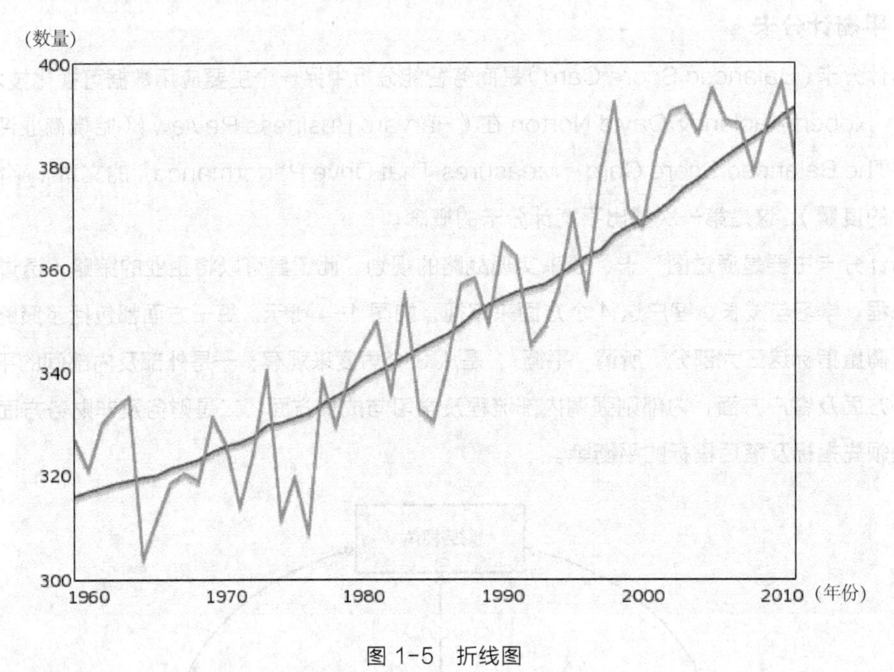

图 1-5　折线图

（2）柱状图（Bar Chart），是最基本的数据表示图形之一，如图 1-6 所示。当具有能精确地划分成不同类别的标称（nominal）型数据或数据型数据时，用柱状图可以快速地比较数据的结果和趋势。柱状图常用于比较不同类别的数据，例如各个部门的或产品类别的广告支出百分比。柱状图可以横向的，也可以是纵向的，还可以进行堆积，可在一张图上显示多个维度。

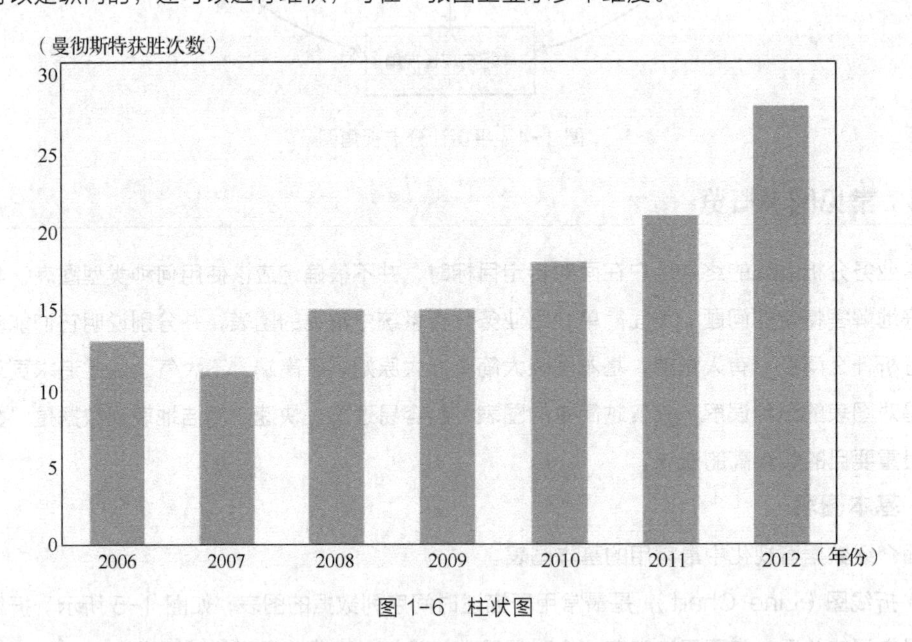

图 1-6　柱状图

（3）饼图（Pie Chart），是一种圆饼状的图，如图 1-7 所示，常用于显示特定度量的相对百分比。

例如，饼图可以用于展示不同产品的广告预算百分比，或者大二学生所学专业的相对比例等。但如果数据类别过多（大于 4 类），那么可以考虑使用柱状图来代替饼图。

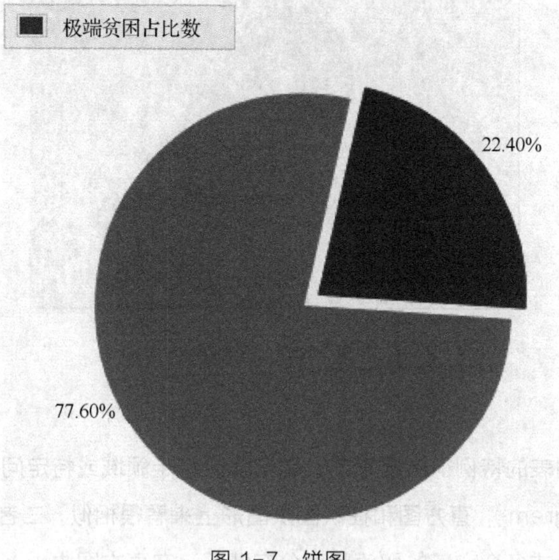

图 1-7　饼图

（4）散点图（Scatter Plot），常用于分析两个或者三个变量之间的关系（二维或三维图），如图 1-8 所示。如果应用于 3 个以上变量，则散点图层变得难以操作。散点图在探究数据趋势、集中度和异常值等方面十分有效。例如，用户可以使用两个变量的散点图，展示心脏病患者年龄与体重之间的关系；或者显示客户服务代表数量和客户服务请求数之间的关系。通常，在二维散点图中叠加（superimpose）趋势线，显示数据之间的关系。

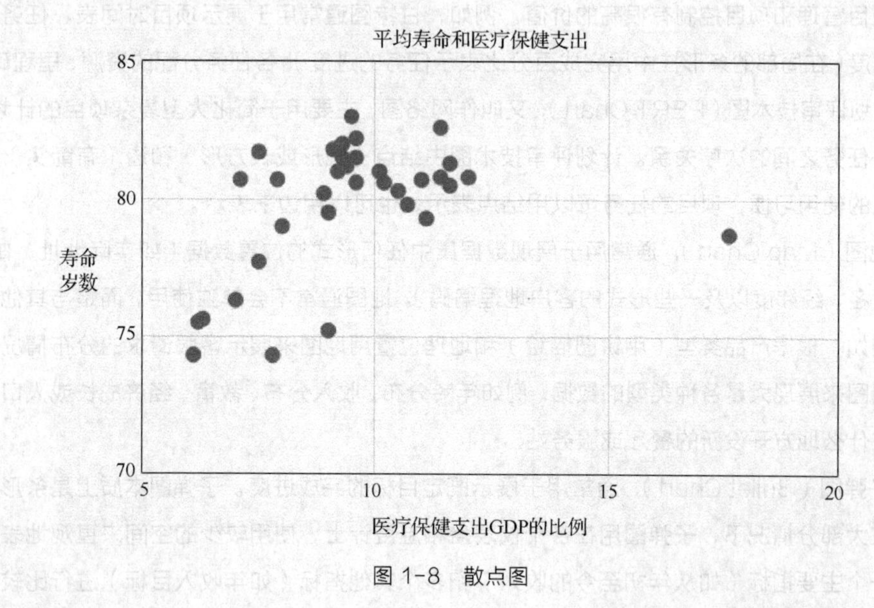

图 1-8　散点图

（5）气泡图（Bubble Chart），是散点图的强化版本，可以看作是在散点图（或者地图）中增强数据表现力的一种技术。通过改变气泡的大小和颜色，用户可以加入新的数据维度，表达数据更丰富的内涵，如图 1-9 所示。例如，气泡图可以按照不同产品和销售地区显示利润率（Profit margin）。

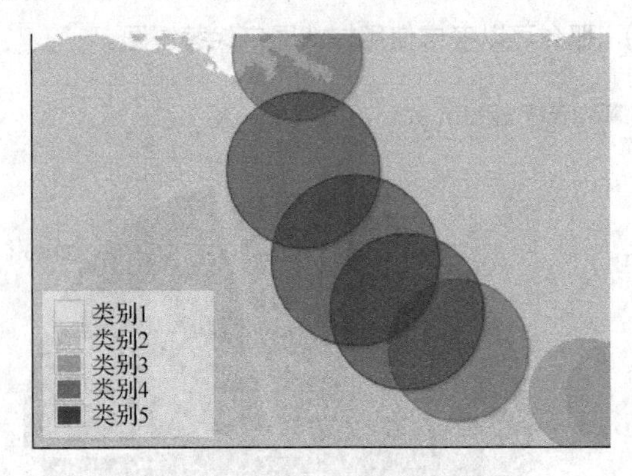

图 1-9　气泡图

2. 专业图表

专业图表是从基本图表的特例衍生出来的，用于解决特定领域或特定问题的图表。

（1）直方图（Histogram），直方图和柱状图从图形上来看很相似，二者不同之处在于对信息的描述。直方图用于表示一个或多个变量的取值频率分布情况。在直方图中，*X* 轴通常用来代表类别或者区间，而 *Y* 轴通常表示度量、数值或频率。直方图能够展现数据的分布形状，从而帮助用户判断数据是呈正态分布还是指数分布。例如，直方图可以显示一个班级的考试成绩，包含分数的分布状况和单个学生之间的分数比较；或者用来展现客户群的年龄分布。

（2）甘特图（Gantt Chart），是一种特殊的横向条形图，用于描述项目时间表、项目任务或活动时间段和项目活动之间的重叠情况。通过显示项目中任务的开始和结束时间（日期）以及重叠情况，甘特图对项目管理和项目控制有很高的价值。例如，甘特图通常用于展示项目时间表、任务重叠、相对任务完成度（在局部的条形柱中用完成百分比表示任务的进度）、各任务分配的资源、里程碑和成果。

（3）计划评审技术图（PERT Chart），又叫作网络图，主要用于简化大型复杂项目的计划与调度，可显示项目任务之间的次序关系。计划评审技术图由结点（圆形或长方形）和边（有箭头）组成。根据用户不同的使用习惯，项目的任务可以用结点表示，也可以用边来表示。

（4）地图（Map Chart），通常用于展现数据集中任何形式的位置数据（如实际地址、邮政编码、国家或地区名、经纬度以及一些形式的客户地理编码）。地图通常不会单独使用，而是与其他的图表结合使用。例如，根据产品类型（用饼图描绘）和地理位置用地图来展示客服请求的分布情况。用户通常可以用地图来展现大量各种类型的数据（例如年龄分布、收入分布、教育、经济成长或人口变化等），从而决定在什么地方开设新的餐厅或服务站。

（5）子弹图（Bullet Chart），通常用于展示既定目标的完成进度。子弹图本质上是条形图的一种衍生品。在大部分情况下，子弹图用在各个仪表盘和温度计上，使用较少的空间来直观地表达信息。子弹图将一个主要指标（如从年初至今的收入）和多个其他指标（如年收入目标）进行比较，并使用预定义的绩效度量进行表示（如销售配额）。子弹图可以直观地显示主要指标和目标之间的差距（例如，一个销售人员目前的销售数量与他的年销售配额相差多远）。

（6）热图（Heat Map Chart），是一种非常有效的可视化工具，使用颜色来表示两种类别的连续值之间的比较。热图的目的是帮助用户快速地发现目标差异：就分析的数值度量而言，两个类别相交的部分在哪些部分最强，哪些部分最弱。例如，用户可以使用热图进行目标市场的分割分析，其中，度量用颜色梯度代表购买数量，维度为收入分布和年龄。

（7）突出显示表（Highlight Table），是热图进一步改进的形式。除了使用颜色来表示数据交叉外，突出显示表中还添加了数字来显示更多信息。也就是说，突出显示表是二维表格，其中单元格里包含数值和颜色梯度。例如，突出显示表可以根据各类产品的销售量说明销售人员的绩效。

（8）树状图（Tree Map Chart），使用多个嵌套的矩形来展示层次（树状结构）数据。这个树状结构中，树的每一个分支都是一个矩形，下面有更小的矩形代表子分支；叶子结点的矩形面积大小与数据的维度成比例。通常叶子结点带有颜色，用以显示数据的不同维度。树状图对空间的利用率很高。因此，树状图可以在屏幕上同时显示成千上万个结点。

上述的图表基本涵盖了数据可视化领域的常用图表，但实际应用的图表还不止这些。目前，有很多用于特定用途的图表，而且图表的应用趋势是混合这些图表，并使用动画展示，更加美观、直观地表达复杂多变的业务数据。例如，在 Gapminder 网站可以发现很多可交互的、动态的气泡图，其中提供了从多个视角展示的健康、财富和人口数据。

1.3 什么是数据仓库

1.3.1 数据仓库的定义

W.H.Inmon 在 1992 年出版的《Building the Data Warehouse》一书中，将数据仓库（Data Warehouse，DW）定义为一个面向主题的（Subject Oriented）、集成的（Integrated）、相对稳定的（Non-Volatile）、反映历史变化（TimeVariant）的数据集合，用于支持管理决策和信息的全局共享。

商业数据处理大致可以分成两大类：联机事务处理 OLTP（On-Line Transaction Processing）、联机分析处理 OLAP（On-Line Analytical Processing）。OLTP 是传统的关系型数据库的主要应用，主要进行基本的、日常的事务处理，例如银行交易。OLAP 是数据仓库系统的主要应用，支持复杂的分析操作，侧重决策支持，并且提供直观、易懂的查询结果。从面向事务处理到面向分析处理的系统使用中，如何将面向事务系统中的数据与数据仓库中的数据建立联系是建立数据仓库必须解决的问题。

OLTP 包含巨量数据的更新，并提供对重要数据的近实时访问，包括让企业更有竞争力的数据。OLAP 提供近乎实时的虚拟数据仓库；对主数据管理的负载均衡更新，能提升企业信息化架构的灵活度。

OLTP 与 OLAP 的对比分析如表 1-3 所示。

表 1-3　OLTP 与 OLAP 的对比分析

	OLTP	OLAP
用户	操作人员，低层管理人员	决策人员，高级管理人员

续表

	OLTP	OLAP
功能	日常操作处理	分析决策
DB 设计	面向应用	面向主题
数据	当前的、最新的、细节的、二维的、分立的	历史的、聚集的、多维的、集成的、统一的
存取	读/写数十条记录	读上百万条记录
工作单位	简单的事务	复杂的查询
用户数	上千个	上百万个
DB 大小	100MB～100GB	100GB～100GB
时间要求	具有实时性	对时间的要求不严格
主要应用	数据库	数据仓库

1.3.2 数据仓库的特点

数据仓库主要有以下特点。

1. 面向主题

数据仓库面向不同的主题域进行组织，一个主题通常与多个操作型信息系统相关。例如一个数据仓库可以包含“客户”“产品”“收入”等主题。

2. 集成性

数据仓库中的数据从建立时开始，面向整个企业的分析处理，数据仓库中的数据是已经集成的统一数据源或者是经过综合和计算后的数据。

3. 相对稳定

若将某个数据记录存入数据仓库，则不能再对其进行修改或删除的操作。数据需要定期加载，加载后的数据极少更新。

4. 反映历史变化

数据仓库中的数据能够反映历史变化，许多商业分析要求对发展趋势做出预测，对发展趋势的分析需要访问历史数据。

1.3.3 数据仓库的建模

数据仓库的星型模式、雪花模式描述了数据仓库主题的逻辑实现，即每个主题对应了关系表的关系模式定义。

1. 星型模型

（1）星型模型（Star Schema）的定义。星型模型是最常见的模型范例，其中包括了一个包含大批数据和不含冗余的中心表，即事实表；还包括了一组小的附属表，即维表；维表围绕事实表，并显示在中心射线上，如图 1-10 所示。在实际应用中，随着事实表和维表的增加和变化，星型模型会产生多种衍生模型，包括星系模型、星座模型、二级维表和雪花模型。

星型模型的特点：简化了用户分析所需的关系，从支持决策的角度去定义数据实体，更适合大量的复杂的查询。每个维表有自己的属性。维表和事实表通过关键字相关联。维表的本质是多维分析空间在某个角度上的投影，多个维表共同建立一个多维分析空间。

图 1-10 所示的星型模式中，位于中心的 sales 称为事实表，其把各种不同的维表连接起来。它共有四维，分别是 time 维表、item 维表、branch 维表和 location 维表。sales 事实表包含了四个维的关键字和两个度量（unit_sold、dollars_sold）。每个维表都分配有一个代理键（Surrogate Key，SK）。作为维表的唯一标识符，代理键没有内在的含义，通常表现为一个整数。

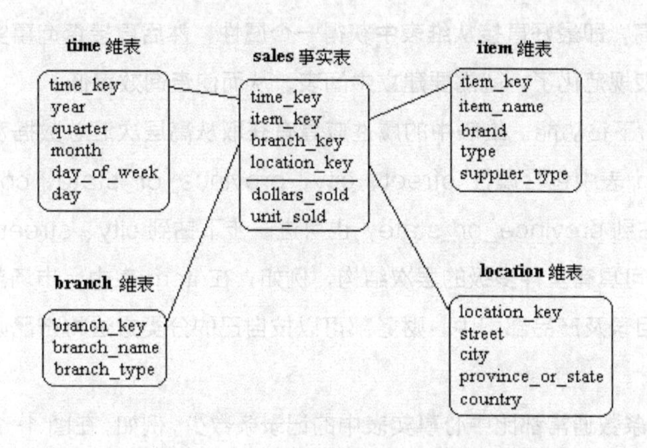

图 1-10 sales 数据仓库的星型模型

（2）星型模型事实表的特征。事实表的特征归纳为：主键是所有维表主键连接起来的组合键，数据粒度小，有求和计算的关键指标，属性个数与记录条数相比数量非常少，存在稀疏数据。详细描述如下。

① 事实表的主键是所有维表主键连接起来的组合键。例如，在图 1-10 中，sales 事实表中的主键是四个维表主键的组合。

② 事实表中的一条记录应与所有维表中的记录相关。例如，在图 1-10 中，sales 事实表中的一条记录对应了某个产品在某个日子、某个经销商、某个地区的具体销售数据。

③ 事实表数据粒度小。数据粒度是事实表中关键指标的细节程度。事实表中应保存级别尽可能低的细节数据，因为这样可以从 OLTP 中抽取出数据而不进行汇总，让用户通过数据仓库可以下钻到最低层次的细节数据，另外很多数据挖掘应用程序需要最低粒度的细节数据。

④ 事实表应满足已有关键指标计算和衍生指标计算的需求。

⑤ 事实表中的属性个数较少，而记录条数较多。

⑥ 维表属性的一些组合查询方式可能会造成事实表中关键指标值为空的情况，形成稀疏数据存在的情况。

（3）星型模型维表的特征。维表的特征归纳为：维表主键唯一确定一条记录、有大量的属性、大多为文本格式的属性、有非直接相关的属性、为非规范化的表、具有上钻/下钻功能、具有多层次结构、记录条数比事实表少。详细描述如下。

① 维表的主键应唯一确定该维表的一条记录。

② 维表有大量的属性。一个维表可以有相当多的属性。例如，有些维表属性个数会超过 50 个。

③ 维表中的属性一般是文本格式的。这是由商业需求及所分析的问题决定的。这些属性代表了商业维度中的组成部分的文本描述，用户可利用这些描述构造查询需求。

④ 维表中的一些属性可不与其中的其他属性直接相关，例如，item 表中的 brand 与 type 不是直接相关的，但两者都是维表的属性。

⑤ 维表是非规范化的。维表中的一个属性可作为一个约束条件直接应用于事实表中的关键指标查询，以使查询效率更高，即最好直接从维表中获得一个属性，然后直接查询事实表，不需要通过其他中间表。但是如果维表规范化了，就需要建立中间表，从而使查询效率低。

⑥ 维表具有上钻/下钻功能。维表中的属性应具有获取从高层次汇总数据及到低层次细节数据的功能，例如，location 表中包含属性 street、city、province_or_state、country。用户可以查询 country 总量，可下钻到 province_or_state，也可进一步下钻到 city、street。

⑦ 维表中的属性可具有多种多级的层次结构，例如，在 item 表中，市场部可以按自己的分类方法将产品归类到产品目录及产品部门中，财务部可以按自己的分类方法将产品归类到产品目录及产品部门中。

⑧ 维表中的记录条数通常都比中心事实表中的记录条数少，例如，在图 1-10 中，time 维表、item 维表、branch 维表和 location 维表中的记录数是有限的，数量相对稳定，不像事实表随着交易的产生，会不停地增加记录。

（4）星型模型的优势。星型模型能够将用户决策思维问题准确地转换为逻辑上的一个中心事实表和多个维表，并以二维表结构的属性描述方式直观地进行呈现，其优势表现在如下 3 个方面。

① 用户容易理解星型模型。维表包含了决策者经常查询和分析的属性，而中心事实表又包含了决策者衡量职能部门业绩的指标。这些指标表明了职能部门任务的完成情况。因此，决策者很容易理解数据仓库的星型模型。这就使得数据仓库开发人员能非常方便地与决策者就业务需求进行交流。

② 优化浏览方式。关系表的结构提供了操作数据仓库数据的能力，运用表之间的连接路径，可很快地从一个表转移到另一个表，以加速查询浏览的过程。

③ 适用于查询处理。星型模型的查询处理实际上是使用一些简单的参数过滤维表的过程，以得到一些维表的结果，再从中心事实表中得到相应的结果集。在维表与中心事实表之间存在简单且清晰的连接，使得星型模型适用于以查询为中心的操作环境，适合于追踪查询多条件限制的关键指标。

2. 雪花型模型

（1）雪花模型（Snowflake Schema）的定义。雪花模型是由星型模型进一步演化而形成的。它将星型模型中的某些维表进行了规范化，并将数据进一步分解到附加表中。如图 1-11 所示，该图表示了 sales 数据仓库从星型模型到雪花模型的分解状态。

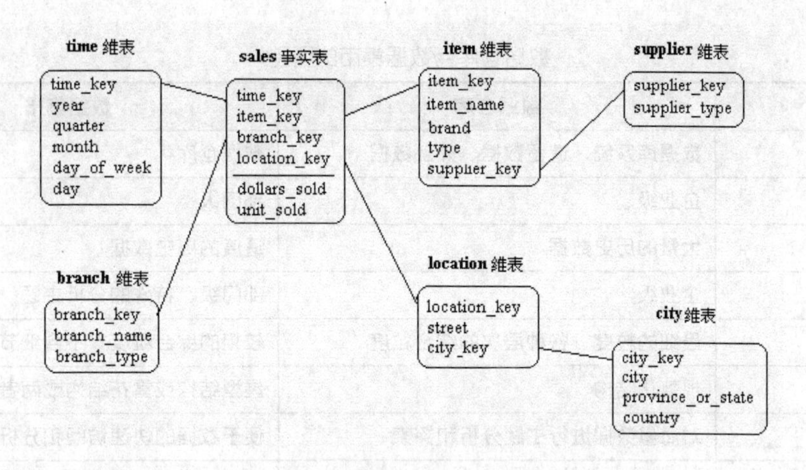

图 1-11 sales 数据仓库的雪花模型

雪花模型和星型模型的主要不同之处在于，雪花模型的维表可能是规范化的，以减少冗余。这种表易于维护，并可节省存储空间。由于在执行查询的过程中，需要进行更多的连接操作，所以，在数据仓库的初步设计过程中，若采用雪花模型，则会降低查询结果的反馈性能，并将直接影响到系统的性能。

（2）雪花模型的特点。雪花模型是对星型模型维表的进一步层次化，是将某些维表扩展成事实表。这样既可以应付不同级别用户的查询，也可以将源数据通过层次间的联系向上综合，从而最大限度地减少数据存储量，因而提高了查询功能。

雪花模型的维度表是基于范式理论的，是界于第三范式和星型模型之间的一种设计模型。通常情况下，部分数据组织采用第三范式的规范结构，部分数据组织采用星型模型的事实表和维表结构。在某些情况下，星型模型在组织数据时，为减少维表层次和处理多对多关系而对数据表进行规范化处理后形成了雪花模型。

雪花模型比较复杂，用户不容易理解，浏览内容相对困难；额外的连接将使查询性能下降。在数据仓库中，通常不推荐“雪花化”，因为数据仓库需要更加优良的查询性能，而雪花模型会降低数据仓库系统的查询性能。在雪花模型中，有些数据需要连接才能获取，可能效率较低；规范化操作较复杂，导致设计及后期维护复杂。

实际应用中，可以采取上述两种模型的混合体，比如，中间层使用雪花模型以降低数据冗余度，数据集市部分采用星型模型以方便数据提取及分析。

1.3.4 数据集市的定义

数据集市（Data Mart，DM）也称为数据市场，是一个从操作的数据和其他的为某个特殊的专业团体服务的，在数据源中收集数据的仓库。数据仓库是企业级的，能为整个企业各部门的运行提供决策支持手段。数据集市是部门级别的，一般只能为某个局部范围内的管理人员服务，也称为部门级的数据仓库。数据仓库与数据集市的区别如表 1-4 所示。

表 1-4　　数据仓库与数据集市的区别

	数据仓库	数据集市
数据来源	数据库系统、遗留数据、外部数据	数据仓库
应用范围	企业级	部门级
历史数据	大量的历史数据	适度的历史数据
主题域	企业级	部门级、特殊的分析主题
数据粒度	最细的粒度、各种层次的综合粒度	较粗的综合粒度，不含细节数据
数据结构	规范化结构	星型结构或雪花结构或两者相结合
优化目标	对海量数据进行主题分析和探索	便于数据的快速访问和分析
服务目标	企业全局性的长期战略目标	特定部门的决策支持
优点	处理海量数据、数据探索	便于访问和分析、快速查询

1.3.5　数据仓库的体系结构

构建一个数据仓库体系结构，完成对数据的集成、整合、加工、质量等多方面的基础管理，从而满足分析利用型需求的不断变化、扩展，保证应用系统长久的生命力。构建数据仓库体系结构，往往是项目过程中最难的一项工作。它包括建模、ETL、数据质量、元数据等不同领域的衔接和配合。

图 1-12 所示的体系架构的重点放在目标端需求，以及对目标端需求的预测和评估上。通过理解不同数据集市层的需求来规划、抽象数据仓库的核心主题，并规划每一个主题下的度量，以及度量对应的最细颗粒度的维度和维度层次、成员。这种架构方法便于快速捕捉业务、理解业务，从而构建出数据模型。但是，在数据仓库的 ETL 开发时的主要难点在于，将分散在不同数据库的符合第三范式的事务级数据聚合和组织到维度格式的数据仓库模型中。

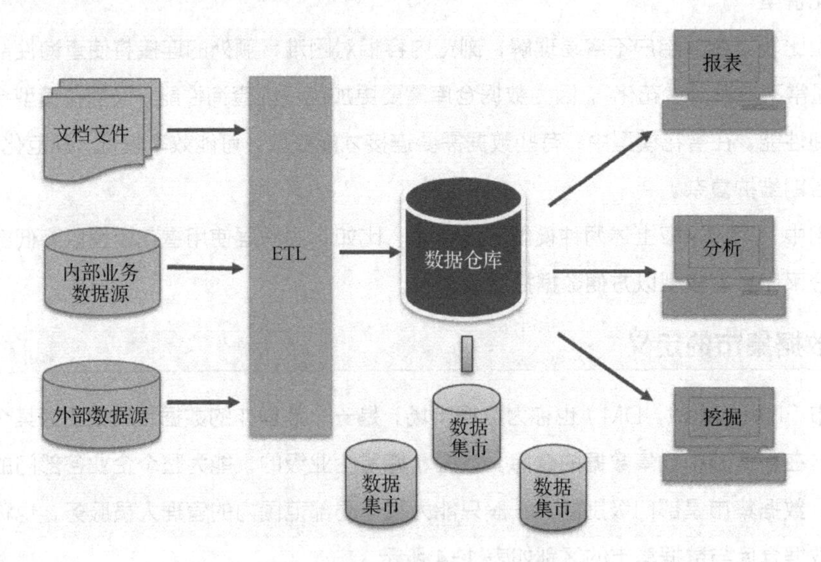

图 1-12　数据仓库的体系架构

1.3.6 数据仓库的数据及组织

数据仓库中存储两类数据：元数据和业务数据。

元数据又称中介数据、中继数据，为描述数据的数据，主要是描述数据属性的信息，用来支持如指示存储位置、历史数据、资源查找、文件记录等功能。在数据仓库领域中，元数据按用途分成技术元数据和业务元数据。技术元数据是关于数据仓库系统技术细节的描述数据，是数据仓库开发人员和管理人员需要使用的重要信息，主要包括数据仓库结构的描述等，主要服务对象是技术人员。业务元数据是从业务角度描述数据仓库中的数据。它提供了介于使用者和实际系统之间的语义层定义，使得不懂计算机技术的业务人员也能够理解数据仓库中的数据，主要用户是商务人员。

业务数据又分为细节数据和综合数据。元数据经过抽取、转换后，首先进入当前细节级，再根据具体需要进行进一步的综合，从而进入轻度综合级乃至高度综合级。老化的数据进入早期细节级。业务数据的级别划分如图 1-13 所示。

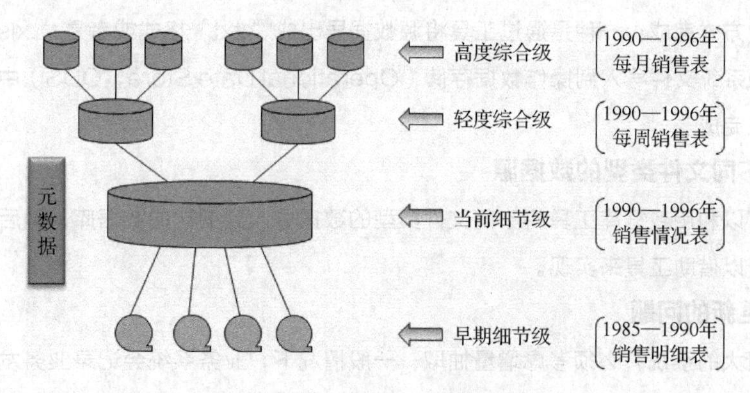

图 1-13 业务数据的级别划分

粒度是衡量数据仓库中数据综合程度高低的一个度量。数据粒度是数据仓库的重要概念。粒度越小，细节程度越高，综合程度越低。在数据仓库中，多重粒度是必不可少的。确定粒度是数据仓库开发者需要面对的一个重要的设计问题。如果数据仓库的粒度确定合理，则设计和实现中的其余方面就可以非常顺畅地进行。

不同的情况组织数据的粒度会不同。例如，在销售数据中，细节数据——记录每一笔销售情况；轻度综合数据——记录每天的销售情况；高度综合数据——记录每月的销售情况。

1.4 什么是 ETL

ETL 是 Extract-Transform-Load 的缩写，中文名为数据仓库技术，用来描述将数据从来源端经过抽取（Extract）、转换（Transform）、加载（Load）至目的端的过程。ETL 的目的是将企业中的分散、零乱、标准不统一的数据整合到一起，为企业的决策提供分析依据。ETL 是商务智能项目中的重要环节。通常情况下，在商务智能项目中，ETL 会花掉整个项目至少 1/3 的时间。ETL 设计的好坏直接关接到商务智能项目的成败。

1.4.1 数据的抽取

要想实现数据的抽取，就需要在调研阶段做大量的工作。首先要搞清楚数据是从几个业务系统中来，各个业务系统的数据库服务器运行什么数据库管理系统（Data Base Management System，DBMS），是否存在手工数据，手工数据量有多大，是否存在非结构化的数据等。在收集完这些信息之后，我们才可以进行数据抽取的设计。

1. 对于与数据仓库的数据库系统相同的数据源处理方法

这一类数据源在设计上比较容易。一般情况下，DBMS 都会提供数据库链接功能，在数据仓库数据库服务器和原业务系统之间建立直接的链接关系就可以写 Select 语句直接访问。

2. 对于与数据仓库数据库系统不同的数据源的处理方法

对于这一类数据源，一般情况下，也可以通过开放数据库链接（Open Database lonnectivity，ODBC）的方式建立数据库链接，如 SQL Server 和 Oracle 之间。如果不能建立数据库链接，则可以使用其他两种方式完成：一种是通过工具将源数据导出成“.txt”格式或者是“.xls”格式的文件，然后再将这些源系统文件导入到操作数据存储（Operational Date Store，ODS）中；另一种方法是通过程序接口来完成。

3. 对于不同文件类型的数据源

业务人员可以利用数据库工具将不同文件类型的数据导入到指定的数据库，然后从指定的数据库中抽取。这还可以借助工具来实现。

4. 增量更新的问题

对于数据量大的系统，必须考虑增量抽取。一般情况下，业务系统会记录业务发生的时间，可以用来做增量的标志，每次抽取之前首先判断 ODS 中记录最大的时间，然后根据这个时间去业务系统取大于这个时间所有的记录。利用业务系统的时间戳，一般情况下，业务系统没有或者部分有时间戳。

1.4.2 数据的清洗

数据清洗的任务是过滤那些不符合要求的数据，将过滤的结果交给业务主管部门，确认是否过滤掉，还是由业务单位修正之后再进行抽取。不符合要求的数据主要是有不完整的数据、错误的数据、重复的数据三大类。

1. 不完整的数据

这一类数据缺失一些应该有的信息，如缺失供应商的名称、分企业的名称、客户的所属区域等信息或业务系统中的主表与明细表不能匹配等。需将这一类数据过滤出来，然后按缺失的内容分别写入不同 Excel 文件，再向客户提交，要求客户在规定的时间内补全。补全后才可写入数据仓库。

2. 错误的数据

错误数据主要是因业务系统不够健全，在接收输入后没有进行判断就直接写入后台数据库造成的，比如数值数据输成全角数字字符、字符串数据后面有一个回车操作、日期格式不正确、日期越界等。这一类数据也要分类、对于类似于全角字符、数据前后有不可见字符的问题，只能通过写 SQL 语句的方式找出来，然后要求客户在业务系统修正之后抽取；日期格式不正确的或者是日期越界的错误会导致 ETL 运行失败。这一类错误需要去业务系统数据库用 SQL 的方式挑出来，然后交给业务主管部门要求限期修正，修正之后再抽取。

3. 重复的数据

这一类数据经常在维表中出现。这时需将重复数据的所有字段导出来，让客户确认并整理。

数据清洗是一个反复的过程，不可能在几天内完成，我们只能不断地发现问题、解决问题。对于是否过滤、是否修正，一般要求客户确认。对于过滤掉的数据，可写入 Excel 文件或者非 Excel 类型的数据表，在 ETL 开发的初期可以每天向业务单位发送过滤数据的邮件，以尽快修正错误。数据清洗时需要注意的是：不要将有用的数据过滤掉，对于每个过滤规则都要认真进行验证，并要用户确认。

1.4.3 数据的转换

数据转换的主要任务是进行不一致的数据转换、数据粒度的转换，以及一些商务规则和指标的计算。

1. 转换不一致的数据

这个过程是一个整合的过程，是将不同业务系统的相同类型的数据统一的过程，比如同一个供应商在结算系统的编码是 XX0001，而在 CRM 中的编码是 YY0001，这就需要进行数据转换，以统一编码。

2. 转换数据粒度

业务系统一般存储非常明细的数据，而数据仓库中的数据是用来分析的，不需要非常明细的数据。一般情况下，会将业务系统中的数据按照数据仓库的粒度进行聚合。

3. 计算商务规则和指标

不同的企业有不同的业务规则、不同的数据指标，这些规则和指标有的时候不是简单的加加减减就能完成的。这个时候需要在 ETL 中对这些数据指标进行计算，之后存储在数据仓库中，以供分析使用。

ETL 是商务智能项目的关键部分，也是一个长期的过程，只有不断地发现问题并解决问题，才能使 ETL 运行效率更高，从而为商务智能项目的后期开发提供准确与高效的数据。

1.5 什么是数据挖掘

1.5.1 数据挖掘的定义

数据挖掘（Data Mining，DM）又称数据库中的知识发现（Knowledge Discover in Database，KDD），是目前人工智能和数据库领域研究的热点问题。

从技术角度理解，所谓数据挖掘，就是从大量的、不完全的、有噪声的、模糊的、随机的实际应用数据中，提取隐含在其中的、人们事先不知道的但又是潜在有用的信息和知识的过程。这个定义中包含的意思：数据源必须是真实的、大量的、含噪声的；发现的是用户感兴趣的知识；发现的知识要可接受、可理解、可运用；不要求发现放之四海皆准的知识，仅支持特定地发现问题。数据挖掘是一个多学科交叉的研究领域，它融合了数据库（Database）技术、机器学习（Machine Learning）、人工智能（Artificial Intelligence）、知识工程（Knowledge Engineering）、统计学（Statistics）、面向对象方法（Object-Oriented Method）、高性能计算（High-Performance Computing）、信息检索（Information Retrieval）以及数据可视化（Data Visualization）等最新技术的研究成果。

从商业角度理解，所谓数据挖掘，就是按企业的既定业务目标，对大量的企业数据进行探索和分析，揭示隐藏的、未知的或验证已知的规律性，并进一步将其模型化的先进有效的方法。数据挖掘是一种新的商业信息处理技术，其主要特点是对商业数据库中的大量业务数据进行抽取、转换、分析和其他模型化处理，从中提取能够辅助商业决策的关键性数据。数据分析已经有很多年的历史，过去数据收集和分析的目的是用于科学研究，但由于当时计算能力的限制，所以难以对大量数据进行分析。现在，由于各行业的业务自动化的实现，商业领域产生了大量的业务数据，这些数据不再是为了分析的目的而收集的，而是由于商业运作而产生的。数据挖掘是一类深层次的数据分析方法，分析这些数据也不再是单纯为了研究的需要，更主要是为商业决策提供真正有价值的信息，进而获得利润。但所有企业面临的一个共同问题：企业数据量非常大，而其中真正有价值的信息却很少。因此，商业机构需要利用数据挖掘技术，在这些大量数据中进行深层分析，以获得有利于商业运作、提高竞争力的信息，帮助决策者做出正确的决策。

1.5.2 数据挖掘的功能

数据挖掘通过预测未来趋势及行为，而做出基于知识的决策。数据挖掘的目标是从数据库中发现隐含的、有意义的知识，其主要有以下 5 类功能。

1. 自动预测趋势和行为

数据挖掘技术自动在大型数据库中寻找预测性信息，以往需要进行大量手工分析的问题如今可以迅速直接由数据本身得出结论。一个典型的例子是市场预测问题：数据挖掘技术使用过去有关促销的数据来寻找未来投资中回报最大的用户。其他可预测的问题包括预报破产，认定对指定事件最可能做出反应的群体等。

2. 关联分析

数据关联是数据库中存在的一类重要的可被发现的知识。若两个或多个变量的取值之间存在某种规律性，就称为关联。关联可分为简单关联、时序关联、因果关联。关联分析的目的是找出数据库中隐藏的关联网。有时我们并不知道数据库中数据的关联函数，即使知道也是不确定的，因此关联分析生成的规则带有可信度。

3. 聚类

数据库中的记录可被划分为一系列有意义的子集，即聚类。聚类增强了人们对客观现实的认识，是概念描述和偏差分析的先决条件。聚类技术主要包括传统的模式识别方法和数学分类学。20 世纪 80 年代初，Mchalski 提出了概念聚类技术，其要点是：在划分对象时，不仅需考虑对象之间的距离，还要求划分出的类具有某种内涵描述，从而避免了传统技术的某些片面性。

4. 概念描述

概念描述就是对某类对象的内涵进行描述，并概括这类对象的有关特征。概念描述分为特征性描述和区别性描述，前者描述某类对象的共同特征，后者描述不同类对象之间的区别。生成一个类的特征性描述只涉及该类对象中所有对象的共性。生成区别性描述的方法很多，如决策树方法、遗传算法等。

5. 偏差检测

数据库中的数据常有一些异常记录，从数据库中检测这些偏差很有意义。偏差包括很多潜在的知识，如分类中的反常实例、不满足规则的特例、观测结果与模型预测值的偏差、量值随时间的变化等。偏差检测的基本方法：寻找观测结果与参照值之间有意义的差别。

1.5.3 数据挖掘的对象

数据挖掘可以应用于任何类型的数据储存库以及瞬态数据，其主要包含以下几种对象。

1. 关系数据库

关系数据库是业务数据库系统中最常用的，它将业务中产生的数据根据数据之间的关系进行分解和组合，形成一张张二维表的结构。每个表都被赋予唯一的名字，每个表包含一组属性，表中通常存放着大量元组。关系表中的每个元组代表一个对象，被唯一的关键字标识，并被一组属性值描述。关系数据库具有较好的结构化数据，关系数据可以通过 SQL 语言这样的关系查询语言进行查询。关系数据库是数据挖掘中最常见、最丰富的数据源，是数据挖掘研究的一种主要数据形式。

2. 数据仓库

数据仓库是一个从多个数据源收集的信息储存库，其通过数据清理、数据变换、数据集成、数据装入和定期数据刷新过程构造。由于数据仓库是面向主题的，并采用多维数据库结构，所以更适合针对某个主题进行分析。基于数据仓库而构建的数据立方体提供了数据的多维视图，并允许预计算和快速访问数据。OLAP 分析工具是基于分析员的主观要求，因此对数据中存在的隐含规则仍需要更多的数据挖掘工具，需进行更深入的自动分析，从而达到知识发现的目的。

3. 文本数据库

文本数据库是包含对象的词描述的数据库。这种描述不是简单的关键词，而是长句或短文，如产品介绍、错误或故障报告、警告信息、汇总报告、笔记或其他文档。文本数据库可能是高度非结构化的，如 Web 页面；可能是半结构化的，如 E-mail 消息、HTML/XML 页面。通过挖掘文本数据可以发现文本文档的简明的描述、关键词或内容管理，以及文本对象的聚类行为。挖掘的目标包括：关键词或特征提取、相似检索、文本聚类、文本分类。

4. 多媒体数据库

多媒体数据库存放图像、音频和视频数据。对于多媒体数据挖掘，我们需要将存储和搜索技术与标准的数据挖掘方法集成在一起。较好的方法包括构造多媒体数据立方体、多媒体数据的多特征提取和基于相似性的模式匹配。

5. 数据流

数据流的特点：海量，动态变化，以固定的次序流进和流出，只允许一遍或少数几遍扫描，要求快速或实时响应。比如，各种类型的科学和工程数据，时间序列数据和产生于其他动态环境下的数据（电力供应、网络通信、股票交易、电信、Web单击流、视频监视、气象、环境监控数据）。挖掘数据流涉及数据中的一般模式和动态变化的有效发现。大部分数据流存在于相当低的抽象层，而分析者常常对较高抽象或多抽象层更感兴趣。因此，我们应当对流数据进行多层、多维联机分析和挖掘。

6. 互联网数据

互联网数据的特点是半结构化。互联网上的每个站点就是一个数据源，每个数据源都是异构的。互联网数据挖掘需要解决异构数据的集成问题，互联网数据的查询问题。另外，要定义一个半结构化数据模型，需要一种半结构化模型抽取技术。面向互联网的数据挖掘比面向单个数据库或数据仓库的数据挖掘要复杂得多。

1.5.4 数据挖掘的步骤

数据挖掘的步骤会随不同领域的应用而有所变化。每种数据挖掘技术也会有各自的特性和使用步骤，针对不同问题和需求所制订的数据挖掘过程也会存在差异。此外，数据的完整程度、专业人员支持的程度等都会对建立数据挖掘过程有所影响。这些因素造成了数据挖掘在各不同领域中的运用、规划，以及流程的差异性。即使是同一产业，也会因为分析技术和专业知识的涉入程度不同而不同。因此，数据挖掘过程的系统化、标准化就显得格外重要。

数据挖掘的基本步骤如下所述。

1. 业务对象的确定

清晰地定义出业务对象，认清数据挖掘的目的是数据挖掘的重要一步。挖掘的最后结构是不可预测的，但要探索的问题应是有预见的，为了数据挖掘而数据挖掘则带有盲目性，难以获得成功。

2. 数据准备

（1）数据的选择：搜索所有与业务对象有关的内部和外部数据信息，并从中选择出适用于数据挖掘应用的数据。

（2）数据的预处理：研究数据的质量，为进一步的分析做准备，并确定将要进行的挖掘操作的类型。

（3）数据的转换：将数据转换成一个分析模型。这个分析模型是针对挖掘算法建立的，建立一个真正适合挖掘算法的分析模型是数据挖掘成功的关键。

3. 数据挖掘

对所得到的经过转换的数据进行挖掘。除了选择合适的挖掘算法外，其余一切工作都能自动地完成。

4. 结果分析

解释并评估结果，其使用的分析方法一般应视数据挖掘操作而定，通常会用到可视化技术。

5. 知识的同化

将分析所得到的知识集成到业务信息系统的组织结构中去。

由上述步骤可看出，数据挖掘牵涉了大量的准备工作与规划工作。事实上，许多专家都认为在整套数据挖掘的过程中，有 80%的时间和精力是花费在数据预处理阶段，其中包括数据的净化、数据格式转换、变量整合，以及数据表的链接。可见，在进行数据挖掘技术的分析之前，还有许多准备工作要完成。

1.5.5 数据挖掘在商务智能中的应用

商务智能的发展已经逐渐渗透到金融、电信、零售、医药、制造、政府等各个行业和领域，成为大中型企业经营决策的重要组成部分。若将数据挖掘技术结合商务智能应用于传统商业领域，则可提高数据分析能力，优化业务过程，提高企业竞争力。具体应用如下。

1. 商品关联分析

商品关联分析可以基于销售数据与商品之间的关系进行关联分析，以此判断某些商品是否应该捆绑销售。如果存在关联关系，则可以创建一个在线的销售指导系统，引导消费者快速找到关联商品，或者帮助企业决定如何捆绑销售能将利润最大化。

2. 客户流失分析

企业可以利用数据挖掘技术管理客户生命周期的各个阶段，包括争取新客户和保持老客户。如果能够确定好客户的特点，那么就能为客户提供有针对性的服务。比如，已经发现了购买某一商品的客户特征，就可以向那些具有这些特征但还没有购买此商品的客户推荐这个商品；找到流失客户的特征就可以在那些具有相似特征的客户还未流失之前进行针对性的弥补。

3. 市场分析

市场分析可以通过对客户自动分组来细分市场，并由此结果做趋势分析，以设计市场活动。

4. 预测

预测即预测销售量和库存量，并获知他们之间的关联关系。

5. 数据浏览

由数据挖掘算法发现的模式能更好地了解客户。它可以比较高价值客户与低价值客户之间的差异，或者分析喜爱同一种产品的不同品牌的客户之间的区别。

6. Web 站点分析

Web 站点分析用来分析网站用户行为，归纳相似的使用模式。

7. 营销活动分析

营销活动分析可以准确定位有效用户，把钱花在刀刃上，让每一分市场经费都发挥最大的效用。

8. 数据质量分析

数据质量分析是当数据被装载进数据仓库时检查其中可能丢失的数据或是异常数据。

9. 文本分析

文本分析用来分析反馈信息，找到客户或者员工有关的共同主题或趋势。

课后习题

1. 简述商务智能的用户类别及其特征。
2. 简述商务智能与数据可视化的关系。
3. 对比数据仓库建模中星型模型与雪花模型的异同点。
4. 简述什么是数据的抽取、转换和加载。
5. 简述数据挖掘的步骤。

第 2 章

实施商务智能

从企业信息化建设的全局来看，商务智能的实施是一项复杂的工程，因为商务智能并不是一个独立的系统，它以其他业务系统的数据为基础，通过一系列技术手段来提升企业的决策能力。在企业信息化建设有一定规模时，或者企业只实施了一个单系统时，都可以实施商务智能。企业在真正实施商务智能过程中，不一定很快就能达到理想目标，因而必须注重其实施流程及应用策略。图 2-1 所示为商务智能的实施流程。

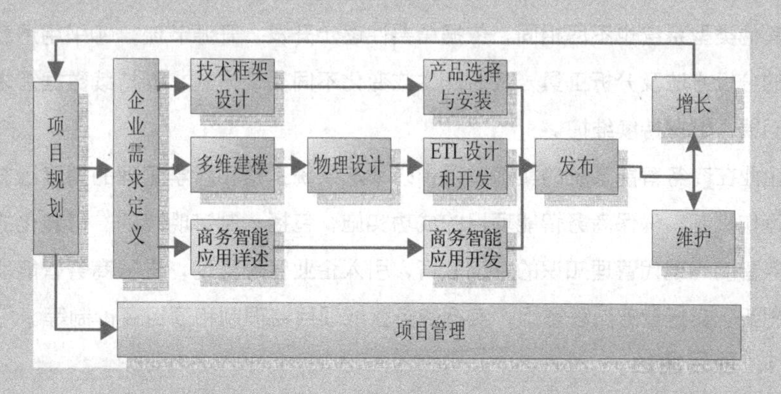

图 2-1　商务智能的实施流程

本章将从商务智能的准备与规划、需求分析、系统设计、系统实现、上线及维护几个方面来讲解商务智能的实施。

【学习目标】

1. 了解商务智能准备与规划阶段的任务。
2. 掌握商务智能需求分析方法。
3. 掌握商务智能系统设计的方法。
4. 理解商务智能系统实现方法。
5. 理解商务智能的上线及维护方法。

2.1 商务智能的准备与规划

企业在准备应用商务智能系统之前，需要进行项目规划，评估企业本身是否具备实施商务智能的条件，确定系统的规模和范围，规划各种资源。商务智能项目是一个综合的工程，包括：商务智能工具的采购与项目实施；数据仓库平台的采购和项目实施；数据挖掘工具的采购与项目实施；商务智能整体解决方案；商务智能人力外包；软件应用的集成等。因此，对于商务智能项目的实施要做好准备与规划。例如，企业应该考虑：是不是到了该应用商务智能系统的阶段？当前最迫切需要解决的问题是什么？商务智能系统的投资回报率或投资效益的分析情况如何？在财力上，能不能支持商务智能的实施？

2.1.1 主要内容

企业成功导入商务智能系统的关键因素：①具备坚固的信息基础架构，即现行信息系统可提供相关信息，信息系统数据可以分享；②具备构建商务智能的基本前提，即具有正确量化稳定的数据库标准作业流程；③选择具有经验和能力的开发团队与顾问，因为系统的使用对象不同，系统开发的方法论与其他类型系统也不尽相同，依据重要性逐步开发，开源节流；④采用适合的业务技术，选择容易使用的分析方法及分析工具，及时产生或变化不同呈现方式；⑤持续数据需求回馈，及时了解使用者意见回馈，数据持续维护。

企业在商务智能系统的实施过程中必须从系统工程和科学管理的角度出发，建立健全项目管理体系和运作机制，确保商务智能项目的成功实施，包括：制订明确的、可量化的商务智能应用目标；进行商务智能等现代管理知识的培训教育；引入企业管理咨询；进行商务智能项目需求分析；开展企业管理创新；实行业务流程重组；实行商务智能项目监理制和项目评价制等。

1. 项目角色

（1）项目指导委员会：负责项目计划的审核、资源协调；听取关键阶段的项目汇报；决策项目重大事项，协调各方关系。

（2）项目总监：负责项目进度控制，掌握项目关键决策；指导工作开展，协调多方关系；审核项目最终交付成果。

（3）项目经理：负责执行领导小组决策，负责项目管理；带领项目团队完成工作，控制进度；确保项目标准和质量。

（4）业务组：负责需求调研和分析，需求阶段的文档交付，需求说明书的确认。

（5）技术组：负责系统设计和功能实现，完成项目设计、开发与集成测试，即完成阶段的各项工作，包含项目交付件。

（6）项目质量控制：定期对项目质量进行评估，提供质量控制相关建议。

2. 项目管理内容

项目管理的核心价值：在规定的时间内，以可控的成本，高质量完成项目实施，为客户创造价值，做到客户满意。具体包含以下内容。

（1）整体管理：贯穿于整个项目的实施过程，具体为制订项目章程、编制项目管理计划、指导和管理项目执行以及监控项目工作、整体变更控制和结束项目。

（2）范围管理：确认范围和控制范围，主要包括：规划范围管理、收集需求、范围定义、创建工作分解结构（Work Breakdown Structure，WBS）。

（3）时间管理：主要进行进度管理，具体包括规划进度管理、定义活动、排列活动顺序、估算活动资源、估算活动持续时间、制订进度计划。

（4）成本管理：主要进行控制成本，包括规划成本管理、估算成本、制订预算。

（5）质量管理：主要控制质量，规划质量管理、实施质量保证。

（6）人力管理：主要规划人力资源管理，包括组建团队、建设项目团体和管理项目团队。

（7）沟通管理：主要进行控制沟通，规划沟通管理和管理沟通。项目沟通计划表如表 2-1 所示。

- 项目例会制度：包括项目组晨会、项目周例会、阶段汇报会、专项会议。
- 项目周报制度：可以在每周六之前发出项目周报。
- 沟通方式：包括会议或访谈，电话或电话会议，电子邮件或即时通信工具等。

表 2-1 项目沟通计划表

一、项目基本情况			
项目名称	T 客户考察企业	项目编号	T0808
制作人	张三	审核人	李四
项目经理	张三	制作日期	2005/7/8

二、项目沟通计划				
利益干系人	所需信息	频率	方法	责任人
李四	总体进展	每日	电话/E-mail	张三
客户	行程安排	每日	电话/口头	王五
项目核心成员	关键进展	每两日	项目会议	张芳
项目所有成员	总体进展	每日	会议纪要/状态报告	张芳
……				

（8）风险管理：主要包括控制风险、规划风险管理、识别风险、实施定性风险分析、实施定量风险分析、规划风险应对；管理团队。项目经理和项目成员的风险管理的示意图如图 2-2 所示，风险管理表如表 2-2 所示。

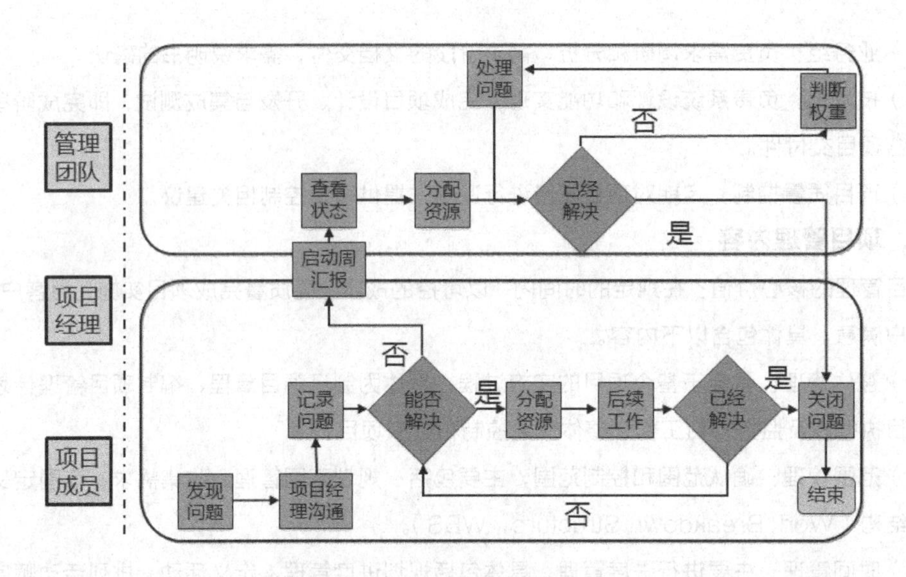

图 2-2　风险管理示意图

表 2-2　　　　　　　　　　　　　　　　　项目风险管理表

一、项目基本情况			
项目名称	T 客户考察企业	项目编号	T0808
制作人	张三	审核人	李四
项目经理	张三	制作日期	2005/7/8

二、项目风险管理

风险发生概率的判断准则：

高风险：>60%发生风险的可能性；中风险：30%～60%发生风险的可能性；低风险：<30%发生防线的可能性

序号	风险描述	发生概率	影响程度	风险等级	风险响应计划	责任人	开放/关闭
1	主要客户没有考察意愿	低	极大	高	拜访高层客户，做好关系铺垫	李四	OPEN
2	企业高层临时有其他重要事宜	中	大	高	事先汇报，联系好备选高层	张三	OPEN
3	样板点临时关闭	低	中	中	提前通知样板点做好安排	赵六	OPEN
4	座谈会交流效果不佳	中	中	中	交流材料严格审核，挑选精通业务的交流人员	刘峰	OPEN
5	后勤安排出现细小失误	高	小	中	挑选经验丰富的接待人员，逐条落实后勤资源	张芳	OPEN

（9）采购管理：主要包括控制采购、规划采购管理、实施采购、结束采购。

（10）干系人管理：主要包括识别干系人、规划干系人管理、管理干系人参与和控制干系人参与。

2.1.2 阶段产物

本阶段完成的产物：《项目章程》《项目计划》《干系人手册》《风险管理计划》。

《项目章程》是证明项目存在的正式书面说明文件和证明文件，其由高级管理层签署，规定项目范围（如质量、时间、成本和可交付成果的约束条件），授权项目经理分派组织资源用于项目工作。《项目章程》通常是项目开始后的第一份正式文件，主要包括两方面内容：一是项目满足的商业需求，二是产品描述。该文件通常也会包括对项目经理、项目工作人员、项目发起人和高层管理人员在项目中承担主要责任和任务的描述。

《项目计划》为项目实施方案制订出具体计划，应该包括各部分工作的负责人员、开发的进度、开发经费的预算、所需的硬件及软件资源等。

《干系人手册》为项目实施识别出本项目的全部干系人及展现一张完整的项目干系人结构图，具体包括：分析干系人之间的关系和历史渊源，分析出本项目干系人的重要程度，分析干系人对项目的支持程度，分析干系人的坐标性格。项目干系人的需要和期望在项目开始直至结束都是非常重要的：在项目的每个阶段里、在解决每个项目具体问题时、在项目沟通管理和风险管理等方面都能发挥重要作用。

《风险管理计划》制订风险识别、风险分析、风险减缓策略，确定风险管理的职责，为项目的风险管理提供完整的行动纲领。本计划是确定如何在项目中进行风险管理活动，以及制订项目风险管理计划的过程。本计划主要针对项目开发涉及的风险，包括在项目开发周期过程中可能出现的风险，以及在项目实施过程中外部环境的变化可能引起的风险等进行评估。

2.2 商务智能的需求分析

商务智能系统的设计者应该了解企业的需求并将这些需求转化为系统需求。一个商务智能项目成功的关键因素是其在企业实际的商业过程上，是否能够为商务决策提供支持。

2.2.1 主要内容

1. 明确商务智能系统建设的目标

对商务智能系统建设的目标需要进行清晰描述和分解，目标可以是：以 ERP 系统数据为基础，对企业生产、经营活动进行全方位、多视角的综合分析；为企业经营决策提供必要的信息支撑。

2. 明确具体的业务需求

根据实际情况可以细分到不同的用户，例如企业领导、部门领导、相关业务管理人员。而不同用户，对于业务和数据肯定会有不同的关注点，有不同的要求与需求。可以在明确业务需求的同时，在经营分析过程中，构建完整的应用模式与场景。例如，构建相应的领导看板（管理驾驶舱）、业务指标分析模型和日常业务报表，与不同用户进行对应。此步骤要确认主题。根据“5W1H”（“5W”指 Who，When，What，Where。“1H”指 How Long）分析确认主题。具体如下。

（1）Who：谁要看？（老板，主管和业务负责人）

（2）When：何时看？（每日、每周还是每月）

（3）What：看什么？（指标和维度）

（4）Why：为什么？（解决问题和做决策）

（5）Where：在哪里看？（网络、邮件、iPad、大屏幕、手机……）

（6）How long：周期多久？（决定数据的期间）

3. 对需求进行详细分析

通过经营分析的思路在系统的建设目标——决策分析和系统的实现物（已实现的统计报表以及未实现的看板、指标体系）之间建立起互通管道。需求分析点举例如下。

需求一：每日快报。领导每天最关注的是和订单、开票、回款相关的数据，他们不只关心发生额，也关心累积值（日、周、月、季度和年度累计值），还关心这些数字的达成情况。设计者需考虑：领导经常在外出差，这样一个需求我们如何实现？

需求二：多维业绩分析。领导需要从组织（事业部、销售人员）、产品（收入类型）、客户等维度来了解业绩情况，并了解和去年同期的比较，希望随时能查询不同维度的订单明细。我们如何实现这样的需求？

需求三：应收账款分析。领导对于应收账款也很关心，这涉及资金情况。如何设计一个画面让领导能比较好的掌握应收账款的情况，并能针对问题账款及时采取对策呢？

4. 数据的收集和管理

在整个商务智能系统建设过程中，数据的收集和管理是非常基础但又非常关键的工作。如何把企业呆滞的数据盘活，以达到商务智能系统数据统计分析的要求，是在整个系统建设过程中要解决的问题。

（1）指标体系。关键绩效指标法（Key Performance Indicator，KPI）是通过对组织内部流程的输入端、输出端的关键参数进行设置、取样、计算、分析，来衡量流程绩效的一种目标式量化管理指标，是把企业的战略目标分解为可操作的工作目标的工具，是企业绩效管理的基础。从企业运营的效率和效益出发，对基于企业核心能力和营运流程的关系进行梳理和拆解，形成一整套全面、细致的指标体系。我们在流程梳理的过程中也可分别把指标落实到相应的责任部门。

企业管理的结构的建立其实就是指标体系的建立。从体系的建立到实现，会有一段漫长而艰辛的过程。指标明细通常会从不同的分析维度，通过分析处理后得到不同的结果。要实现指标，必定需要落实指标的数据来源，而这些数据通常就是 ERP 或者其他来源的基础数据。

（2）领域知识。项目组成员需熟悉企业具体的业务领域，分析相应的商务智能指标。相关成员可以通过访谈形式，获取领域知识，熟悉业务报表，确定关键维度、关键指标。下面以财务部门为例来进行相关讲解。其中，财务访谈例表如表 2-3 所示。

表 2-3　财务访谈例表

访谈点	内容
确定访谈对象	（财务）部门主管、作业人员、未来商务智能系统用户、IT 人员/项目负责人
当前财务的职能	预算、会计核算、财务管理（报告）、风险管理等
财务关键维度	1. 法人实体分别是哪些？什么时候要剔除关联交易？关联实体间的应收款是否已清账？ 2. 会计科目是否统一？会计科目与管理报表科目的对应关系是什么？ 3. 利润中心（事业部门等）有哪些？相应的组织结构层次和销售人员的情况如何？ 4. 成本/费用中心（支持中心等）有哪些？与现实组织架构的对应关系是怎样的？ 5. 客户的层次、类型、名称是什么？最终用户是谁？财务数据与实际销售中产生的数据是否一致？

续表

访谈点	内容
财务关键维度	6. 客户付款条件是否被维护在系统中？如何根据不同客户的信用与付款条件计算账龄？ 7. 收入类型是什么？产品的层次、类型、名称是什么？财务与销售是否定义一致？ 8. 各系统（CRM/ERP/OA 等）里的组织、产品、客户的定义是否一致？如何记录和变更？各系统是否关联（询问 IT 人员）？
财务关键指标	1. 如何确认收入？财务与销售是否统一？ 2. 预算编制的流程是什么？ 3. 是否有滚动预测？ 4. 是否有标准成本与毛利？标准成本率、费用率（成本、费用与收入的比值）是多少？ 5. 费用如何分摊？ 6. 资金（应收及应付账款，库存及固定资产）如何管理？ 7. 销售或者其他部门的绩效如何考核？考核的频率是怎样的？ 8. 分析方法（占比、同比、环比、预算比、预测比、月累计、季累计、年累计）是什么？
财务报表	1. 目前在用的系统有哪些？主要功能有哪些？多久的数据？底层数据库类型是什么？数据质量如何？（询问 IT 人员） 2. 目前每日、每周、每月、每季度、每年，财务会做哪些报表？给哪些人看？有哪些用途？谁来制作？制作的流程、数据来源、耗时、难易度、难点和痛点情况如何？ 3. 管理报告、税务报表、董事会报告的统计口径是否一致？ 4. 是否有产品别、组织别、客户别的损益？实际、预算、预测的各自情况如何？

5. 整理数据字典

在企业中，经常会由于某些特殊问题导致内部各个部门的数据存在矛盾，特别是在集团型企业中，由于管理分散，核算方式不一致，系统数据来源不一致，造成数据无法进行汇总、统计、分析。因此，需要企业提供目前的管理报告，提供样例数据。通过数据标准化，建立企业数据字典，统一定义数据含义，同时对数据质量相对较差的系统和数据库进行数据清洗转换，以提高整体数据的应用功效。对数据来源进行一定程度的规范，可以保证数据源的唯一性，也可以降低整体的风险。数据字典的维度示例及指标示例分别如图 2-3 和图 2-4 所示。

序号	维度大类	维度名称	维度含义	维度示例	类型	取数逻辑	数据状态	系统来源	备注	负责部门
48	客户	省份	客户所属省份	江苏、广东、浙江、辽宁等	原始		OK	CRM	SAP无省份字段	市场部
49	客户	城市	客户所在市/区		原始		OK	CRM		市场部
50	客户	销售区域			原始		OK	CRM	部门变更的映射	销售部
51	客户	服务区域	各办事处		原始		OK	CRM		售后服务部
52	客户	市场区域			原始		OK	CRM		市场部
53	客户	客户名称		宝鸡机床集团有限公司、大连机床集团有限责任公司等	原始		OK	CRM	涉及到各客户集团用户的合并	市场部

图 2-3　维度示例

序号	主题	指标名称	指标含义	来源类型	单位	取数逻辑	数据状态	系统来源	负责部门
205	收入	实际销量	发货台数，分别从报价单，收入类型，客户，产品等多个维度看，并看内部各个元素占比	原始	数量		OK	SAP	销售部
206	收入	销售单价	订单里每套的价格，具体每一个物料单价在报价单中，最终形成订单单价	原始	金额		OK	SAP	销售部
207	收入	平均销售单价	发货金额、发货量，单台实际售价	衍生	金额		OK	SAP	价格组
209	收入	销售额	销售单价*发货数量；按照收入类型来进行区分	衍生	金额		OK	SAP	销售/售后
210	收入	年度目标销量	年初定义的每个月销量目标	原始	数量	销售在CRM/售后在预算系统中	存疑	CRM/预算系统	销售部/售后服务部

图 2-4　指标示例

6. 建立业务指标到日常管理报表的关联

通常，企业在信息化建设过程中，会针对不同业务、不同部门各自推行不尽相同的信息系统，例如有企业级、部门级等，但都或多或少会存在信息孤岛，造成数据难以整合。这会阻碍指标体系和报表之间关系的建设，以及报表的梳理和调整。在构建了完整的数据信息链条后，对于没有找到报表支撑的指标，企业应该需要考虑是否建立新的报表，如何落实数据来源，数据录入和维护的责任如何分布？反之，对于和任何指标都无关的报表，其价值和存在的必要性也需要推敲。数据字典维度与指标对应的示例如图 2-5 所示。

主题	关键绩效指标	说明	周	月	全公司	市场部	销售部	售后服务部	区域	销售人员	客户/行业	产品/细分市场
业绩	销售量	大项目，大订单	v	v	v	v	v	v	v	v	v	v
	年度目标销量	达成率异常		v	v	v	v	v	v	v	v	v
	滚动预测销量			v	v	v	v	v	v	v	v	v

图 2-5　维度与指标对应

7. 建立主题分析体系

企业应依据重要性原则、层级架构原则、价值链原则、流程原则，在大主题下细分各主题，然后再细分每个主题的维度、指标、管理场景、分析目的等，从而在后期的实现中以此分析体系为依据进行设计和实现。参考案例如图 2-6 所示。

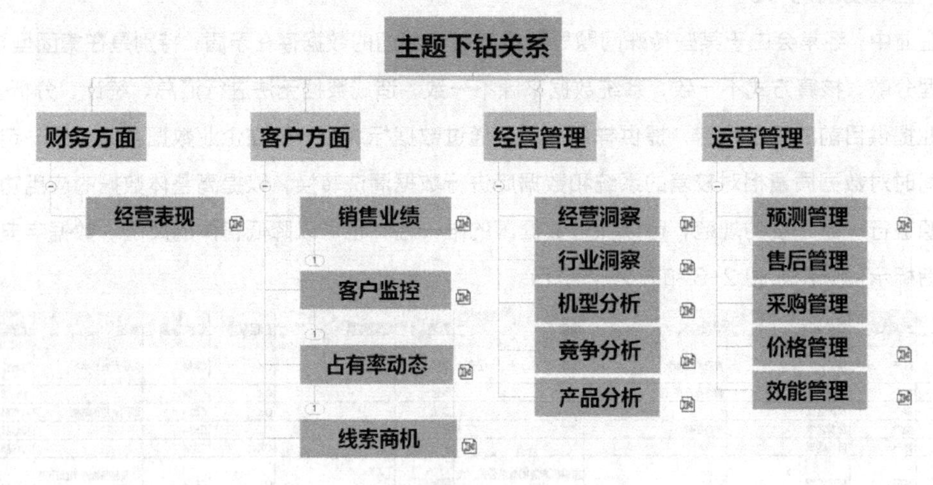

图 2-6　主题分析体系

8. 设计展现

建立了指标体系和报表体系后，如何展示更能说明问题？如何展示指标的数据来源和指标的浮动以及与历史数据的对比关系？用户最关注的往往是指标应该如何在系统登录后的首页面上进行展示。商务智能的展示可以在手机、iPad 和 Web 端，因此，需要确定手机端设计方法、iPad 端设计方法、Web 端设计方法，可以采用原型设计工具纸张、Excel、PPT 或专业工具（Axure）进行。用 Excel 和 PPT 设计的页面原型分别如图 2-7 和图 2-8 所示。

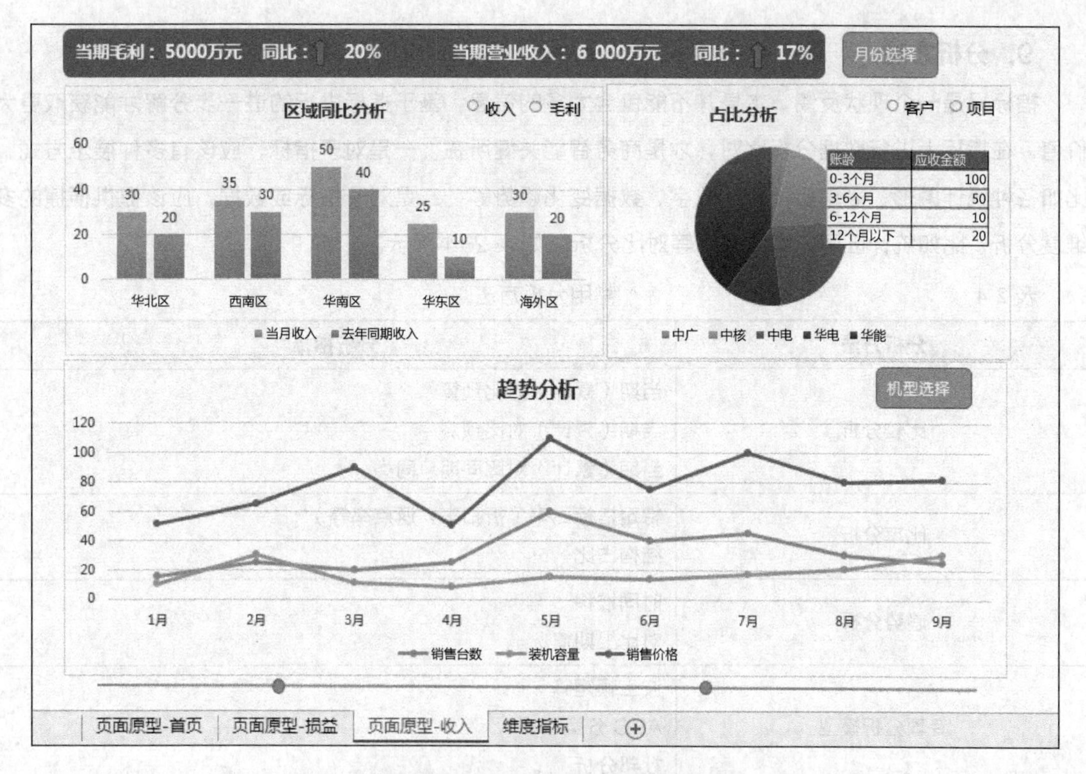

图 2-7 用 Excel 设计的页面原型

图 2-8 用 PPT 设计的页面原型

9. 分析方法

指标只是一个现状反馈，本身并不能包含太多的信息，基于指标进行的进一步分解才能获取更大价值。在指标上进行数据分析比对，才是商务智能关键所在。一是对于指标，应该有多种展示方式，比如各种统计图形、简单且直接的数字、数据变化趋势等；二是对于指标或数据，应该提供便捷的多维度分析，比如统计区间、同比环比等对比分析，如表 2-4 所示。

表 2-4　常用分析方法

分析方法	分析指标
比较分析	当期（累计）对比预算 当期（累计）对比预测 当期（累计）对比同期、同类
比率分析	特定指标比率（折扣率，返点率等） 结构占比
趋势分析	时间推移 对比上期情况
专项分析模型	波士顿矩阵 ABC 分类法 杜邦分析

10. 注意事项

（1）前期准备工作要充分。第一，充分了解用户所需。商务智能用户通常可以分为明显的几个大类：战略性、战术性和操作性。战略性用户很少做决策，但是每一个决策都会具有一个深远的影响。战术性用户则每个星期做出许多决策，而且会同时使用汇总和详细的信息，很可能需要每天对信息进行更新。操作性用户则是一线的员工，他们需要借助于在他们自己的应用程序中的数据来执行大量的事务。了解谁将使用商务智能系统，他们出于什么目的来使用商务智能，以及他们需要的信息种类和使用的频率，会有助于商务智能系统的规划。第二，合理考虑商务智能组成部分。影响商务智能的因素有很多：元数据、数据整合、数据质量、主数据管理、数据建模分析、集中式度量管理、展现形式、门户。虽然上述这些因素可能本身不是商务智能战略的一部分，但它们对于系统整体的构建确实至关重要，甚至影响企业是否能成功实施商务智能。

（2）不要与企业生产旺季相冲突。众多企业的生产活动存在明显的周期性，对于周期性比较强的企业，在做商务智能系统规划时，需要特别注意避开这个高峰期。这主要是因为在项目实施过程中，会给用户增加很多的工作量，如基础数据的整理、系统使用的培训等。如果企业处于生产的旺季，员工恨不得多一双手的情况下，强行实施信息系统，基本属于火上加油，很容易造成忙中出乱，系统的风险比较高。

（3）项目尽量不要跨年。在做项目规划时，还需要注意跨年度的问题。跨年度实施信息系统对企业来说是一个大忌。即使在年底项目上线之后，也需让用户有一个学习的过程，特别需要一个连续性的过程。这就好像在学习时，课后要有一个复习的过程一样。如果只是在课堂上学习，课后没有复习，那么就很容易忘记。在日常工作中，经常忽视这个基本规律，因此，年底或者跨年度实施商务智能项目对企业会造成一些不可控的风险。

（4）系统构建完成后的持续改进。在做商务智能项目规划时，很多企业仅仅将规划做到项目上线，而没有包含项目的持续改善阶段。很多案例表明，系统上线效果好仅仅是项目成功的第一步，而等到系统上线一段时间之后，系统的效果可能就会开始走下坡路。这主要就是因为没有做好系统后续的规划。系统上线后的规划非常重要。很多企业正是因为缺乏这方面的认识，才导致系统在企业内部应用的过程中达不到预期的效果。具体地说，在系统的后续规划中要体现下面这些内容。

① 如何确保前段时间的工作成果在后续工作中继续保持下去。如前面制订的工作流程、数据更新机制、数据准确性措施等在后续的内容中要得到彻底地执行。在系统的后续规划中，要有措施能够确保预先的政策能够被一如既往地执行下去。

② 在做系统规划时，应该设想一定的措施，如加强对新员工的培训、采取上岗证等，以降低商务智能系统关键用户的流失，及新老员工替换过程中对系统带来的负面影响。

2.2.2 阶段产物

本阶段完成的产物:《数据字典》《分析体系》《页面原型》《需求说明书》。

《数据字典》是对数据模型中的数据对象或者项目的描述的集合，是指对数据的数据项、数据结构、数据流、数据存储、处理逻辑、外部实体等进行的定义和描述，其目的是对数据流程图中的各个元素做出详细的说明，有利于程序员和其他需要参考的人查阅。

《分析体系》主要包括主题结构图，包含每个主题的维度、指标、管理场景、分析目的等。在后期的实现中，需以此分析体系为依据进行设计和实现。

《页面原型》是指整个产品面市之前的一个框架设计。用户界面原型必须在先启阶段的初期或在精化阶段一开始建立。整个系统（包括它的“实际”用户界面）的分析、设计和实施必须在原型建立后进行。

《需求说明书》的作用是为了使用户和软件开发者双方对该软件的初始规定有一个共同的理解，使之成为整个开发工作的基础，它包含硬件、功能、性能、输入/输出、接口需求、警示信息、保密安全、数据与数据库、文档和法规的要求等的描述。

2.3 商务智能系统的设计

商务智能系统的设计是指在企业需求定义的基础上并行进行技术框架设计、数据设计以及商务智能应用设计。技术框架设计将建立一个技术框架，将各种相关技术进行整合；列出一系列的商务智能相关产品，通过一定的标准，对这些产品进行评估，做出最后的选择。数据设计是先将企业需求转化成多维模型，再根据多维模型设计物理模型，然后是数据抽取、转换、加载设计，建立实际的数据仓库。商务智能应用设计是根据企业用户数据分析方面的需要，设计一系列功能模块，提供查询、报表及 OLAP 分析和数据挖掘等工具，使用户能够方便地访问到所需的数据，并进行相应的处理。

2.3.1 主要内容

1. 系统架构设计

本阶段的主要任务：对业务、技术环境及企业文化的充分了解；从技术、组织和支持等方面进行全面评估；定义数据仓库业务驱动力；定义数据仓库成功的关键因素；定义数据仓库的实施原则；对系统体系结构的各个组件进行详细设计。除此之外，系统架构设计还包括：安全体系、数据体系、ETL体系、运行维护体系、开发测试环境体系等的设计。

2. 应用设计

本阶段主要包含3个部分的设计：一是应用概要设计，包括功能模块概要设计和数据接口设计；二是应用详细设计，包括功能模块详细设计、系统界面设计、系统集成设计和安全管理设计；三是应用数据模型设计，包括应用数据模型设计和公共分析维度设计。

3. 逻辑数据模型设计

本阶段主要任务：确定客户化的范围，包括建立实体联系模型、建立实体间依赖关系、填写并完善实体属性；定制模型，即将逻辑数据模型客户化；验证逻辑数据模型；逻辑数据模型总结汇报。建模方法：第三范式（Third Normal Form，3NF）[①]、星型结构、雪花状结构。使用工具：ERWin、PowerDesigner等。

（1）实体联系模型。实体联系模型（Entity Relationship Diagram，E-R）的3个基本要素是实体、属性和联系，具体如下所述。

① 实体是指客观上可以相互区分的事物，可以是具体的人和物，也可以是抽象的概念与联系。用实体名及其属性名集合来抽象和刻画同类实体。在E-R图中用矩形表示实体，其中，矩形框内写明实体名，比如学生张三、李四都是实体。

② 实体所具有的某一特性即为属性。一个实体可包含多个属性。属性是相对实体而言的，其在E-R图中用椭圆形表示，并用无向边将其与相应的实体连接起来，比如学生的姓名、学号、性别都是属性。

③ 联系也称关系，其在信息世界中反映实体内部或实体之间的关联。实体内部的联系通常是指组成实体的各属性之间的联系；实体之间的联系通常是指不同实体集之间的联系。在E-R图中用菱形表示联系，菱形框内写明联系名，并用无向边分别与有关实体连接起来，同时在无向边旁标上联系的类型（1：1，1：n 或 m：n）。比如，老师给学生授课存在授课关系，学生选课存在选课关系。如果是弱实体的联系，则在菱形外面再套菱形。

（2）主题的选定。

通过对现有业务系统的E-R图分析，确定边界，划分主题。主题划分如图2-9所示，这个图中能看到供应商主题、商品主题、顾客主题、仓库主题的划分。

数据仓库的星型模型、雪花模型描述了数据仓库主题的逻辑实现，即每个主题对应了关系表的关系模式定义。

---

① 第三范式要求一个数据库表中不包含已在其它表中包含的非主关键字信息。

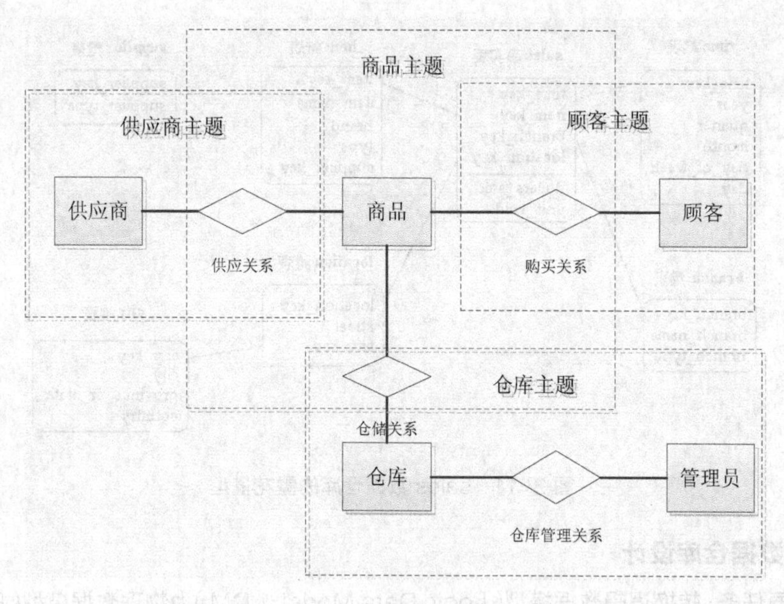

图 2-9　主题划分

（3）星型模型。

星型模型简化了用户分析所需的关系，从支持决策的角度去定义数据实体，更适合大量复杂查询。如图 2-10 所示，位于中心的 sales 称为事实表，事实表把各种不同的维表连接起来。它共有四维，分别是 time 维表、item 维表、branch 维表和 location 维表，中心事实表 sales 包含了四个维的关键字和两个度量 unit_sold 和 dollars_sold。为尽量减小事实表的大小，维标识符将由系统产生。

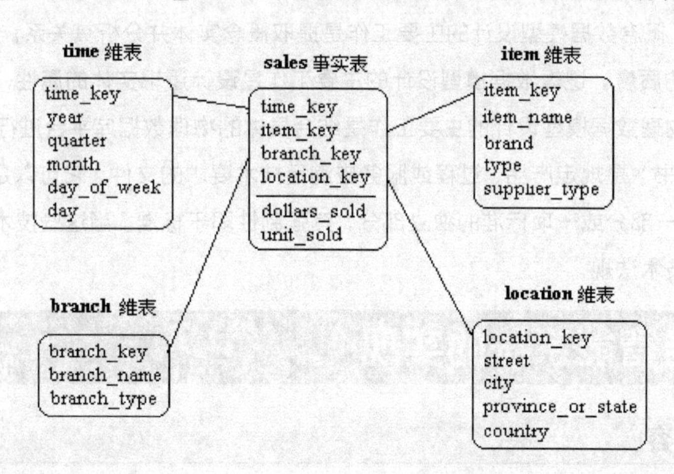

图 2-10　sales 数据仓库的星型模型

（4）雪花模型。

雪花模型由星型模型进一步演化而成。它将星型模型中的某些维表进行了规范化，并将数据进一步分解到附加表中，如图 2-11 所示。该图表示了 sales 数据仓库的星型模型到雪花模型的分解状态。

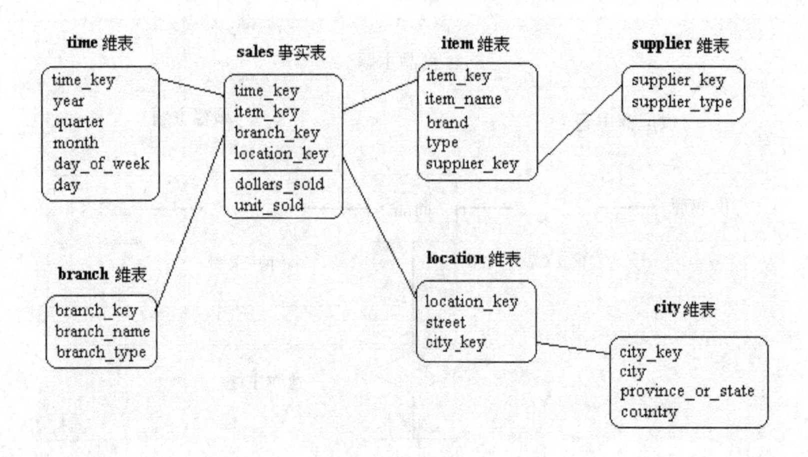

图 2-11　sales 数据仓库的雪花模型

4. 物理数据仓库设计

本阶段主要任务：转换逻辑数据模型（Logic Data Model，LDM）为物理数据模型（Physical Data Model，PDM）；定义主索引、次索引；非正规化处理（denormalizations）；数据库建立；设计优化；数据库功能测试。

2.3.2 阶段产物

本阶段完成的产物：《数据模型设计说明书》和《技术规范说明书》。

《数据模型设计说明书》主要包括概念数据模型设计、逻辑数据模型设计和物理数据模型设计这 3 个阶段的设计说明。概念数据模型设计的主要工作是提取概念实体并分析其关系。这是最关键的工作，直接影响后续工作的质量。逻辑数据模型设计的主要工作是设计逻辑实体的属性、主键、索引以及各实体之间的关系。物理数据模型设计的主要工作是结合具体的物理数据库平台进行存储设计。

《技术规范说明书》是规定产品、过程或服务应满足技术要求的文件。它可以是一项标准（即技术标准）、一项标准的一部分或一项标准的独立部分，其强制性弱于标准。当这些技术规范在法律上被确认时，它们就成为技术法规。

2.4 商务智能系统的实现

2.4.1 主要内容

1. ETL 开发

ETL 将数据从多个异构数据源加载到数据库或其他目标地址，是数据仓库建设和维护中的重要一环，也是工作量较大的一块，其工作流程如图 2-12 所示。ETL 开发的主要任务是：制订数据接口规范，制订数据采集和传输规范，ETL 体系结构设计，设计和开发数据采集和数据传输模块的程序，进行数据质量流程控制，构建和测试加载的程序和处理流程，撰写 ETL 系统用户手册和使用说明，40%～50%的工作量在于数据转换和加载。

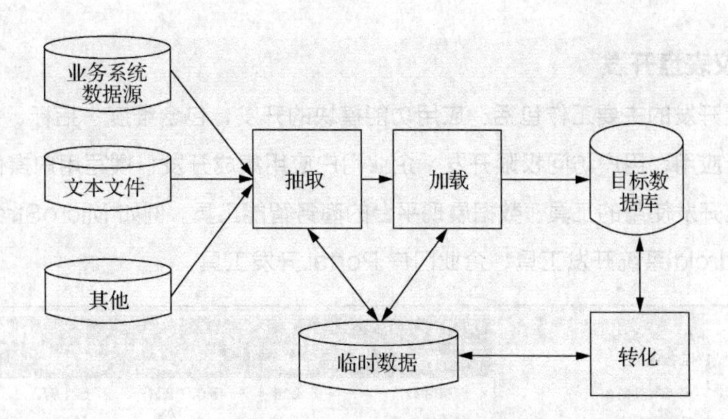

图 2-12　ETL 工作流程

ETL 工具有 Informatica、Datastage、Kettle、ETL Automation 等。图 2-13 所示为 Kettle 界面，它是一款国外开发的 ETL 工具，纯 Java 编写，可以在 Windows、Linux、Unix 操作系统上运行，数据抽取高效且稳定。

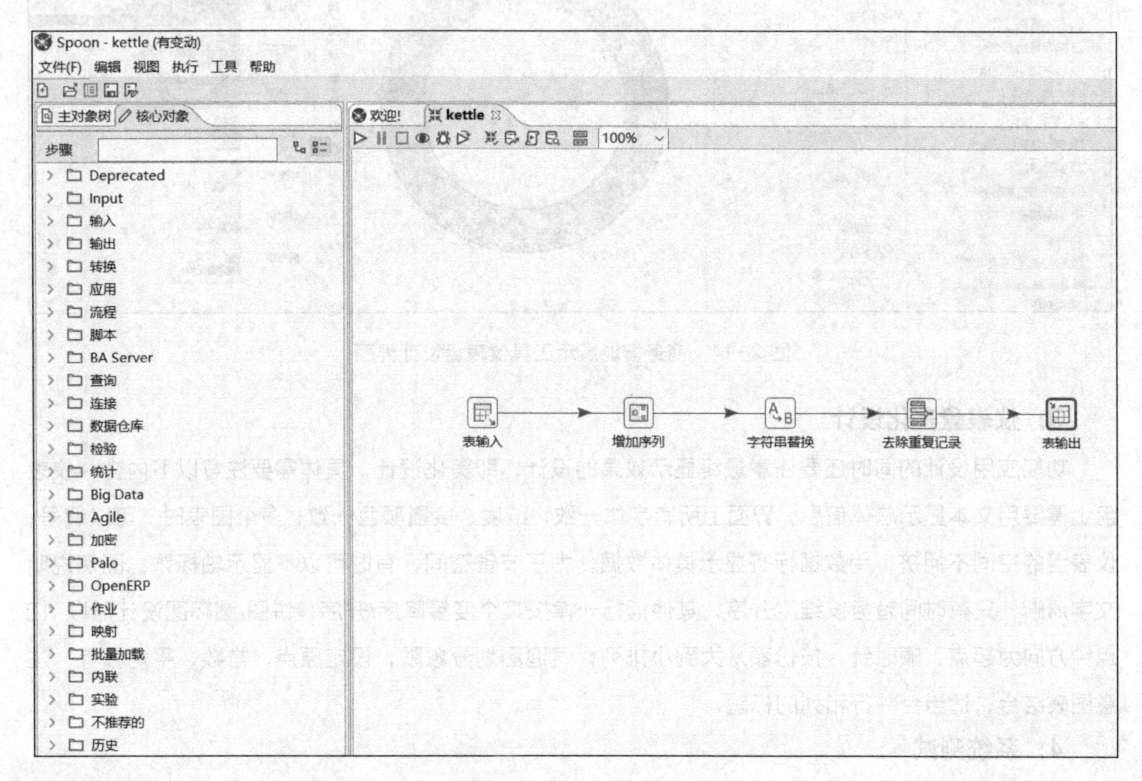

图 2-13　Kettle 的工具界面

ETL 过程需提交下列文档。

（1）ETL 设计方案：ETL 设计说明书。

（2）ETL 设计文档与规范：业务处理规则说明书、接口文件获取规则、ETL 映射文档、ETL 编程规范。

（3）项目交付：ETL 执行程序和 ETL 调度程序。

2. 报表与仪表盘开发

报表与仪表盘开发的主要工作包括：应用功能模块的开发，包含维度、指标、报表、多维分析、仪表盘和专题分析应用；用户访问权限开发；企业门户应用集成开发；撰写用户操作和使用手册。

报表与仪表盘开发使用的工具：数据展现平台的商务智能工具，例如 MicroStrategy（如图 2-14 所示）；iOS、Android 系统开发工具；企业门户 Portal 开发工具。

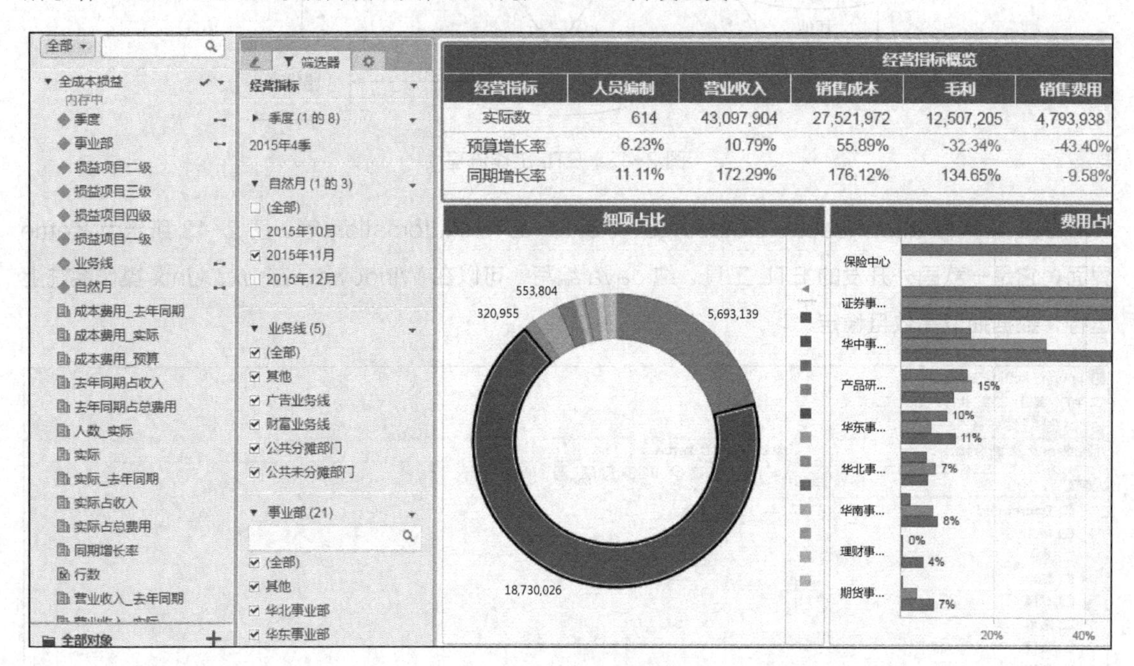

图 2-14　商务智能展示工具仪表盘设计界面

3. 仪表盘美化设计

功能应用设计的同时还要注意最终显示效果的设计，即美化设计。具体需要注意以下内容：仪表盘上需要用文本显示总体信息；界面上所有字体一致；维度、度量颜色一致；多个图表时，可以编号；仪表盘的空间不拥挤，用数据标签显示具体数据；为了节省空间，有时可以不显示轴标题；图例说明文字清晰；只有时间趋势按维度升序，其他指标一律按某个度量降序/升序；饼图/圆环图设计时以 12 点钟方向为起点，顺时针，按份额从大到小排列；气泡图划分象限，设定原点、常数、平均数等；注意图表结合，适当合并行和列的标题。

4. 系统测试

系统测试的主要内容：制订并执行单元测试计划，制订并建立系统集成测试计划，编写和整理测试报告，制订和执行用户测试和验收计划，生产系统部署，上线运行，实施数据仓库管理。

2.4.2 阶段产物

本阶段需要完成的产物为《ETL 设计手册》《项目周报》《沟通纪要》，另外还包括商务智能数据库和 ETL 元数据库。

《ETL设计手册》包括：ETL设计方案，ETL设计文档与规范，以及关于ETL执行程序和ETL调度程序的说明文档。

《项目周报》包括：上周主要工作和成果（任务、完成情况、参与人员、耗费人力和时间等信息），目前影响工程进展的主要问题及解决措施（问题、解决措施、解决日期、负责人、需协调事宜等）和下周的工作计划（任务、计划工作量、计划完成日期、负责人、需要甲方协调和投入的资源等）。通过《项目周报》，可以加强项目执行过程中的组织与管理，及时反映项目的当前进展情况及存在的问题，并为项目管理人员及企业领导提供准确的项目实时情况，确保工程项目保质保量顺利完成。

《沟通纪要》包括：会议名称、召开部门、会议时间、会议地点、会议主持人、会议记录人、参会人员、会议目的、会议内容、行动计划等主要内容。

2.5 商务智能系统的上线及维护

2.5.1 主要内容

本阶段主要完成：系统安装、文档完善、培训与交付、售后维保、用户培训几项内容。详细内容见下文。

1. 系统安装

系统安装主要包括：生产系统安装（硬件设备的安装与配置，软件系统的安装与配置，客户端工具安装与配置）；开发系统安装；测试系统安装；系统操作与使用现场培训。

2. 用户培训

用户培训主要内容：设计和开发数据仓库操作管理流程；开发和测试性能监视程序；开发和测试数据备份和恢复程序；设计和开发报表和仪表盘；最终用户使用培训；建立用户支持和培训材料。

3. 系统维护

对商务智能系统进行维护，如果有新的增长需求、小的调整以及出现错误等，则应及时进行更正。另外，需保障用户的培训及其他保障系统的正常运行，并为未来系统升级做准备。

（1）支援内容：版本维护，问题排查；损毁修复，开发支援；移动设计，效能调优；资料分析，报表设计。

（2）支援方法：多种支援方法并用，例如现场支援、电话支援、邮件支援、微信支援、远端支持、社群讨论、视频指导、文档说明等。

（3）品质要求：当日回复，分级回应；追踪回馈，及时解决；客户评分，客户满意；在工作日提供“5×8小时”不间断服务。

2.5.2 阶段产物

本阶段需要完成的产物：《测试报告》《用户手册》《维护手册》《验收报告》。

《测试报告》：把测试的过程和结果写成文档，对发现的问题和缺陷进行分析，为纠正软件存在的质量问题提供依据，同时为软件验收和交付打下基础。

《用户手册》：详细描述软件的功能、性能和用户界面，使用户了解如何使用该软件。

《维护手册》：主要包括软件系统说明、程序模块说明、操作环境、支持软件的说明、维护过程的说明，便于软件的维护。

《验收报告》：主要包括项目基本信息、项目概述、验收测试环境（硬件、软件、文档、人员），验收及测试结果，验收总结，相关文档等内容。

课后习题

1. 简述商务智能项目管理的主要内容。
2. 简述商务智能需求分析需要完成的主要内容。
3. 简述商务智能逻辑设计模型及方法。
4. 简述商务智能系统实现的步骤。
5. 简述商务智能系统上线及维护的主要内容。

第3章 分析商务智能案例

前两章主要讲述了商务智能的基本概念及实施过程，但是商务智能的实际运营效果是什么？如何辅助企业决策者做决策？本章精选了5个企业实际案例，为读者分析与展示商务智能实施的过程，目的是使读者切身体验商务智能的效果及优势。

本章的商务智能案例具体包括：数据可视化趣味案例，以及财务行业、快速消费品行业、餐饮行业、医药行业的商务智能案例。

【学习目标】

1. 了解并体验数据可视化的效果和作用。
2. 理解商务智能案例实践的整体流程和思路。
3. 掌握维度指标的概念和区别。
4. 熟悉 OLAP 分析方法、RFM 模型、PDCA 循环等概念及应用。
5. 了解商务智能为各行业企业创造的价值。

3.1 数据可视化趣味案例

数据可视化并不是简单地把数据变成图表，而是以数据为视角看待世界。换句话说，数据可视化的客体是数据，但本质是数据视觉，即以数据为工具，以可视化为手段，目的是描述真实世界。有的可视化目标是观测、跟踪数据，所以就要强调实时性、变化、运算能力，可能就会生成一份不断变化、可读性强的图表。有的可视化目标是分析数据，要强调数据的呈现度，可能会生成一份可以检索、交互式的图表。有的可视化目标是发现数据之间的潜在关联，可能会生成分布式的多维图表。有的可视化目标是帮助用户快速理解数据的含义或变化，这时会利用漂亮的颜色、动画创建生动、明了、具有吸引力的图表。

数据可视化的应用价值，在于它的多样性和表现力，而其创作过程中的每一环节都有强大的专业背景支持。无论是动态还是静态的可视化图形，都为用户搭建了新的桥梁，洞察世界的究竟、发现形形色色的关系、感受每时每刻围绕在身边的信息变化，还能理解其他形式下不易发掘的事物。

3.1.1 《唐诗三百首》

1. 案例背景

纵观中国历史，唐朝是中国诗歌发展的黄金时代，云蒸霞蔚，名家辈出，唐诗数量多达五万余首。早在唐代，流传的唐诗选本就已有了不少品种，宋、元、明、清各朝代也出现了各种不同类型和版本的唐诗选本。清朝的蘅塘退士依照以简去繁的原则，选取了脍炙人口的唐诗名篇，辑录而成《唐诗三百首》。《唐诗三百首》共选入唐代诗人 77 位，计 311 首诗，被世界纪录协会收录为中国流传最广的诗词选集。本文基于《唐诗三百首》的数据主要对诗人和情感两个角度进行研究并做可视化的分析，旨在挖掘出隐藏在《唐诗三百首》数据背后的故事。

2. 数据分析与可视化

（1）诗人分析。

对于《唐诗三百首》的数据首先要分析的就是其中的诗人。诗人的籍贯、出生时期、寿命等信息数据在可视化后就不再是普通的数据了，而是有更深层次的含义。通过图 3-1，可以看到盛唐阶段（713—766 年）的诗人数量达到了一个巅峰，虽然盛唐在四个阶段中为时最短，其成就也是最高的。这一时期内，不但出现了“诗仙”李白和“诗圣”杜甫，还涌现出一大批才华横溢的优秀人才，许多千百年来广为传诵的诗篇便是在这一时期产生的。

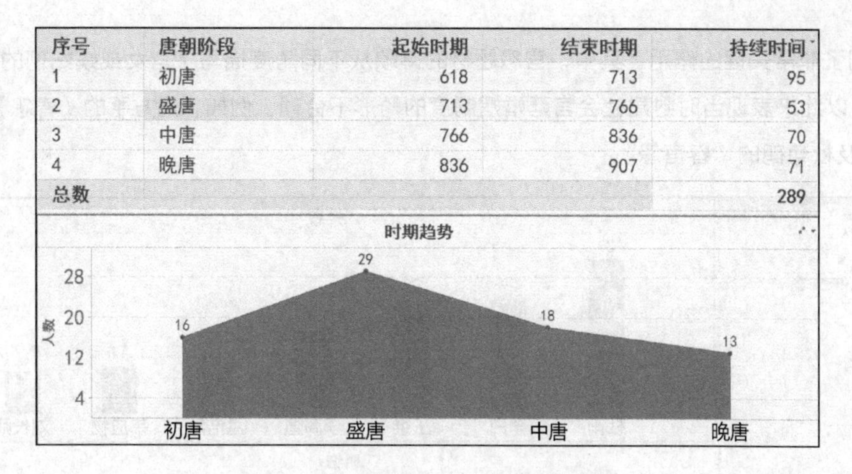

序号	唐朝阶段	起始时期	结束时期	持续时间
1	初唐	618	713	95
2	盛唐	713	766	53
3	中唐	766	836	70
4	晚唐	836	907	71
总数				289

图 3-1　唐朝各阶段的诗人数量趋势图

图 3-2 显示了诗人的籍贯排名，其中河南、浙江和山西分别排在前 3 位。从排名上可以反映出这些区域正是那些文化发源地、资源丰富地区以及交通运输要道经过的地区。河南作为当时中原的中心，是中华民族的摇篮，孕育了大批有才华的诗人；浙江则是当时江南区域最为富饶的地区之一，人口密集、教育发达，提供了很好的物质和文化环境；而山西、陕西、河北则是唐朝历史上很多大事件发生的地方，定都长安、安史之乱、藩镇割据等事件也促使了这些地区诗人的集中出现。

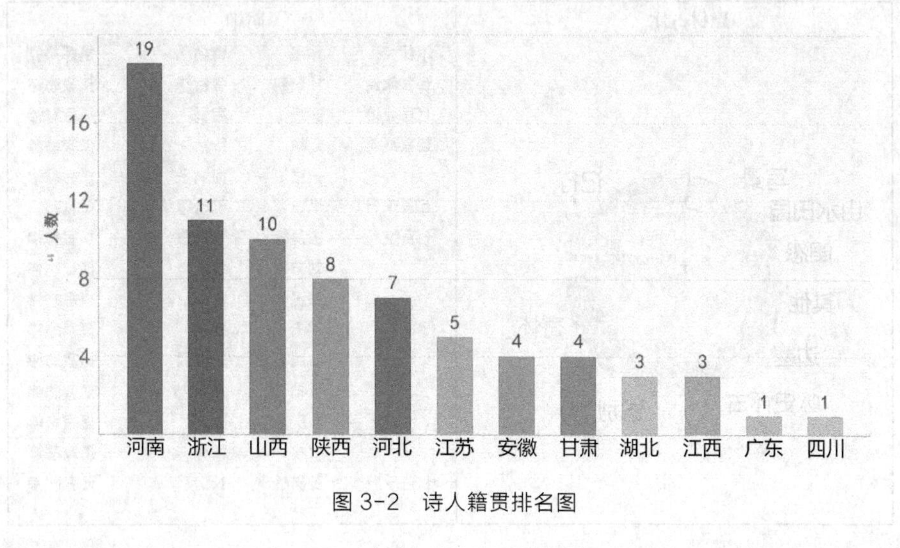

图 3-2　诗人籍贯排名图

（2）情感分析。

诗集是诗人思想和意志寄存之处，对于诗集情感的分析有利于了解诗人的内心世界以及当时的时代环境。如图 3-3 所示，杜甫、李白、王维的作品被收录的数量位居前 3。其实，除去晚唐诗人李商隐和初唐诗人孟浩然，其他前 7 名中的 5 位诗人都生活在大唐盛世之下。而从以李商隐为明细的分析内容中我们不难得出，晚唐时期的没落和战乱对诗人思想和意志的影响，那段时期的诗集多以怀古忧今、孤寂思念为主。

题材是后辈在总结诗集时标上的标签。图 3-4 展示了诗集题材占比情况及体裁等明细情况。题材从山水田园到边塞战乱，体裁分五言、七言、绝句、律诗、乐府，这些足以看出唐代对于诗歌的孕育和发展起到了非常关键的作用。其中，宫怨题材的诗歌从不同角度描写了宫女或嫔妃们的悲惨生活和精神痛苦，以此来表现当时封建社会宫廷婚姻制度的畸形不合理。例如，刘方平的《春怨》、刘禹锡的《春词》以及杜荀鹤的《春宫怨》。

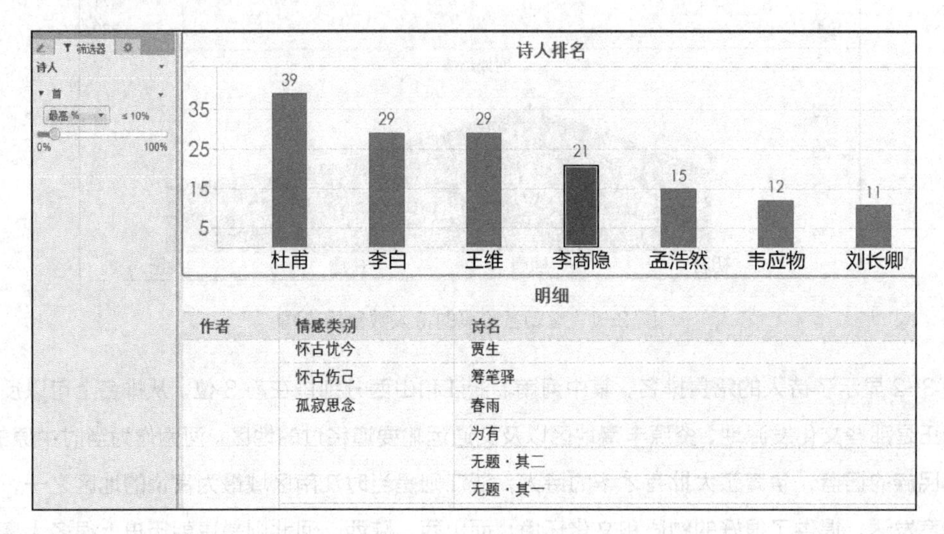

图 3-3　诗人排名及明细

题材占比

明细

体裁	作者	诗名	情感类别
五言律诗	杜荀鹤	春宫怨	孤寂愁惨
七言律诗	薛逢	宫词	孤寂愁惨
五言绝句	元稹	行宫	孤寂愁惨
	张祜	何满子	孤寂愁惨
五言乐府	李白	玉阶怨	孤寂愁惨
七言绝句	王昌龄	春宫曲	孤寂愁惨
	刘方平	春怨	孤寂愁惨
	顾况	宫词	孤寂愁惨
	刘禹锡	春词	孤寂愁惨
	白居易	后宫词	孤寂愁惨
	张祜	赠内人	孤寂愁惨
	朱庆馀	宫词	孤寂愁惨
	杜牧	秋夕	孤寂愁惨
七言乐府	王昌龄	长信怨	孤寂愁惨

图 3-4　诗集题材占比及明细

通过图 3-5 可以观察到每位诗人都有各自的性格和志向。从诗人情感对比图中可明显看到“诗仙”李白主要是以豪情逸兴情感的诗歌为主，从而可以感受其豪迈、洒脱的个人性格；“诗圣”杜甫则以忧国伤时、边塞风情类型的诗歌居多，将自己关心国家、忧郁伤感的情感寄托于笔下；而王维和孟浩然这两位大诗人则更偏爱山水田园，游历祖国大好河山，将这种喜悦的心情和壮丽的风景描绘在诗歌中流传千年。其实再深入挖掘，这些诗人的性格和思想与时期有着很大的关系，孟浩然和王维是初唐和盛唐初期的诗人，当时国家蒸蒸日上，属和平盛世，诗人们喜爱游山玩水；到了盛唐时期的李白，国家昌盛，百姓安居乐业，浪漫豪情的诗歌更是丰富了当时人们的文化生活；而到了盛唐晚期的杜甫，由于国家战乱四起，民不聊生，所以其用诗歌来抒发心中的忧愁苦闷。杜甫的去世也宣告文学史上的盛唐的结束。

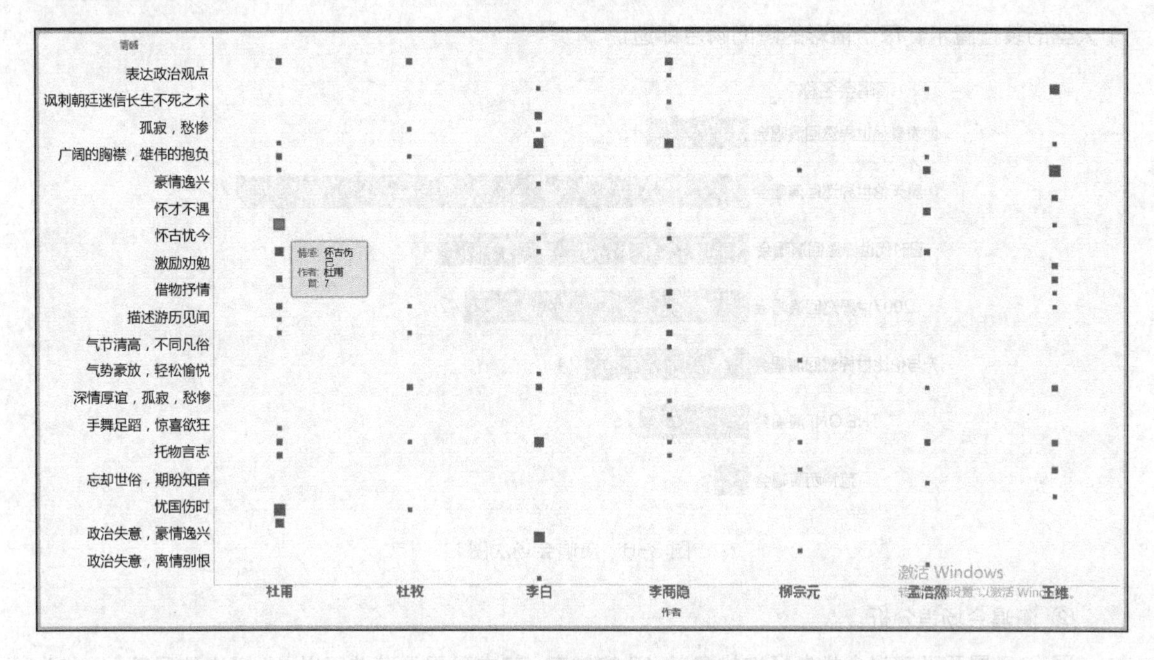

图 3-5　诗人情感对比图

3.1.2　周杰伦歌曲

1. 案例背景

周杰伦于 1979 年 1 月 18 日出生于中国台湾省的新北市，祖籍是福建省永春市，是华语男歌手、词曲创作人。周杰伦 4 岁时就在淡江山叶幼儿音乐班学习钢琴，这为他今后走上音乐道路奠定了基石。他中考时没有考上普通的高中，却因为擅长钢琴演奏被淡江中学第一届音乐班录取。高中毕业后，没有考上大学的他，在打工期间报名参加了电视台的娱乐节目《超级新人王》，并邀人演唱了他的原创歌曲《梦有翅膀》，后被吴宗宪邀请到阿尔发音乐企业担任音乐助理。周杰伦刚开始的发展并不顺利，他为刘德华和其他歌手创作的《眼泪知道》等多首作品均被退回，但他依然坚定追逐他的歌手梦，并最后获得成功。他是 2000 年后华语流行乐坛著名的创作歌手之一，其歌曲形式多样、曲风多变、融合多种音乐素材，开创了华语流行音乐“中国风”的派系。

2. 数据分析与可视化

（1）演唱会分析。

① 演唱会场次分析。

如图 3-6 所示，在 2001—2016 年期间，周杰伦一共举办了 7 个主题的演唱会，总共 224 场次，其中“摩天轮世界巡回演唱会”举办的场次最多。为了呈现“魔天伦”的魔幻效果，该主题的演唱会以 “时空凝结拍摄技术”呈现荧幕 3D 魔幻空间，并使用亚洲先进的投影技术，创造 4D 舞台视觉效果，完美地将百老汇式歌舞剧与演唱会形式结合起来。整场演唱会以 LED 屏幕结合舞台装置，巧妙设计组合成一个变化万千的空间，所有现场观众都跟随周杰伦穿梭在虚实之中；从科幻未来世界瞬间移动到 20 世纪 70 年代的天台上，再从中古骑士世纪瞬间移动到古代中国风。“魔天伦”演唱会就是一个大型的装置魔术，每个精彩的瞬间瞬息即逝。

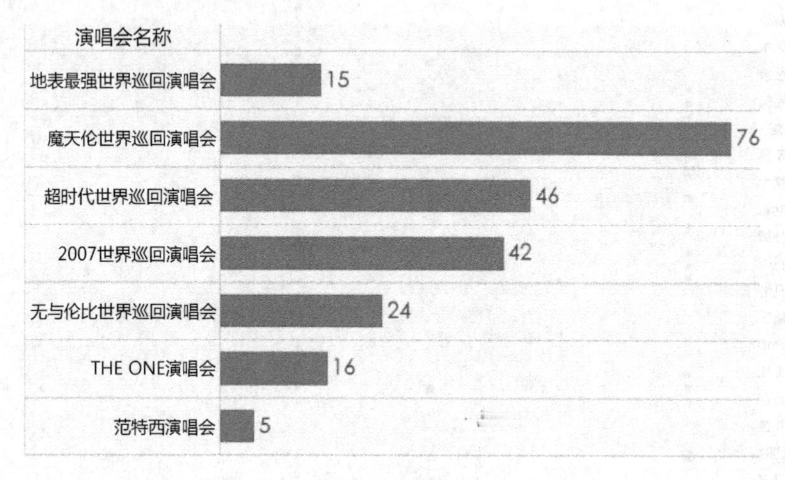

图 3-6　演唱会场次图

② 演唱会场馆分析。

图 3-7 展示了演唱会举办场次排名前 10 的城市，其中我国香港地区以 44 场次位居第一。作为举办场地的香港体育馆（亦称红磡体育馆，简称红馆）是香港的综合室内多用途表演场馆。香港体育馆于 1983 年 4 月 27 日投入使用，目前由康乐及文化事务署管理，它的外形像一颗钻石或倒转的金字塔，馆内设有 12 500 个座位。香港体育馆虽然以体育馆自称，实际上只有很少数体育活动在这里举行，而有许多明星在这里举办演唱会。红馆的座位数量多，是少数可以开设四面台的场地，并且地理位置优越，处于丰富的交通网络当中故我国香港地区的大部分歌手都以在体育馆举行个人演唱会为荣。红馆无论规模、外形、用途都能满足各种商业活动的需要，是具有世界级水准的多用途体育馆。

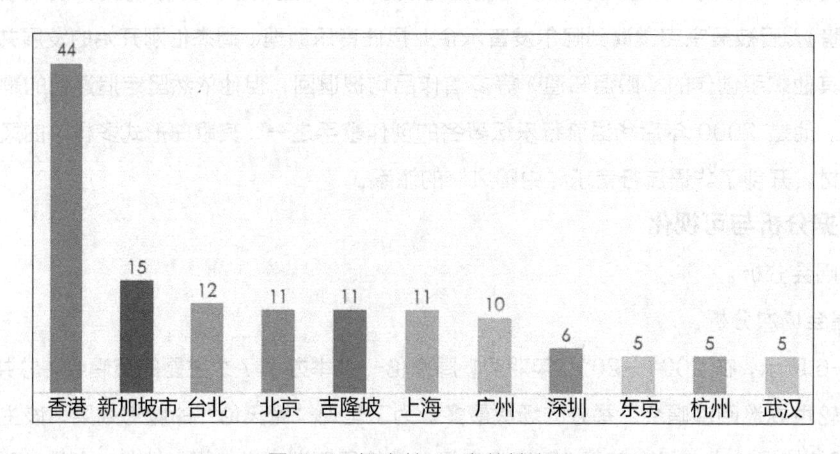

图 3-7　场次前 10 名的城市图

（2）歌词分析。

这部分分析周杰伦的歌词。选取 150 首歌曲，以季节、关键词、处所词、名词和节日为切入点，主要目的是从以上列举的几个方向中分析出周杰伦歌词的作词偏好。如图 3-8 所示，季节上以环形图的形式分析，秋天出现最多，其次是冬天。如图 3-9 所示，关键词以云团的形式分析，可爱、温柔、美、远、累和沉默等词语出现的次数较多。如图 3-10、图 3-11、图 3-12 所示，处所词、名词和节日都以柱状图形式出现。处所的词语一共 67 个，其中“一起”出现了 53 次；150 首歌词总共出现了 4 个节日。

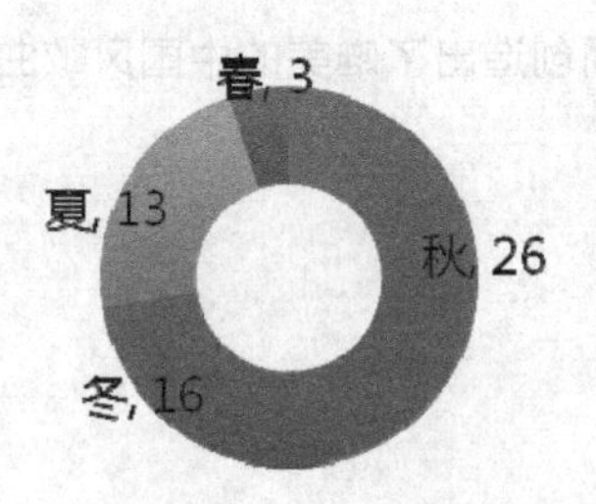

图 3-8　季节图

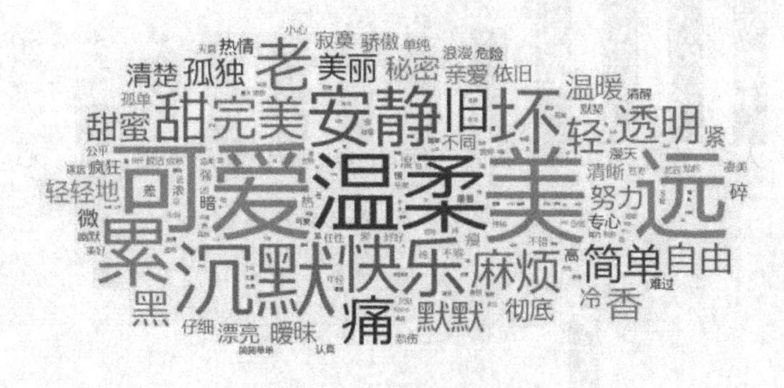

图 3-9　关键词图

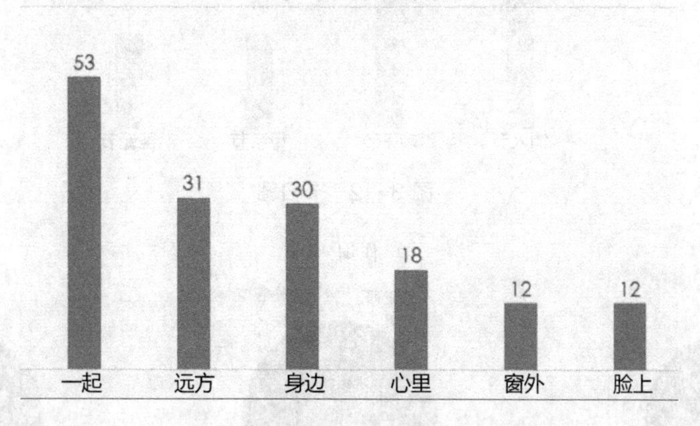

图 3-10　处所词图

（3）创作分析。

如图 3-13 所示，周杰伦所有的作曲全由他自己完成，是个不折不扣的创作型歌手。周杰伦歌曲的流行除了自身的天赋与努力创作外，离不开与方文山的密切合作。从图 3-14 就可以看出这一点。

方文山编写的歌词充满了中国传统意象的中国风，这在充满了直白、粗俗化的流行音乐圈当中是一股清流，在向听众传递美的音乐同时，也培养了高尚的审美趣味。方文山的歌词通过周杰伦的谱曲广为传颂，《东风破》《青花瓷》《千里之外》等都耳熟能详，动听的旋律似乎在向人们讲述着一个个荡气回肠的传奇故事。离愁、别绪、等待等词语容易触动歌迷们内心的感动。如果作词是给了一首歌人的形象，那么编曲则是为人穿上新衣服。图 3-15 说明了周杰伦的编曲大多由林迈可完成，他是著名的作曲家，同时也是周杰伦的御用编曲人，其作品具有鲜明的节奏感，应用中国乐器更出彩。编曲节奏加上文字意象通过与周杰伦的作曲共同创造出了唯美的中国风歌曲。

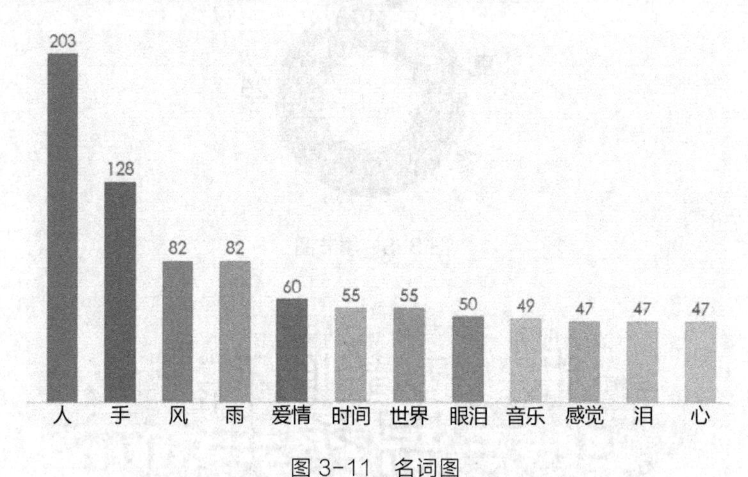

图 3-11 名词图

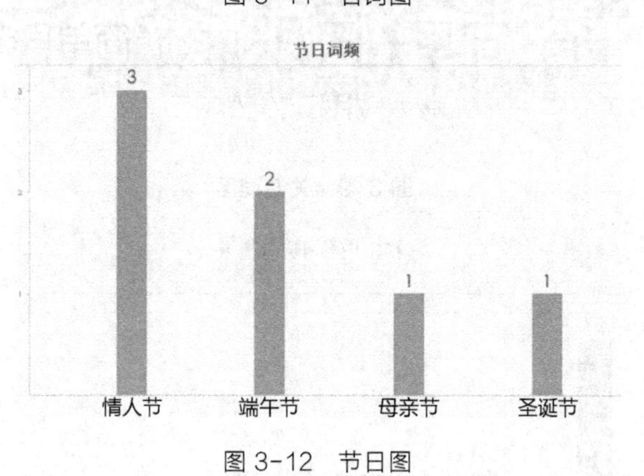

图 3-12 节日图

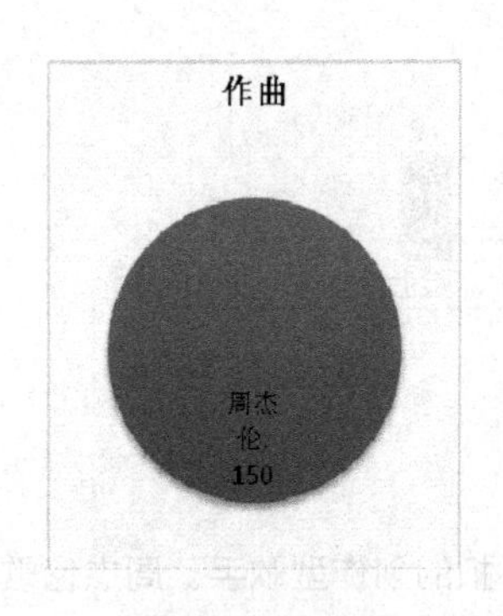

图 3-13 作曲图

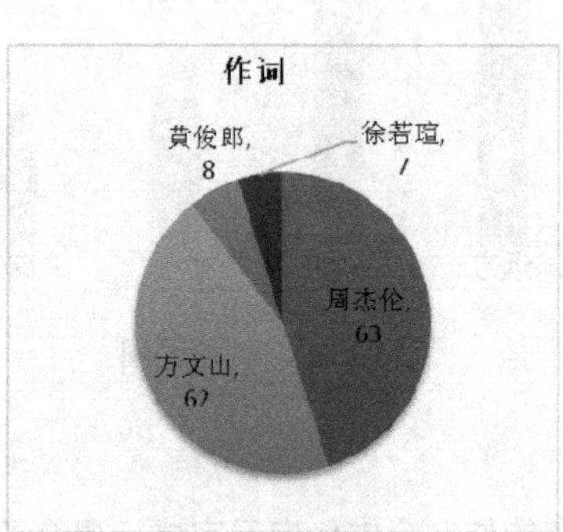

图 3-14 作词图

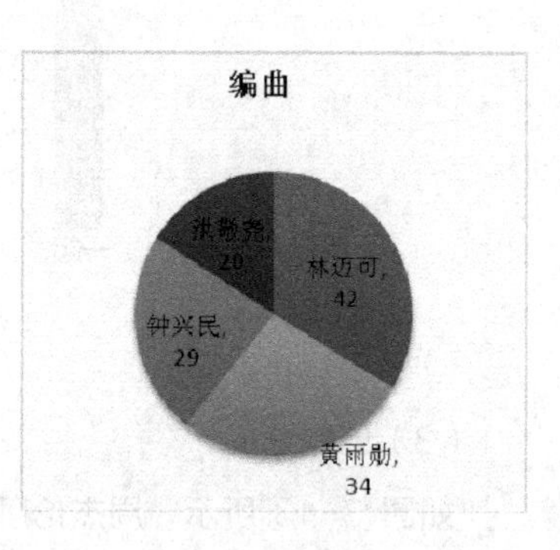

图 3-15 编曲图

3.1.3 民间快餐

1. 案例背景

随着生活节奏的日益加快，快餐成为许多追求快捷的人们的首选。快餐包含了3层意思：易获取；能快速进食；餐饮的经营模式。民间快餐往往与平民、实惠、随处可见相关联。随着市场上对快餐的需求越来越高，人们对于西式快餐的健康程度提出质疑，具有中式特色的民间快餐受到更多的重视，其中比较为人们熟知的有：黄焖鸡米饭、沙县小吃和兰州拉面。在这3家连锁快餐店中，黄焖鸡米饭是兴起最晚的。它本是20世纪90年代济南老字号店“福泉居”的一道招牌菜。兰州拉面始于清朝嘉庆年间，东乡族马六七将陈氏“小车老汤牛肉面”的做法带到了兰州。沙县小吃起源于福建，其历史更是源远流长。然而在互联网时代，最年轻的黄焖鸡米饭的表现远远超过了沙县小吃和兰州拉面，如图3-16（a）、图3-16（b）、图3-16（c）所示。从搜索指数来看，沙县小吃在2018年4月9日搜索指数曾超过了黄焖鸡（见图3-16（b））；然而黄焖鸡在4月10日重新位居高指数，截止到5月4日，黄焖鸡的搜索指数都高于兰州拉面和沙县小吃，期间甚至几次出现峰值。

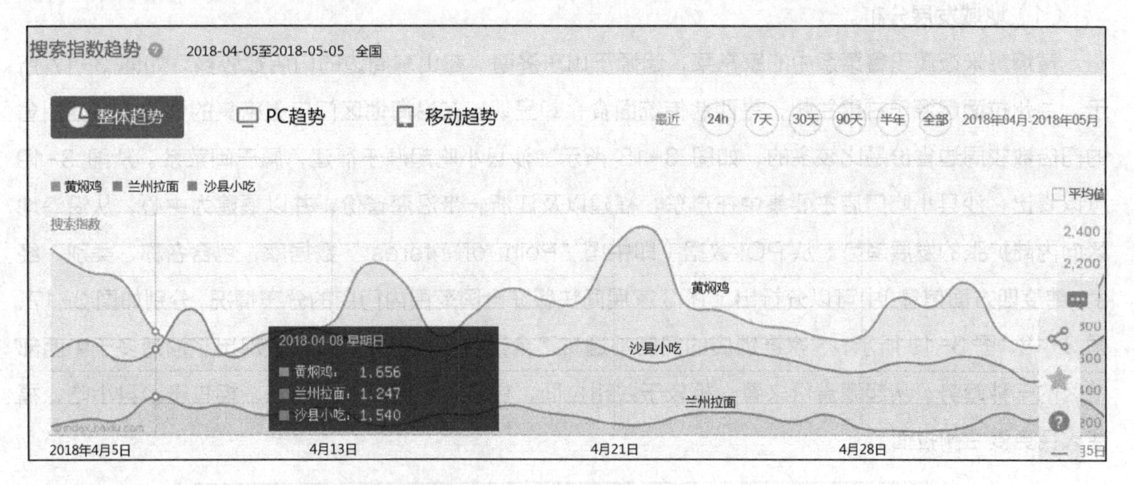

图3-16（a） 搜索指数图-4月8日

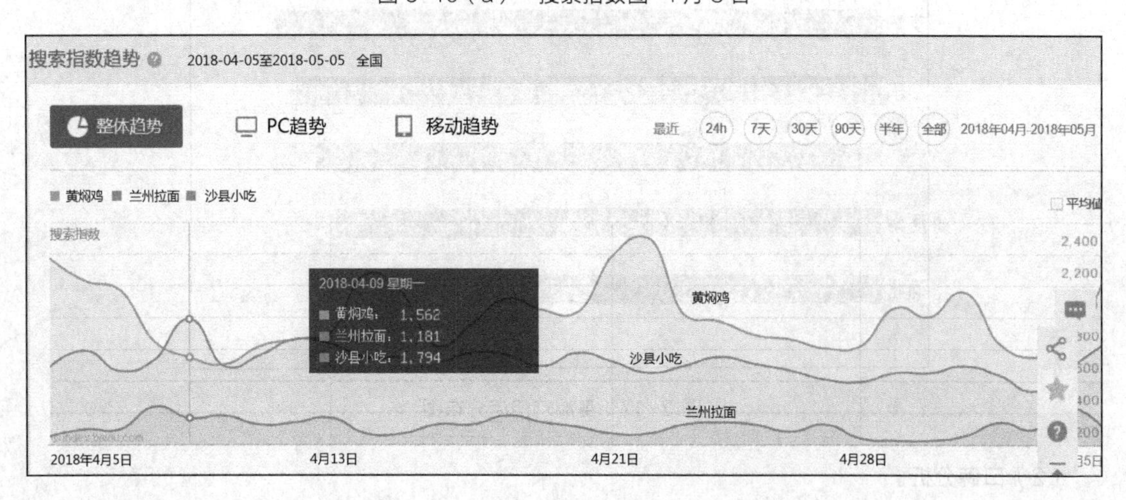

图3-16（b） 搜索指数图-4月9日

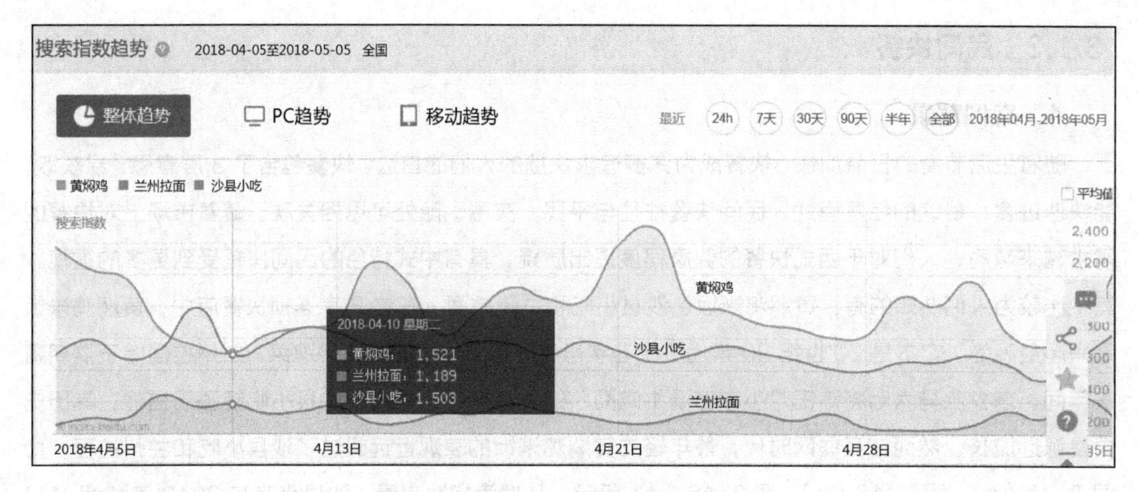

图 3-16（c） 搜索指数图-4 月 10 日

2. 数据分析与可视化

（1）地域发展分布。

黄焖鸡米饭属于鲁菜系中的家常菜，起源于山东济南。在山东周边的门店数较多，如图 3-17 所示。兰州拉面起源于甘肃兰州，是西北传统面食，却呈现出在沿海地区门店更密集的情况。在四川省的门店数较周边省份是比较多的，如图 3-18 所示。沙县小吃起源于福建，属于闽菜系。从图 3-19 可以看出，沙县小吃门店主要集中在广东、福建以及江浙一带沿海省份，并以福建为中心，从沿海地区向内陆扩张的发展趋势。从 POI 数据（即中国"Point of Interest"数据库，包含名称、类别、经度、纬度四方面信息）中可以分析出上述 3 家民间快餐在全国范围内门店的分布情况，分别如图 3-17、图 3-18、图 3-19 所示，3 家连锁店的门店都遍布了全国各个省份，并且都呈现出了沿海多于中西部地区的一种趋势。从起源省份来看：相较于兰州拉面，甘肃人民更爱沙县小吃；相较于沙县小吃，福建人民更爱兰州拉面。

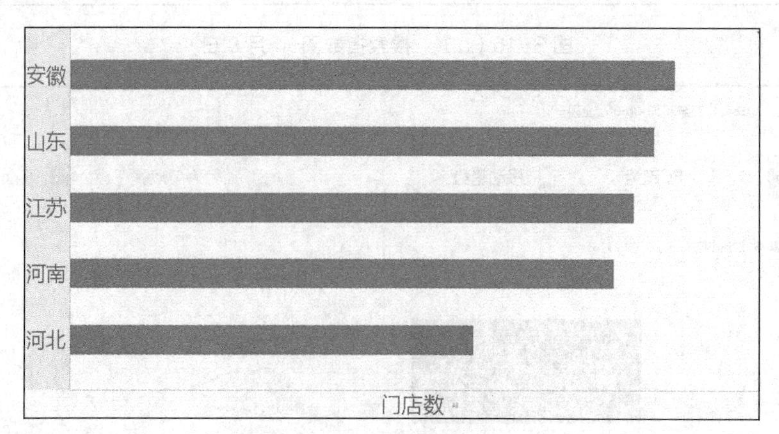

图 3-17 黄焖鸡门店分布图

（2）口碑分析。

如图 3-20 所示，黄焖鸡米饭的综合评分以大优势领先了沙县小吃和兰州拉面。综合评分以环境评分、口味评分和服务评分为判定依据。图 3-20 还反映出了黄焖鸡米饭的人均消费是最高的，在“平民”上不及沙县小吃和兰州拉面。从图 3-21 能够看出，3 项评分依据中不管哪一项，黄焖鸡米饭的评分都高于其他两家，反映出了顾客在进行用餐时，不仅仅是根据菜品的口味做选择。在价位相差无几的情况下，人们更倾向于环境舒适和服务贴心的商家。

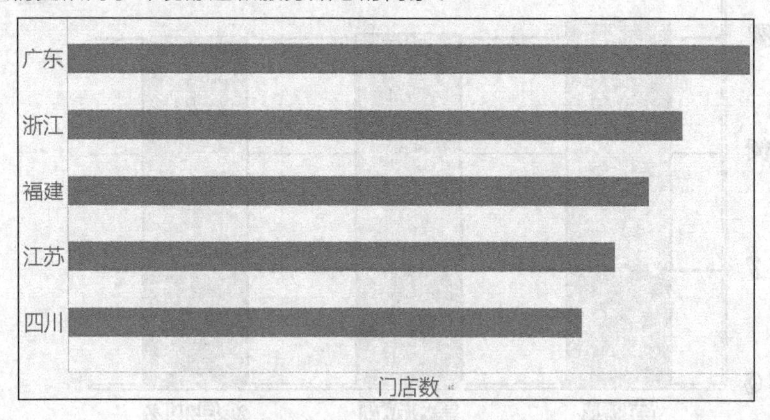

图 3-18　兰州拉面门店分布图

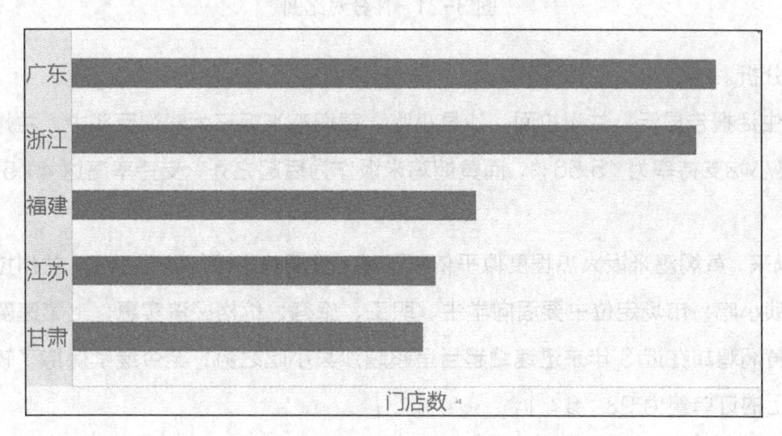

图 3-19　沙县小吃门店分布图

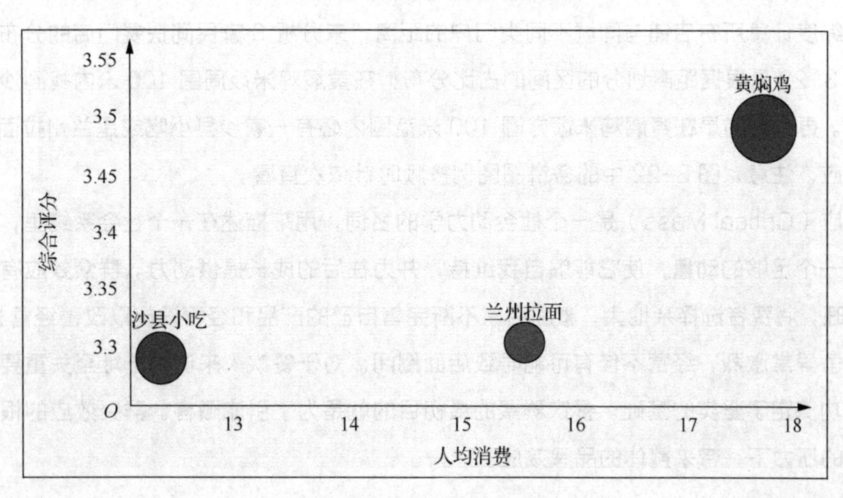

图 3-20　综合评分图

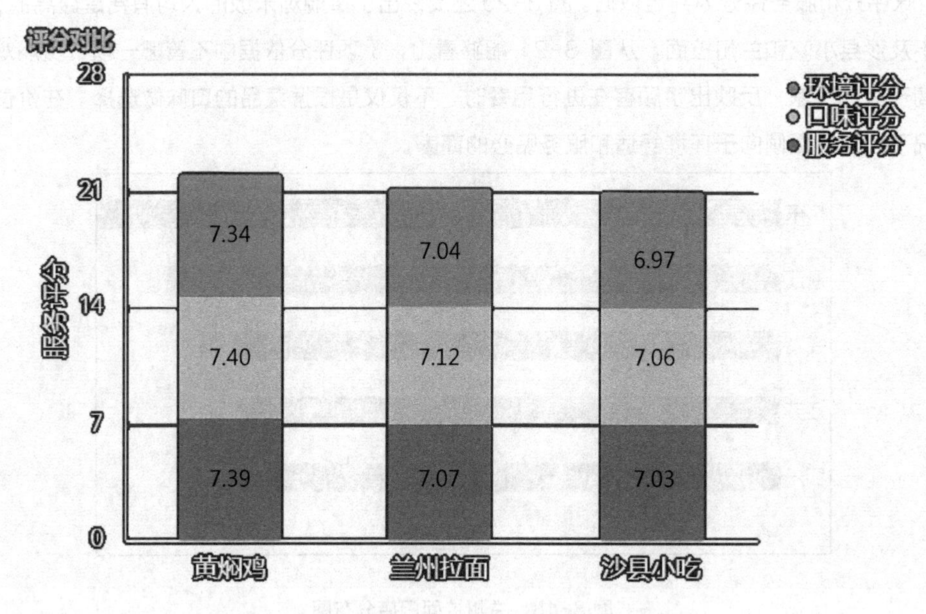

图 3-21　评分对比图

（3）赶超分析。

“90 后”生活报告显示，兰州拉面、沙县小吃、黄焖鸡米饭三大餐饮巨头中，兰州拉面支持率为 20.14%，沙县小吃支持率为 15.56%，而黄焖鸡米饭作为后起之秀，支持率高达 41.51%，成为最大黑马。

2017 年以来，黄焖鸡米饭火热程度似乎依然不减。黄焖鸡米饭与沙县小吃、兰州拉面有着诸多共同点：街边连锁小吃；市场定位主要面向学生、职工、旅客；价格经济实惠；上菜速度快；制作工艺易掌握等。但黄焖鸡却在近 3 年来迅速崛起且呈超越沙县小吃之势，至今继续保持了较高增幅。三者在某外卖平台上的订单量为 93 : 6 : 1。

（4）群聚效应。

根据经纬度计算所有店铺与同城不同类门户的距离，来分析 3 家民间快餐门店的分布是否符合群聚效应。图 3-22 是根据距离划分的区间的占比分布：在黄焖鸡米饭周围 100 米内找到沙县小吃的可能性非常大。更有趣的是在黄焖鸡米饭方圆 100 米范围内必有一家沙县小吃或是兰州拉面。这一现象称为群聚效应。注意，图 3-22 中的各饼图图例按顺时针依次查看。

群聚效应（Critical Mass）是一个社会动力学的名词，用来描述在一个社会系统里，某件事情的存在已达至一个足够的动量，使它能够自我维持，并为往后的成长提供动力。群众效应有利弊之分。优点：人气旺，消费者选择余地大；激励店家不断完善自己的产品和经营设施以改善经营状况。缺点：业主多，竞争异常激烈，经营不佳有可能导致店面倒闭。对于餐饮人来讲，选址至关重要，好的选址很可能为成功奠定了坚实的基础。餐饮群聚的最初目的就是为了引流顾客。群聚效应的根本利益就是在竞争带来的压力下，带来整体的品牌效应。

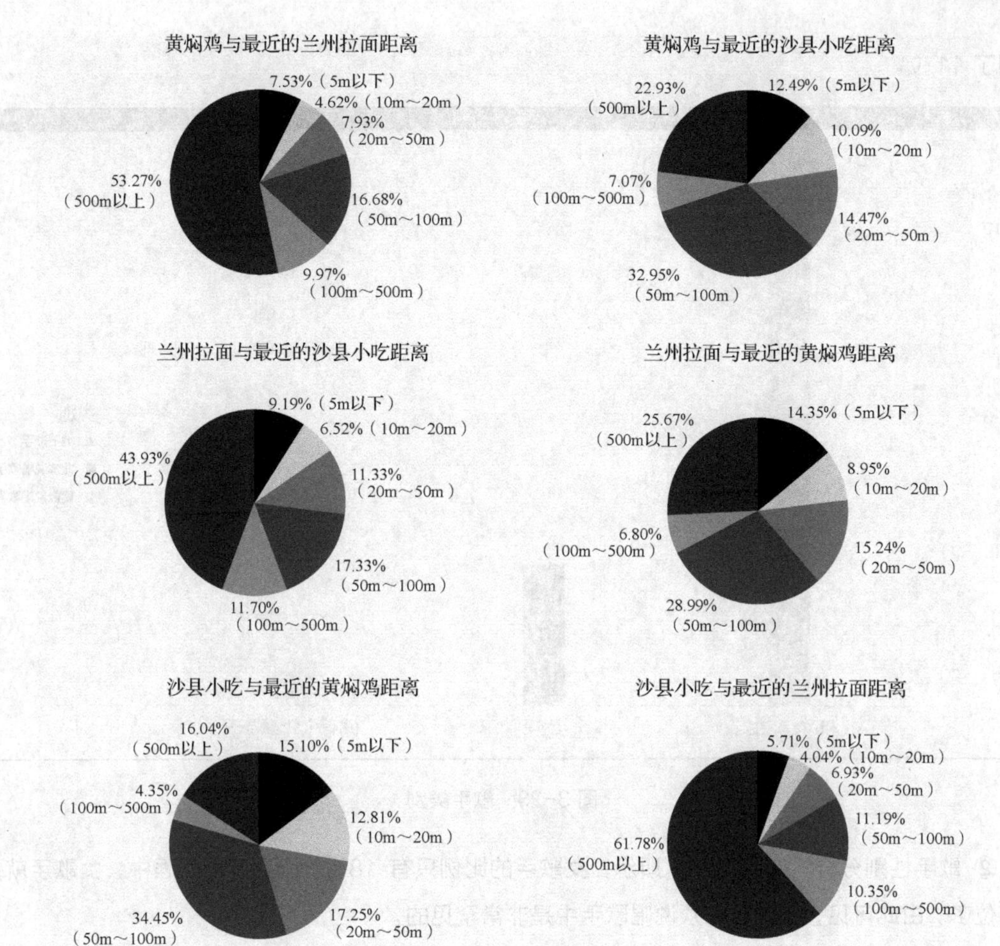

图3-22　距离区间图

3.1.4 “中国有嘻哈”节目

1. 案例背景

2017年下半年，网络综艺节目“中国有嘻哈”引动了广泛的关注，也让嘻哈这种音乐形式展现在荧幕上。数据统计显示，截至2017年9月7日，“中国有嘻哈”节目累计播放量29.9亿，豆瓣评分7.1分。在新浪微博上，相关话题的讨论已达2 619万条，阅读量超过65.6亿。本文就用数据可视化来分析一下这款现象级综艺节目。

2. 数据分析与可视化

（1）歌手分析。

“中国有嘻哈”作为一款现象级综艺节目，当然不仅仅靠的是明星制作人的强大号召力，歌手们的实力也是不可忽视的。那么，“中国有嘻哈”的歌手是怎样的呢？节目中分为地下说唱歌手[1]、业余歌手和偶像歌手。

① 歌手身份分析。如图3-23所示，最后的十五强中，只有一位偶像歌手，而地下歌手的数量则

1 地下说唱歌手是指没有正式签约唱片公司，自己寻找演出机会的说唱歌手。

达到了 11 位。

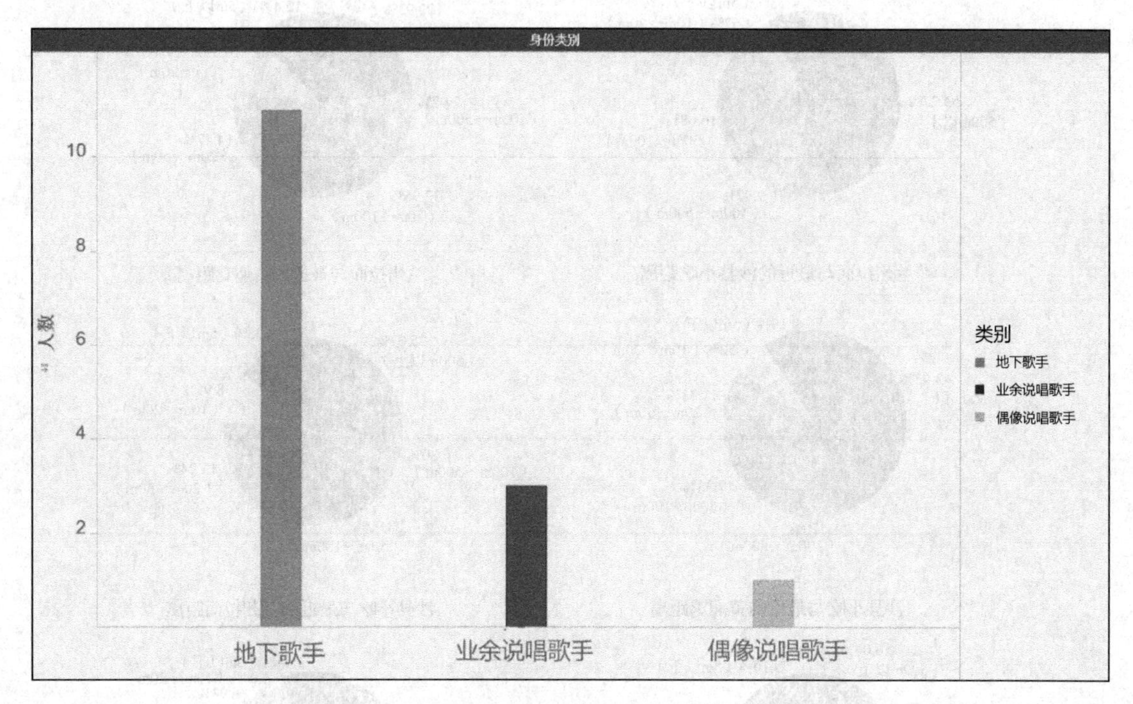

图 3-23 歌手类别

② 歌手性别分析。如图 3-24 所示，女歌手的比例只有 18%。而到了十五强中，女歌手就只剩下两位了。由此可见，女歌手在众说唱歌手中是非常罕见的。

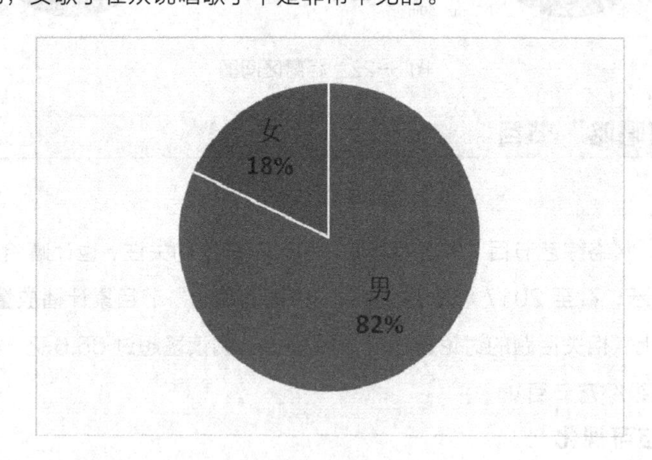

图 3-24 歌手男女比例

③ 歌手获奖分析。如图 3-25 所示，水平方向代表出生年份，垂直方向代表各位歌手所属的厂牌，颜色代表是否在以前的比赛中拿过冠军。由此可知，几位歌手的出生年份大多数集中在 1990 年到 1995 年这个区间内，而 GOSH 和红花会的歌手拿冠军占比最大。

（2）观众分析。

① 观众性别分析。尽管节目现场的女粉丝居多，但从图 3-26 可以看出男性观众是女性观众的 3

倍。其实嘻哈文化是起源于 20 世纪 60 年代的黑人街头文化，男性观众更容易接受这种文化；而随着文化的发展，包括 Beatbox 等新的街头文化艺术也加入进来，这些变化对于观众的影响就是女性开始有倾向去观看这类的节目，但是从占比上看还是男性观众占大多数。

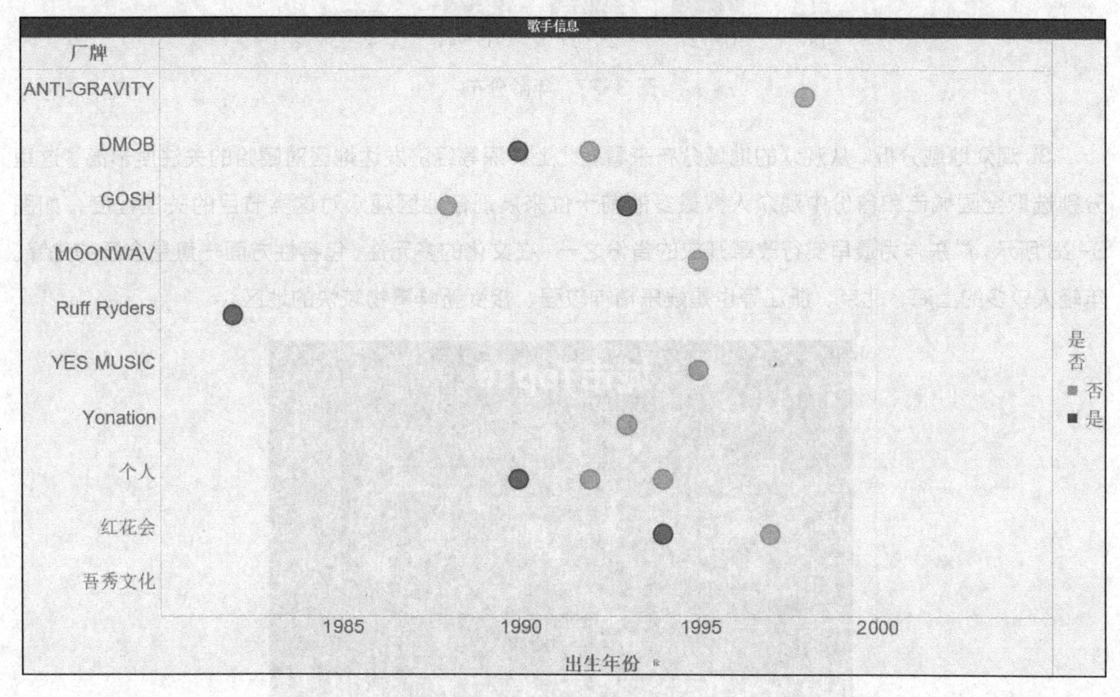

图 3-25　歌手信息

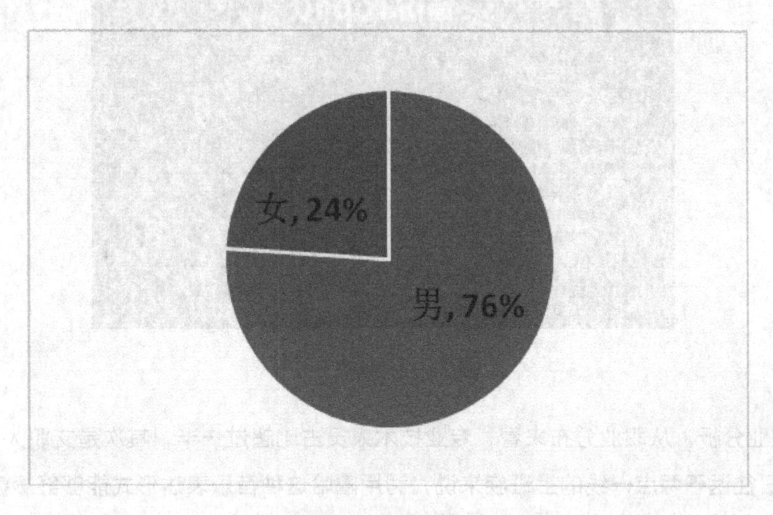

图 3-26　观众性别

② 观众年龄分析。嘻哈受众群呈现鲜明的年轻化特征，“00 后”“90 后”“85 后”成为绝对的主力军，如图 3-27 所示。原因跟嘻哈文化的基因有关：嘻哈是用年轻人的语言，讲述年轻人的故事和心理，节奏明快、无拘无束、表达真我，正好契合年轻一代的娱乐方式和精神状态。另外，国内这类选秀节目的稀缺，“中国有嘻哈”节目理所当然吸引了大批年轻观众的注意力。

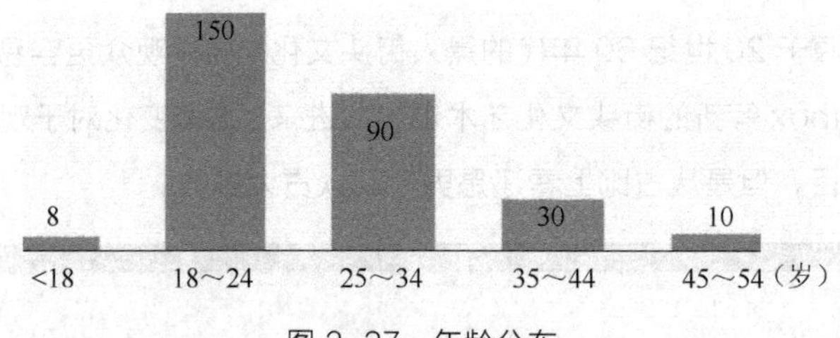

图 3-27　年龄分布

③ 观众地域分析。从观众的地域分布来看，北上广深等经济发达地区对嘻哈的关注度最高。这里分别选取全国城市和省份中观众人数最多的前十位来展现各地区观众对这类节目的关注程度，如图 3-28 所示。广东作为最早实行改革开放的省份之一，在文化的多元性、包容性方面一直是全国的先锋。年轻人较多的上海、北京、浙江等也是娱乐精神较强、接受新鲜事物较快的地区。

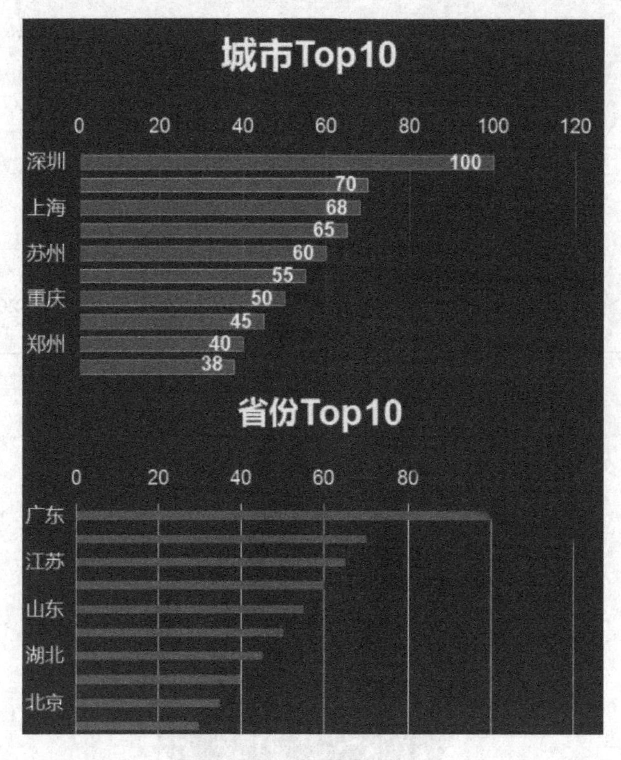

图 3-28　地域分布

④ 观众职业分析。从职业分布来看，专业技术人员占比超过一半，其次是文职人员，如图 3-29 所示。对于每日往返于两点一线的上班族来说，利用嘻哈这种音乐表达形式能够舒缓疲劳，而且嘻哈这种表现真我的态度更容易引起他们的共鸣。

（3）歌词分析。

人们一般会通过歌曲来表达自己的情感或传达自己的意愿。通过采集一些歌词数据，并对数据进行清洗和中英文的分别分词，最后对分词后的数据进行统计，用移动可视化文档中的小部件数据云团可以得到如图 3-30 所展示的高频词汇。

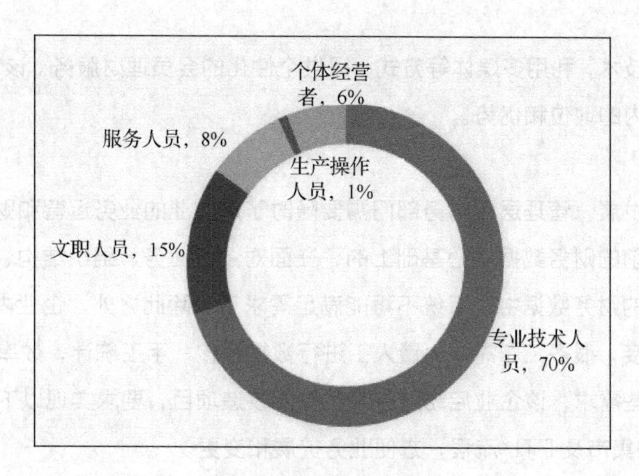

图 3-29　职业分布

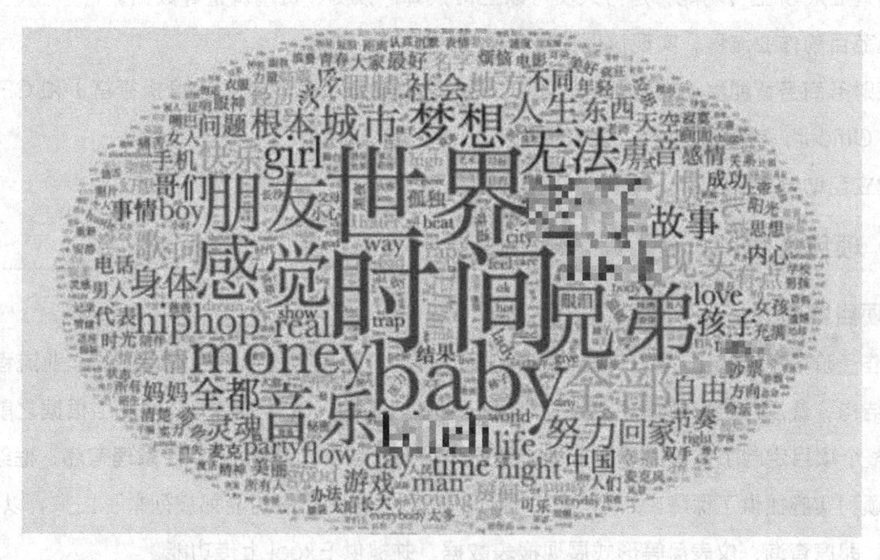

图 3-30　热门词汇

最终发现，“世界”和“时间”占据首位，可见嘻哈歌手们喜欢通过音乐来表达对世界的情感，或愤懑，或热情；“朋友”和“兄弟”也是其中的高频词语，表现了歌手们对兄弟朋友的重视；还有诸如“社会”“城市”“梦想”“成功”等表达自己的理想以及对现实的批判等。

3.2 财经行业案例

3.2.1 案例背景

1. 企业背景

某企业是一家知名的财经资讯类网站。该网站业务涉及股票、基金、银行、外汇、期货、保险、黄金等方面，为用户提供财经资讯和理财服务，致力于打造为中高端投资理财人士提供最新财经资讯信息、可靠投资理财工具、优秀金融数据产品的互动平台，其收入来源主要包括广告业务线收入和财富业务线收入。

该网站基于无线技术，利用多媒体等方式，提供个性化的会员理财服务。该网站近年来稳步发展，逐渐确定了自己在业内的地位和优势。

2. 项目背景

随着企业的快速发展，管理层和财务部门需要随时了解企业的业务运营和财务状况。而该企业的财务系统是建立在之前的财务数据中心基础上的，在面对企业业务、组织结构、会计科目等经常发生变化的情况下，原来的财务数据中心系统不再能满足需求了。除此之外，企业内各部门的系统相互孤立，系统之间难以对接，很多工作需要大量人工进行数据稽核、手工统计，效率低下。

为了满足以上这些需求，该企业启动财务商务智能改造项目，要求实现以下目标。

- 建立新的数据集市及 ETL 流程，方便业务扩展和变更。
- 搭建 Excel 上传功能，财务人员可以上传预算、预测、费用调整等数据。
- 规范目前作业流程，实现管理月报、运营周报的自动化。
- 在财务商务智能移动端显示 CEO（Chief Executive Officer，首席执行官）和 CFO（Chief Financial Officer，首席财务官）关注的指标。
- 建立自助分析平台。

3.2.2 项目实践

1. 项目准备

项目准备阶段主要的工作是首先确定项目实施范围，随后了解熟悉目前企业的作业流程、分析体系与组织结构，最后总结出整体项目规划。基于现有的流程、体系和结构，项目组根据之前的问题和需求，对整个项目定制了完善的项目规划（参见项目规划图），使得整个项目条理有序、框架明确，为整个项目顺利实施提供了保障。如图 3-31 所示，新的需求和新的功能都被列举了出来，以固定报表、多维分析、即席查询、仪表盘等形式展现报表数据，并提供 Excel 上传功能。

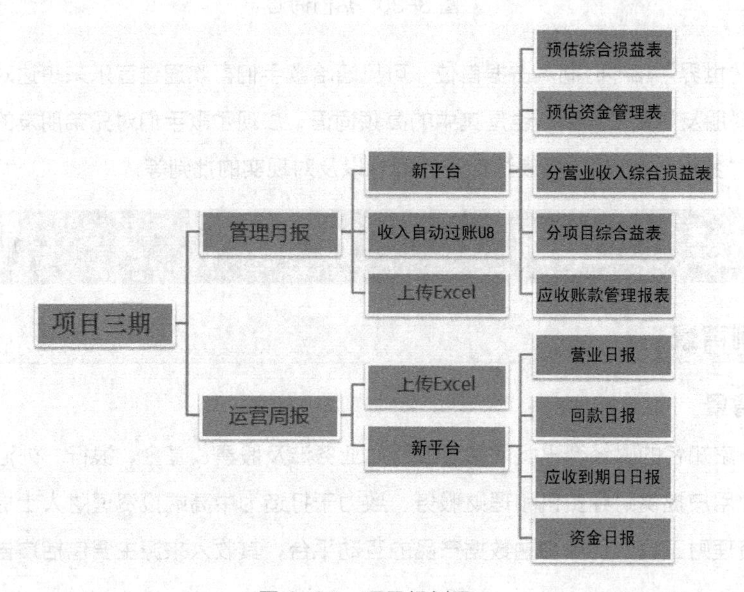

图 3-31 项目规划图

2. 项目实践关键内容概述

（1）需求分析。

根据商务智能导入流程，将需求分析分为 4 个部分：选定主题、搜集信息、需求梳理和体系分析。

① 选定主题，也就是确定项目实施范围。这一点已经在上面的项目准备阶段确定，主要对象是运营周报和管理月报。运营周报主要是每周的签约、收入、回款、已开票未回款数据。管理月报主要是每月的损益，从收入、成本、费用到利润，其中还涉及各事业部门的成本费用分摊，然后分析实际与目标的差异。

② 搜集信息，这个阶段需要去了解运营周报和管理月报各自的业务流程（运营周报与管理月报业务流程图为两种管理报表的业务流程图）。图 3-32 和图 3-33 能帮助我们了解整个业务的流程，从而为后续的维度指标搭建和报表功能的选择提供帮助。

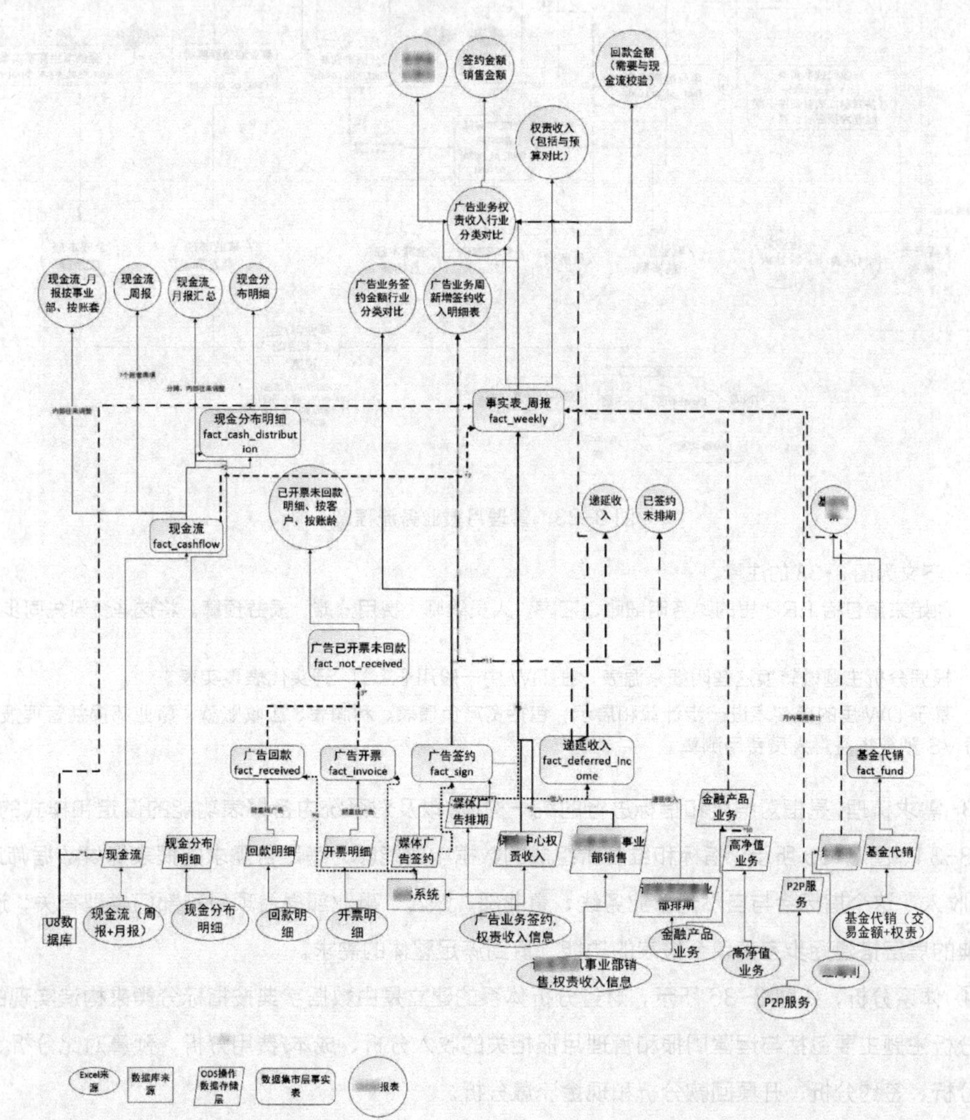

图 3-32　周报运营流程图

注：以下为图 3-32 的注释。

- 原始来源包括销售明细、合约明细、各业务类型交易明细、回款明细、开票明细、现金流明细。
- 根据分析主题域转换这些明细来源表，在 DW(Data Warehouse,数据仓库)中一般用 FACT_开头代表事实表。
- 基于 DW 里的事实表进一步计算和展示，包括签约、销售、收入、开票、回款、现金流、综合周报。

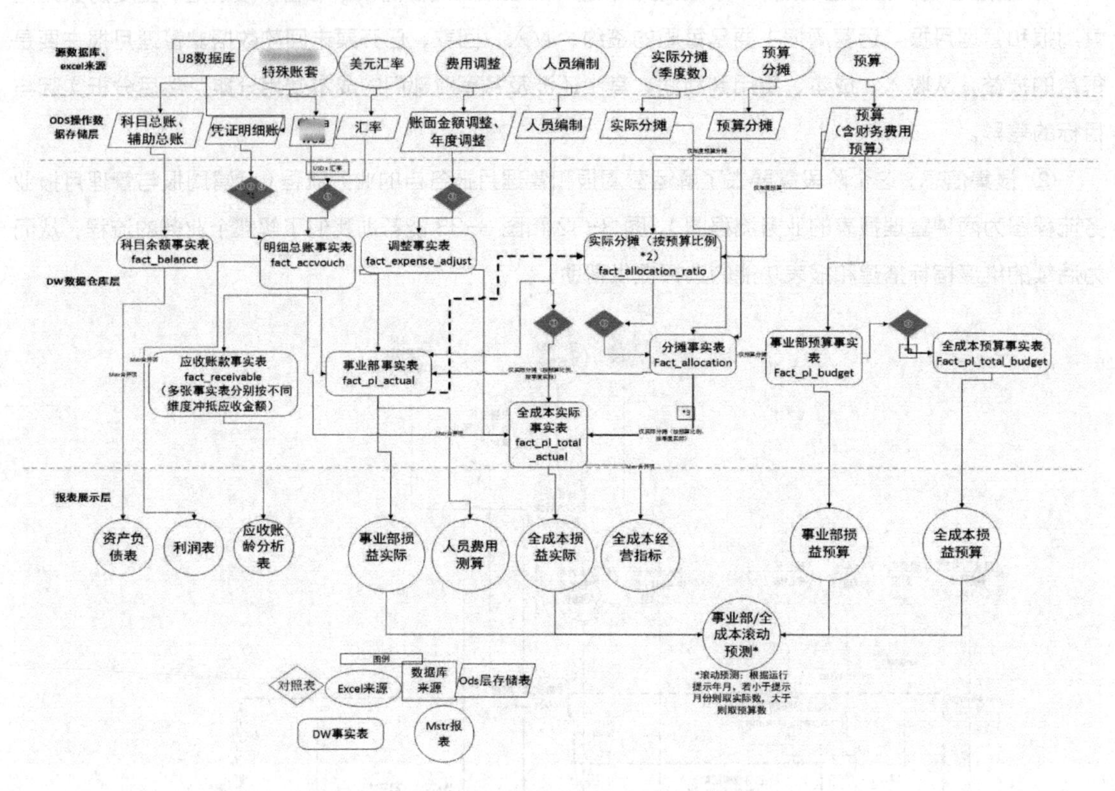

图 3-33　管理月报业务流程图

注：下文为图 3-33 的注释。

- 原始来源包括 ERP 里的财务明细账、汇率、人员编制、费用分摊、损益预算。将这些资料先同步在数据缓冲层。
- 根据分析主题域转换这些明细来源表，在 DW 中一般用 FACT_开头代表事实表。
- 基于 DW 里的事实表进一步计算和展示，包括资产负债表、利润表、应收账款、事业部损益管理报表、实际损益 VS 预算损益、人员费用测算。

③ 需求梳理，是指对维度和指标进行的统一构造，以及对系统内各报表功能的设定和样式的描述。如图 3-34、图 3-35 所示，指标和维度所组成的数据字典能够为满足各需求的报表提供数据筛选。比如，“收入”这个指标会与自然月、业务线、事业部、账套、事业部损益项目和部门类型有关，通过数据字典的层层搭建逐步完善单个报表的功能，直到满足整体的需求。

④ 体系分析，如图 3-36 所示，财务分析体系的建立是由数据字典按指标分类来构造实现的。这里的分析主题主要包括与运营周报和管理月报相关的收入分析、成本/费用分析、预算对比分析、应收账款分析、签约分析、开票回款分析和现金流量分析。

序号	维度名称	维度说明	类型	取数规则	来源	备注
1	业务线	[illegible]	原始		EXCEL	
2	事业部	业务线下对应的各个事业部，**有生效日期、失效日期**	原始	根据U8部门判断	EXCEL	
3	账套	[illegible]，管理报表取自8XX帐套，应收取自7XX账套	原始		U8	
4	全成本损益项目	全成本损益项目包括四级，**有生效日期、失效日期**	原始	根据会计科目和部门判断/根据事业部损益和类型	EXCEL	注意人员编制，毛利率，经营利润率，
5	事业部损益项目	事业部损益项目包括四级，**有生效日期、失效日期**	原始	根据会计科目和部门判断	EXCEL	注意人员编制，经营利润
6	利润表项目	直接从U8出具的利润表项目	**派生**	根据会计科目判断	U8	
7	资产负债项目	直接从U8出具的资产负债项目	**派生**	根据会计科目判断	U8	
8	部门类型	区别费用性质，销售成本，销售费用，研发费用，管理费用	原始		固定配置	
9	预算类型	年度预算，Q4预测等	原始		固定配置	
10	费用分摊类型	未分摊，按预算金额分摊(预算)，按预算比例分摊 [illegible]	原始		固定配置	
11	费用调整类型	未调整，账面金额调整，年度调整等	原始		固定配置	
12	应收账龄	应收账款的账龄，根据天数判断	**派生**		U8	
13	会计科目	U8的会计科目	原始		U8	有的会计科目之前是末级，后来不是末

图 3-34　维度数据字典

序号	指标大类	指标细类	指标名称	指标说明	单位	指标类型	取数规则	分析方法	日期	财务周	财务月	自然月
1	管理月报	损益	事业部损益值(实际)	事业部损益的数值，包括人员编制，收入，成本费用，经营利润等	人数/金额	原始	取自U8明细账（gl_accvouch），根据科目和部门判断，再加上手工的账面金额调整	同比/预算对比				Y
2	管理月报	损益	全成本损益值(实际)	全成本损益的数值，包括人员编制，收入，成销售成本，销售费用，管理费用，研发费用，经营利润等	人数/金额	原始	[illegible]	同比/预算对比				Y
3	管理月报	损益	事业部损益值(预算)	事业部损益的数值，包括人员编制，收入，成本费用，经营利润等	人数/金额	原始	来自预算Excel，分事业部和部门类型，包括不同的预算(预测)类型	同比/实际对比				Y

图 3-35　指标数据字典

（2）系统设计。

根据需求分析中的分析体系，由分析人员画出基本的报表界面样式及其原型，再由 UI（User Interface，用户界面）设计师根据该企业的行业风格对页面原型进行美化。系统总体架构如图 3-37 所示。在数据展现阶段主要用到的方法是 OLAP 分析方法。

OLAP 分析方法是商务智能解决方案中最常见的选择。在 OLAP 分析方法中，首先把数据预处理成数据立方体，把所有可能的汇总都预先计算出来。然后当用户需要去选择某种汇总的时候，OLAP 分析可以预先计算出结果，从而很好地支持大量数据的及时分析。OLAP 分析中还具有基本的多维分析操作，例如钻取、切片切块以及旋转等。

整体系统数据处理流程如下。

- 从 ERP-U8、MIS、Excel 等文件或系统中获得源数据。

ERP-U8 系统是一个企业经营管理平台，用于满足各级管理者对信息化的不同要求。该系统将企业内部所有资源整合在一起，对企业业务各部分进行规划，从而达到最佳资源组合，取得最佳效益。

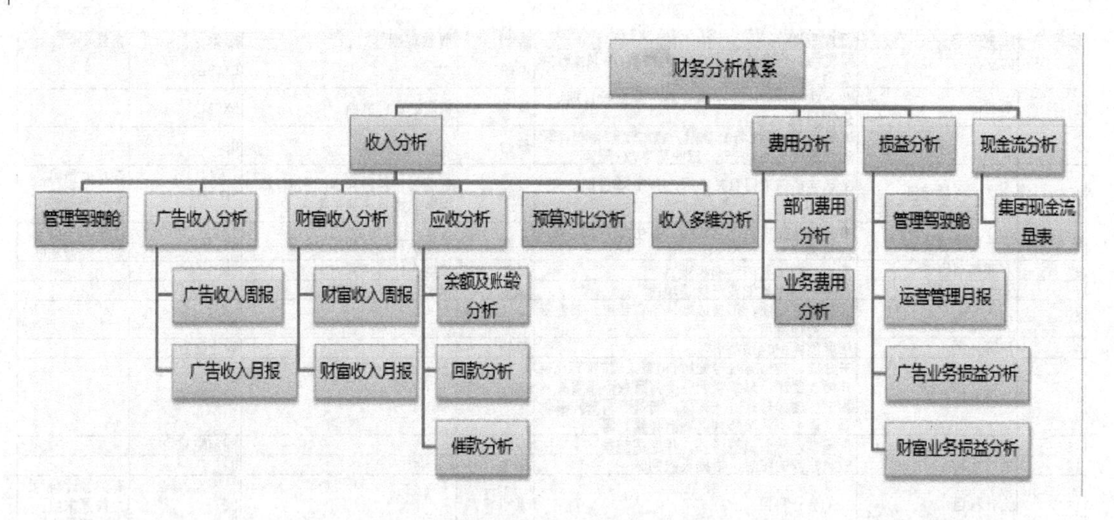

图 3-36 分析主题体系

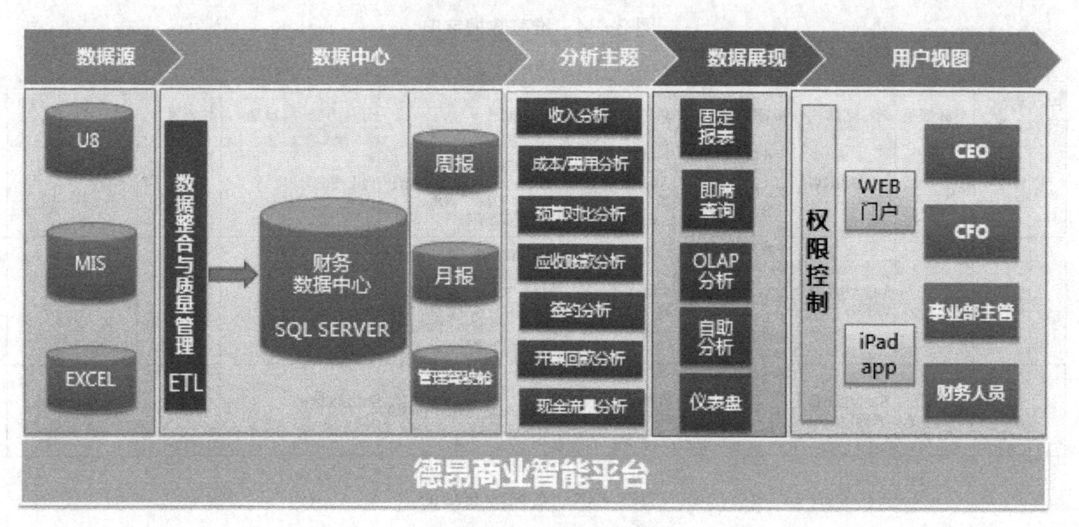

图 3-37 系统设计架构

MIS（Management Information System，管理信息系统）为日常事务操作的系统，主要用于管理、处理、反映数据，通常用于系统决策，给予管理者及时的信息。

- 通过 ETL 技术将数据导入财务数据中心的数据库中。
- 根据各报表的需求筛选数据并自动形成周报、月报、管理驾驶舱等。
- 建立主题分析体系，对一系列财务数据进行整合计算保存。
- 利用报表、查询和分析方法的形式展现数据，以优化查询质量与速度。
- 最后利用权限控制提供不同阶层用户个性化的数据视图。

（3）系统开发。

进入这阶段，代表项目已经完成一半。有了指标与维度的建立、有了分析体系，在系统架构搭建完后，便开始导入真实的数据。开发组在系统开发过程中，着重对管理报表和运营报表进行开发。管理报表部分，主要针对签约、收入、开票和回款情况与相关指标维度进行初期报表的设计，涉及事业部损益表、费用分摊表、资产负债表等；运营周报部分，同样开发出签约现金周表、回款金额周表等需求的报表。随后，根据这些开发出的报表从项目的各类数据源中抽取数据进入数据中心，进过一系列的数据清洗，配置对应的分析体系。另外，开发组根据角色的不同进行了权限的配置，提供给不同层人群对于财务商务智能的个性化需求的展示界面。

Excel 上传功能的实现需要配置能够从 Excel 表中导入数据的接口。开发组利用企业产品优势完成该功能，使得财务人员能够上传预算、预测、费用调整等数据。

在开发组和项目客户人员的不懈努力下，开发过程顺利完成，不过在系统开发过程中还是遇到了如下问题。

- 有很多的数据源是来自 Excel 文件的，而且这些数据源包含了主数据、对照表和来源表，数据来源比较多。
- 业务逻辑复杂，费用分摊需要按各种指标来分类、滚动预测有多个版本、收入日期的计算方式多样不统一等业务问题。

开发时需要与管理者确定这些问题，双方进行有效沟通和意见互换，最终统一了业务逻辑中的计算方法，同时对于多来源的 Excel 文件进行整合。

（4）上线运营。

企业在产品上线之后，应该依然追求把产品完善到最好，可以通过对用户进行培训、编写使用说明手册来方便用户使用产品，使得产品发挥最大的效益。这里总结了上线运营维护中出现的两个问题以及应对方法：若日志统计数据没有找到 iPad 用户的数据，则可通过日志统计分析案例整合来解决；若缓存机制未启用和自定义报表缓慢，则可通过 Portal 清缓存逻辑优化来达到项目优化的效果。这里的 Portal 指企业门户 Enterprise Portal，是一种应用集成平台，其把企业商业信息、企业应用和服务等整合在一起，并且以独立的基于 Web 的用户界面的形式展示给操作者。

3.2.3 项目展示

仪表盘界面主要划分为四大版块：首页、管理月报、运营周报和预算执行。此部分同时展示了 Excel 上传功能的实现界面。

1. 管理月报

在管理月报界面上，用户可以了解到各业务线或事业部的损益、预算执行、应收账款状况。通过单击具体类别，还可以钻取查看各类别的细节内容，如图 3-38 所示。

2. 运营周报

运营周报界面主要展现每周的签约、权责收入、开票回款；现金流状况。此界面为用户提供了很好的运营管控与分析展示，帮助保护用户的资金处于良好运营之中，如图 3-39 所示。

3. 预算执行

在预算执行模块，用户可以筛选时间月份和事业部门来查看营业收入、成本费用和经营利润的预算执行分析。同样的，时间维度和图表样式都是可以通过选择器选择修改的，能够通过热图（如图 3-40 所示），或气泡图（如图 3-41 所示），让用户直观、准确地观察数据做出决策。

图 3-38　管理月报仪表盘界面图

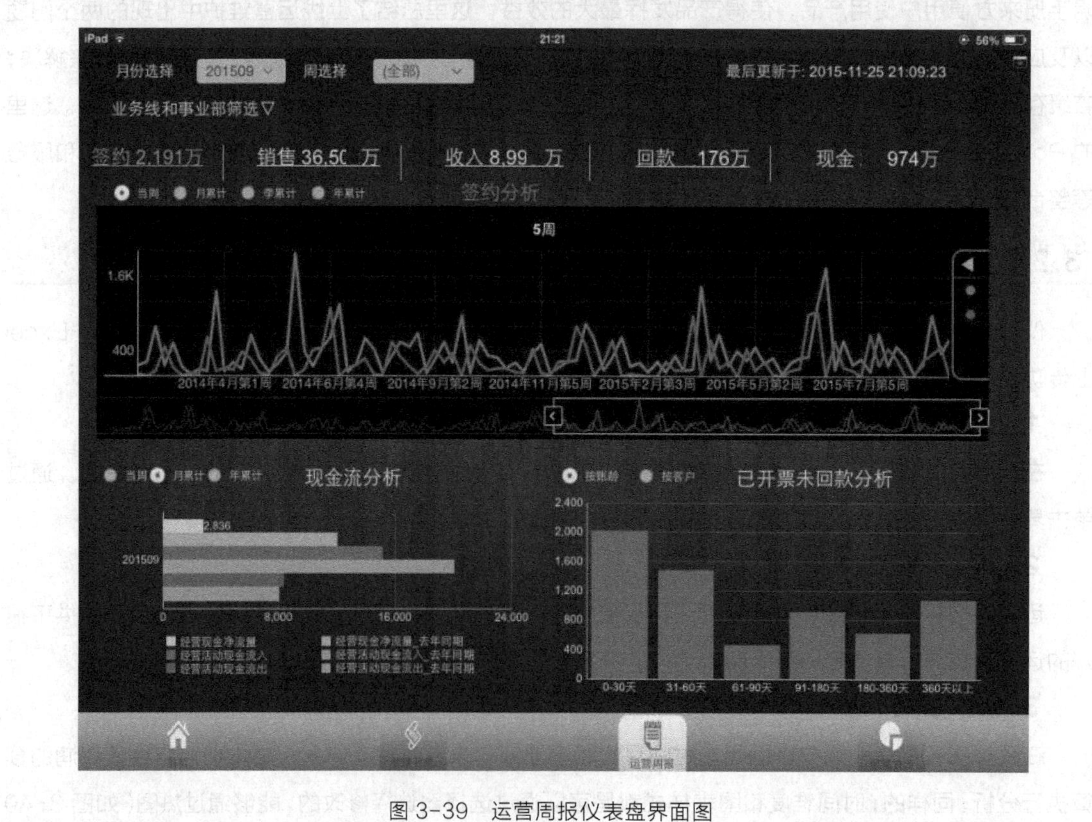

图 3-39　运营周报仪表盘界面图

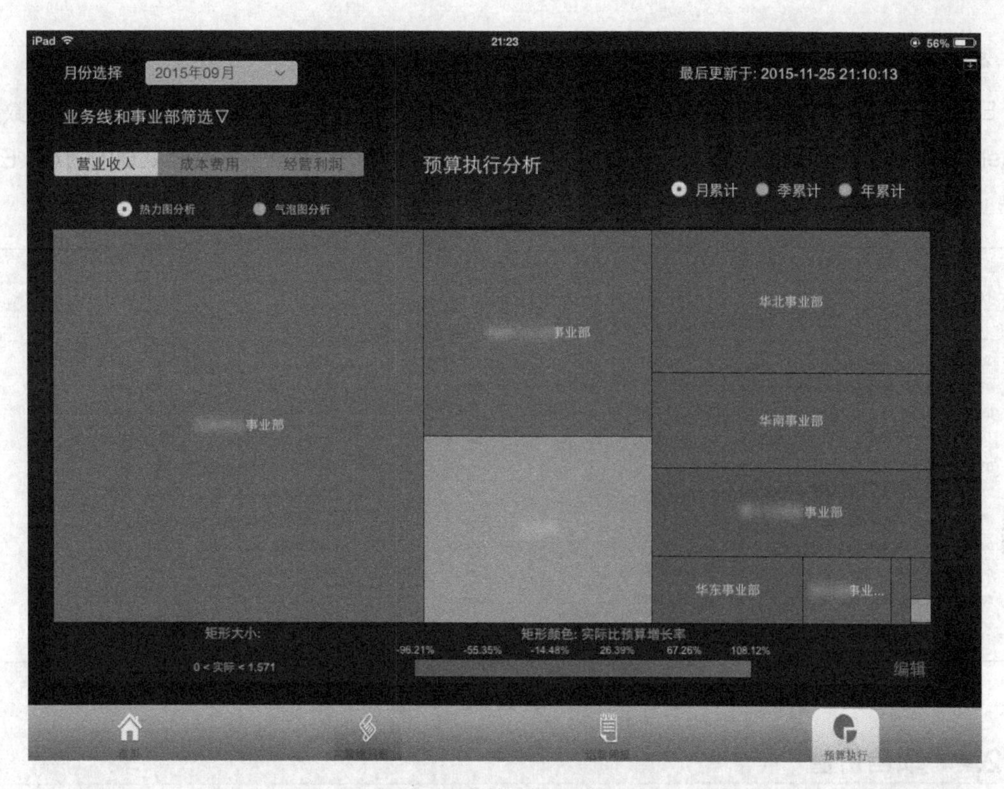

图 3-40　预算执行仪表盘界面图 1

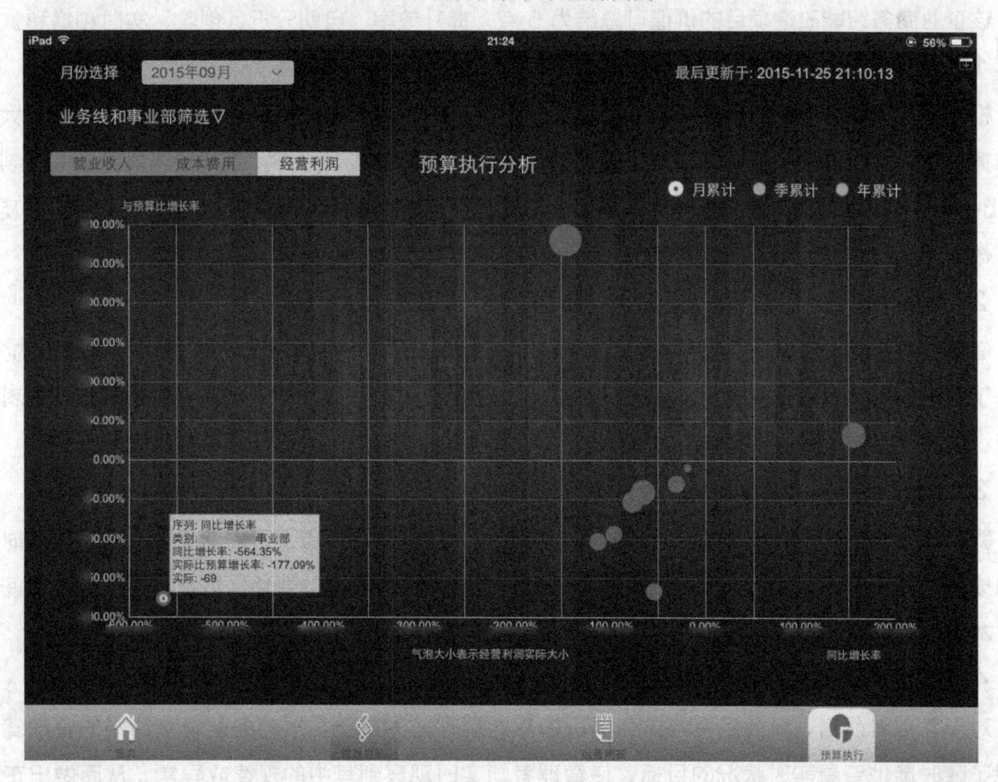

图 3-41　预算执行仪表盘界面图 2

4. Excel 数据上传功能

Excel 数据上传功能是该项目主要需求功能之一。在实际工作中，一些财务分摊和调整的数据是 Excel 数据格式，然而因为财务人员对业务领域不熟悉，导致他们对某些业务数据处理的困难。Excel 数据上传功能可以补充业务系统数据来源，提高财务人员的工作效率，如图 3-42 所示。

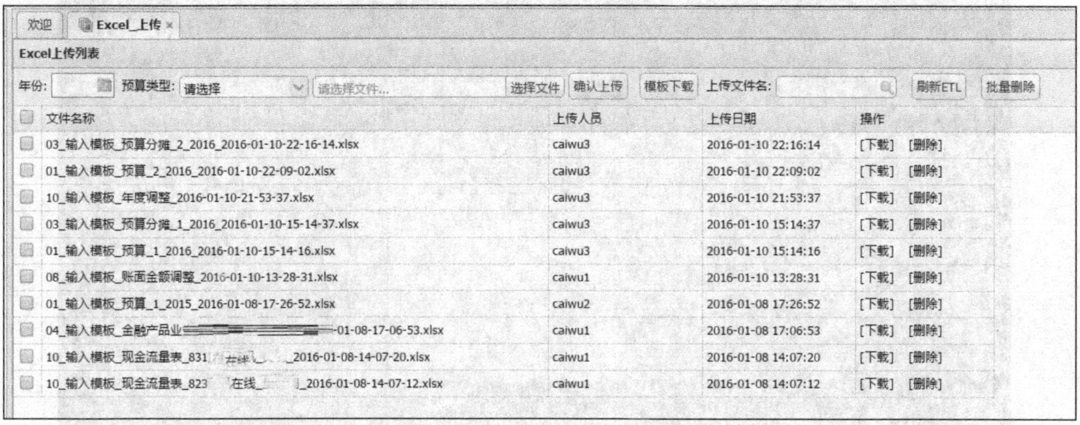

文件名称	上传人员	上传日期	操作
03_输入模板_预算分摊_2_2016_2016-01-10-22-16-14.xlsx	caiwu3	2016-01-10 22:16:14	[下载] [删除]
01_输入模板_预算_2_2016_2016-01-10-22-09-02.xlsx	caiwu3	2016-01-10 22:09:02	[下载] [删除]
10_输入模板_年度调整_2016-01-10-21-53-37.xlsx	caiwu3	2016-01-10 21:53:37	[下载] [删除]
03_输入模板_预算分摊_1_2016_2016-01-10-15-14-37.xlsx	caiwu3	2016-01-10 15:14:37	[下载] [删除]
01_输入模板_预算_1_2016_2016-01-10-15-14-16.xlsx	caiwu3	2016-01-10 15:14:16	[下载] [删除]
08_输入模板_账面金额调整_2016-01-10-13-28-31.xlsx	caiwu1	2016-01-10 13:28:31	[下载] [删除]
01_输入模板_预算_1_2015_2016-01-08-17-26-52.xlsx	caiwu2	2016-01-08 17:26:52	[下载] [删除]
04_输入模板_金融产品业[illegible]-01-08-17-06-53.xlsx	caiwu1	2016-01-08 17:06:53	[下载] [删除]
10_输入模板_现金流量表_831[illegible]_2016-01-08-14-07-20.xlsx	caiwu1	2016-01-08 14:07:20	[下载] [删除]
10_输入模板_现金流量表_823 在线_[illegible]_2016-01-08-14-07-12.xlsx	caiwu1	2016-01-08 14:07:12	[下载] [删除]

图 3-42　Excel 数据上传功能界面图

3.2.4 项目价值

该企业商务智能改造项目的价值可总结为 5 点：提升效率、自助分析、创收、实时和增利。

1. 提升效率

相较于之前的财务中心系统，新的项目成果所带来的是对系统的优化和功能的提升。面对大量财务数据，用户不再需要人工操作，报表能够完成自我检查和稽核。另外，新项目还具备版本控制系统（Subversion，SVN）文件共享和元数据库备份功能，促进了财务人员之间的信息沟通交流以及提高本身数据备份的能力，可大幅提升工作效率。

2. 自助分析

借助商务智能平台，每位用户都能通过拖曳、钻取、分页、阈值等操作对数据进行多维度的分析，提升了财务人员的自助分析能力。另外，新系统内的 Excel 对照表能帮助用户自行维护组织和科目的变更，提高了财务人员的工作能力。

3. 创收

新的项目为企业创造了常规以外的收入，这些收入包括为企业省下了之前需要人工工作的时间和人力成本，省下了培训财务人员以提高他们的分析能力和工作效率的费用，以及省下的这些时间和人力成本对企业带来的二次收入。

4. 实时

对于管理者而言，企业运营与财务情况的实时展现尤为重要。故商务智能移动端的管理驾驶舱实现了随时随地查看实时状况的目标，使管理者能实时观察到其中的规律或异常，从而做出正确的决策。

5. 增利

一家企业的最终目的就是盈利，而该项目的实施完成正是给予了企业增利的能力：借助实时的数据可视化界面，纵观全局，从数据的背后去挖掘出利润的可能性，从而将其转化为真正的利润；及时发现业务中存在的漏洞问题，将企业的损失降到最低也是一种增利。

3.3 快速消费品行业案例

3.3.1 案例背景

1. 企业背景

某快速消费品企业在全国饮料快速消费品产业中属于领导品牌，经过多年的努力，其已成为消费者心中果汁等饮料的经典品牌。消费者可以在各省份的渠道，如全家、大润发、家乐福等都能购买到该企业的产品。

2. 项目背景

该企业销售渠道繁多，随着销售量上升，各个渠道收集到的数据与日俱增。管理层包括 CEO、CFO、事业部长等，都希望第一时间能准确地了解各集群下的销售指标完成情况。因此，该企业启动了商务智能项目工程，一并基于导入策略的考虑，将项目分阶段推动。一期目标与实现：主要以整合企业系统数据，运用统一自动化报表生成平台，完成各阶层所需报表为主。在一期实施中，该企业需要实现自动化报表的生成，需借由商务智能软件达成即时监控管理。二期目标与实现：为业务管理而设计移动商务智能项目。该企业的业务代表（后文简称业代）和营业所所长经常花很多时间在客户间来回奔波，因此，将报表信息制作成移动端，便是第二期项目目标的实现。

为了解业代需求，需要根据每日工作日程画出订单与销售流程图，并梳理出相应的销售指标。业代需要统计负责区内各个客户需要的品项数目，随后要前往店面检查商品陈列，并和客户讨论建议下单的内容。搜集完区内信息后，上报汇总订单，统一由营业所计算整体销售预估，并发单到仓库。结束订单梳理，紧接着就是可能会发生的退换货环节。所有当日发生的交易明细需要键入系统，以供领导查看。

根据上述业代的工作日程与指标需求，该企业希望崭新的移动商务智能可以协助完成以下几个终极目标。

- 统一表单中相同却不同名称的指标、分析思路与分析方法，提供形象生动的图表，分析结果更简单明了。
- 透过移动商务智能，业代能快速地掌握负责区内商品品项、各类别客户、关键客户的交货或退换货信息。
- 借助配送异常指标，及时发现业务问题，协助处理异常铺货或进货情形。
- 配合手机地图，可精准定位当前位置，并搜索附近门店信息，以便在工作动线中掌握区内的客户信息。

3.3.2 项目实践

1. 项目准备

项目准备阶段主要是基于对企业业务模式、数据结构的熟悉，确定项目的实施计划和人员安排。最先的项目设计是按层级划分，由上而下，从总部、事业部、营业部、营业所和业代依序推进。再与相关负责人沟通，修改为完成所有层级的需求调研，确认需求梳理，再进行统一开发。这样能从企业整体的角度去分析需求，大大减少开发时需求调整的风险。开发项目不能有反复的需求变动，一开始便要确立好目标。要了解项目为何而做，为谁而做，秉持一致思想。

2. 项目实施关键内容概述

（1）需求分析。

该项目总计 3 轮的需求访谈，历经需求调研、确认分析主题、梳理维度指标等过程。需求调研并不是寻访每个最终用户，而是通过对每种角色寻找关键用户进行需求访问。在这种情况下，如何选择关键用户就相当重要。为了适应地域性，项目团队需尽可能选择该区的用户进行当面交流或开展网络会议，以增加资料搜集的完善性。第一轮需求访谈：项目团队首先通过移动端样例展示，让访谈对象对移动商务智能有最基本的认识。其目的是让客户了解能实现的功能、数据的展现形式，便于客户提出想法。其次，项目团队引导客户从日常业务出发，发现自身使用的需求痛点。最后，项目团队根据上述步骤整理关键指标，梳理初步的数据字典。第二轮需求访谈：项目团队询问客户对系统的新想法，沟通并初步整理数据字典、维度指标。在两方共同选择指标和展现形式，项目团队根据这一轮结果，构建分析体系及页面原型。第三轮需求访谈：项目团队将页面原型与客户进行最终确认。

（2）系统设计。

① 原型设计。根据数据字典，按指标分类来构建分析主题，由分析人员画出基本的页面原型，再由设计师对页面原型进行美化。期间，还需要与开发人员沟通，确保设计的可实施性。页面设计中的主要问题在于各层级所要展现的指标相异，并且数据权限不同，因此应采取求同存异的策略，针对各个业务角色的分析文档，既找到共性，又突显角色特性，从而满足各层级使用需求。项目满足各阶层移动管理的需求，用户能够通过手机随时随地获取业绩信息，从而更直观地展现数据分析结果。最终由历史资料分析、现况即时监控、预警系统辅助及时发现并解决异常问题。

② 数据源。为了实现项目功能，本案例的商务智能系统数据来自下列数据源。

- ERP（企业资源计划管理系统）。
- CRM（客户管理系统）。
- WfMS（Workflow Management System，工作流管理系统）。
- E-HR（电子人力资源管理系统）。
- Excel。

【说明】

ERP 系统包括以下主要功能：供应链管理、销售与市场、分销、客户服务、财务管理、制造管理、库存管理、工厂与设备维护、人力资源、报表、制造执行系统（Manufacturing Executive System，MES）、工作流服务和企业信息系统等。此外，还包括金融投资管理、质量管理、运输管理、项目管理、法规与标准和过程控制等补充功能。

CRM 系统可以归纳为 3 个方面：市场营销中的客户关系管理、销售过程中的客户关系管理、客户服务过程中的客户关系管理。

WfMS 是定义、创建、执行工作流的系统。在最高层上，应能提供以下三个方面的功能支持：建造功能，对工作流过程及其组成活动定义和建模；运行控制功能，在运行环境中管理工作流过程，对工作流过程中的活动进行调度；运行交互功能，指在工作流运行中，与用户（业务工作的参与者或控制者）及外部应用程序工具交互的功能。

E-HR 即电子人力资源管理，是基于先进的信息和互联网技术的全新人力资源管理模式。它可以达到降低成本、提高效率、改进员工服务模式的目的。E-HR 的引入可减少企业人力资源行政的负荷，优化人力资源管理流程，改善人力资源管理部门的服务质量，提供决策支持，帮助企业实现战略性人力资源管理的转变。

除了汇总来自两部门“销售”“财务”的大部分数据，还有其余六部门即“市场”“运营”“人资”“生产”“研发”“物流”的部分数据。

③ 分析体系及模型。除了针对每一个开发内容编写具体的需求书外，还需要设计一个全面的分析体系，其目的是帮助项目组掌握全局，避免项目失控。系统架构是以传统阶层图整理各大类标题，并且在各标题下放入主要指标与分析方法。该体系中应用了 RFM 分析，以及客户 ABC 分析法（又称 ABC 分类法，全称为 Activity Based Classification），如图 3-43 所示。

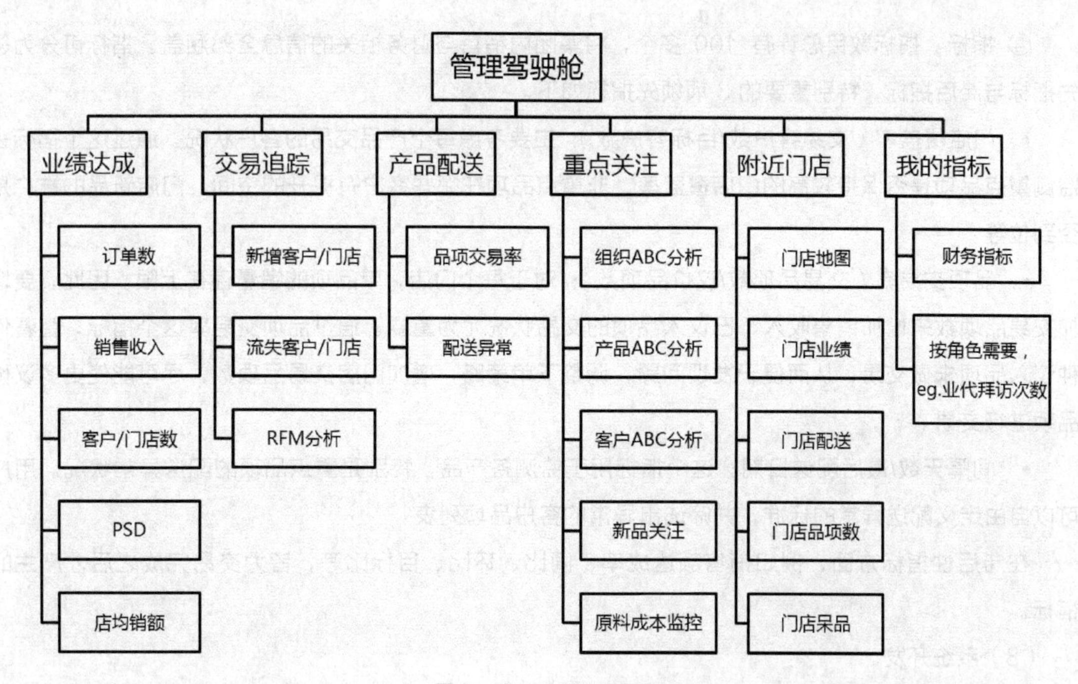

图 3-43 分析体系图

RFM 模型如图 3-44 所示。

RFM 的含义：R（Recency）表示客户最近一次交易时间的间隔，R 值越大，表示客户交易发生的日期越久，反之则表示客户交易发生的日期越近；F（Frequency）表示客户在最近一段时间内交易的次数，F 值越大，表示客户交易越频繁，反之则表示客户交易不够活跃；M（Monetary）表示客户在最近一段时间内交易的金额，M 值越大，表示客户价值越高，反之则表示客户价值越低。

RFM 分析的主要作用：识别优质客户。运用该方法可以指定个性化的沟通和营销服务，为更多的营销决策提供有力支持；能够衡量客户价值和客户利润创收能力。

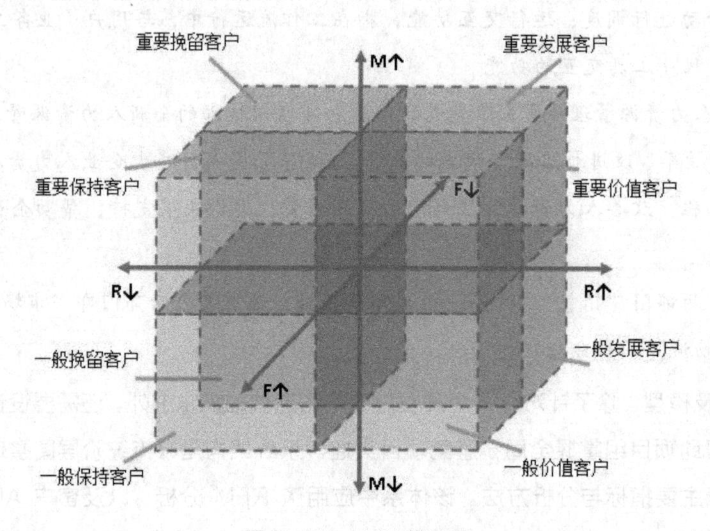

图 3-44　RFM 模型图

④ 指标。指标数目总计有 100 多个，将集团内销售与财务相关的信息全部涵盖。指标可分为领先指标与滞后指标。特别重要的 3 项领先指标如下。

- 门店覆盖率（交易客户数/目标客户数）：主要考虑每个产品交易的客户状况。通过这个指标去监测重点品项是否保持较高的门店覆盖率、非重点品项在哪些客户有提升的空间、门店新品的推广是否到位等。

- 品项交易率（交易品项数/议价品项数）：对于每个门店，单品项的销量存在上限。因此，要增加交易品项数来增加销售收入，已议入品项的交易状况尤为重要。通过品项交易率这个指标，查看何种议入品项未做交易，从而便于发现问题，调整下单策略，增加门店交易品项数，尽可能使更多议价品项进行交易。

- 间隔天数/最后配送日期：这个指标用于监测各产品，特别是重点品项的配送异常状况。用户可以自由定义配送异常的标准，并筛选出异常的客户品项列表。

在滞后性指标方面，例如销售额达成率、同比、环比、目标比等，皆为交易完成之后才产生的指标。

（3）系统开发。

项目团队建立指标与维度并进行页面排版，完成后，导入真实的数据。利用现有的数据库创建数据集，并要确保集群可复用，减少后期维护难度。接着就是在商务智能软件中实现移动端的页面部署。

① 导入数据：根据数据源到数据集市的逻辑，由源数据库中导入操作数据存储层，再由数据仓库层建立各部门事实表，最后在报表中展示。保证数据流的一致性便于后期运维。

② 系统测试：对系统进行基础数据核对、功能测试、运行速度测试、压力测试。商务智能项目测试的最核心任务就是数据核对，需要反复核对逻辑，并将对数底稿留存。

③ 实施与维护：为客户部署相应的商务智能系统，配置系统环境，解决各类突发问题。调试各移动端，做好售后工作。

④ 培训与文档：编写产品说明书，对系统的操作步骤、相关设置、管理等做出详细的说明。对客户进行培训和指导使用商务智能系统。培训的主要内容：设计和开发数据仓库操作管理流程；开发和测试性能监视程序；开发和测试数据备份和恢复程序；设计和开发报表和仪表盘；建立用户支持和培训材料。

3.3.3 项目展示

1. 系统总览

用户从系统整体页面中可以浏览到系统的所有功能模块，这些模块分别是对业绩、交易、店铺、财务等部分进行的分析设计，如图 3-45 所示。业绩达成页面，如图 3-46 所示；交易追踪页面，如图 3-47 所示。具体操作方面，除可以进行符合屏幕大小的指标排列外，用户还可以进行滑动选取、两指缩放页面比例、横屏摆放展现表单等操作，相关设计符合移动端用户的操作习惯。

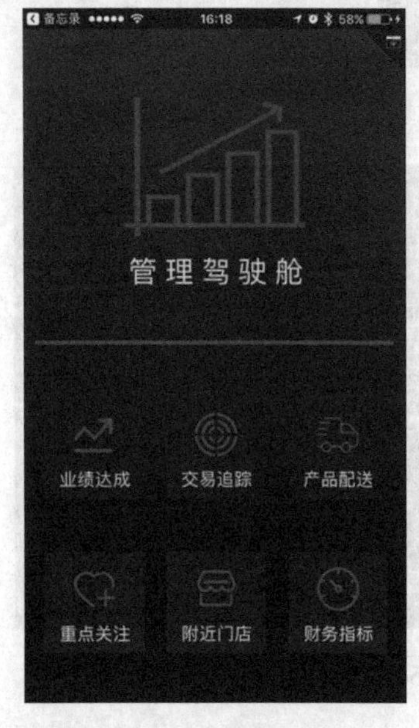

图 3-45　管理驾驶舱页面

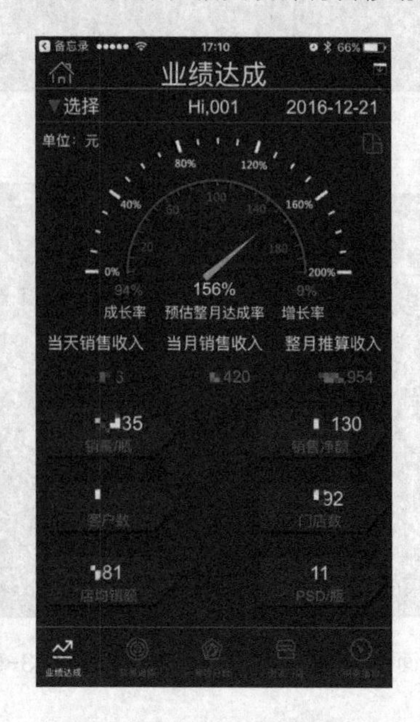

图 3-46　业绩达成页面

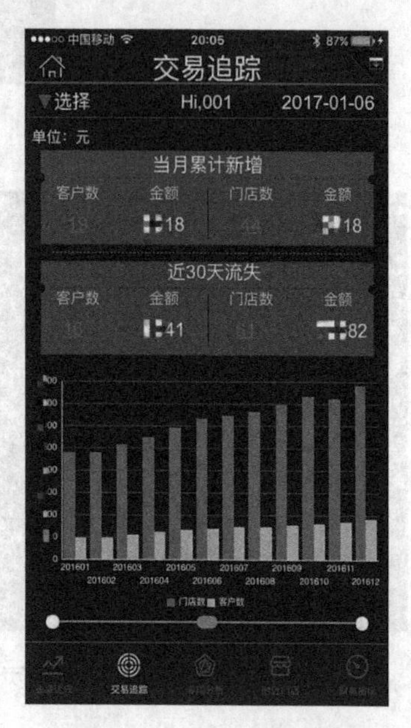

图 3-47　交易追踪页面

2. 交易追踪

图 3-48 所示为交易追踪页面，其展示了当月新增客户和流失客户的明细，包括：客户数和金额，门店数和金额，以及门店和客户增长分布图。图 3-49 和图 3-50 显示了具体的新增客户和流失客户的明细。

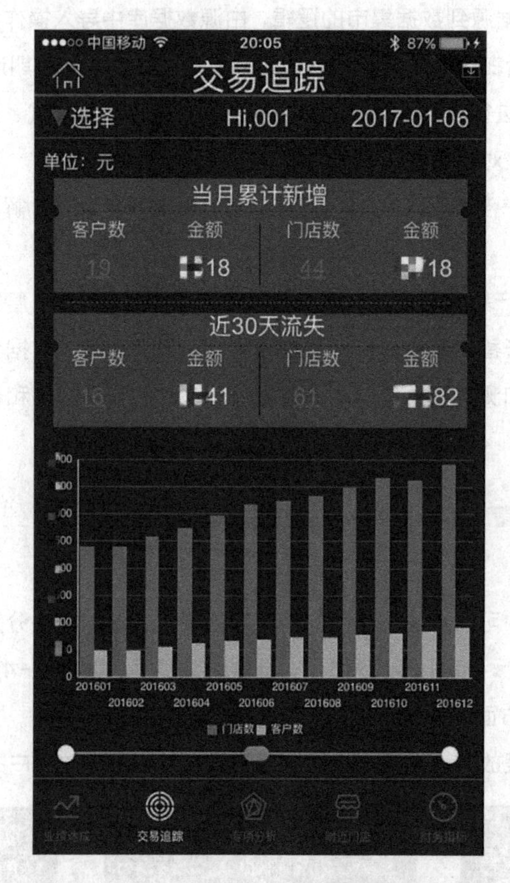

图 3-48　交易追踪页面

新增客户明细

售达方	品类	销售收入
XX超市	果汁	164
XX奶茶店	牛奶	149
XX便利店	牛奶	133
XX咖啡店	牛奶	133
XX西餐厅	酸奶	131
XX超市	牛奶	127
XX便利店	果汁	103
总数		9,618

图 3-49　新增客户明细页面

流失客户明细

售达方	近90天销售收入
XX超市	133
XX便利店	133
XX街边饮料	131
XX餐厅	131
XX超市	127
XX甜品店	127

图 3-50　流失客户明细页面

3. 业绩达成

图 3-51 所示为业绩达成页面，展示了销售业绩数据。如图 3-52 所示，用户可以通过选择器快速定位到销售组织并查看到对应详细内容。如图 3-53 所示，用户在移动端上将手机横屏摆放，配合相应角度即可查看销售收入明细。

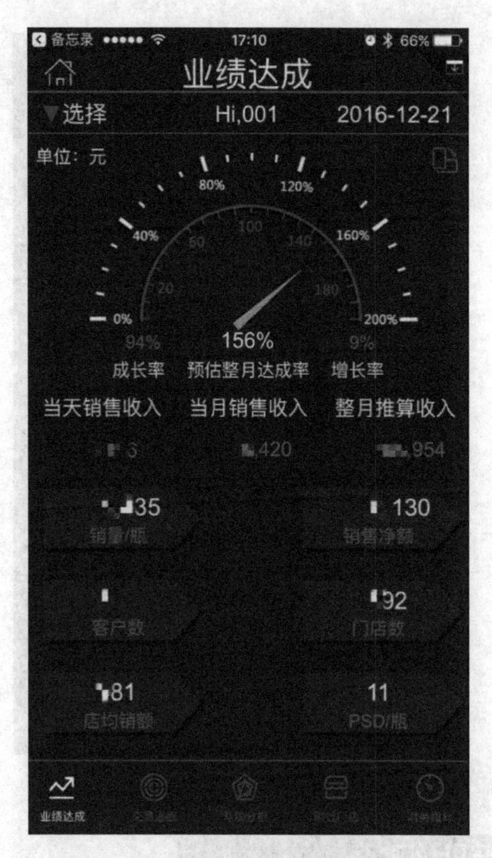

图 3-51　业绩达成页面 1

业绩达成
选择　Hi,001　2016-12-21
销售地区　终端类型　城市
通路大客户　客户系统　售达方
送达方　品类　规格

图 3-52　业绩达成页面 2

销售收入明细

单位：千元　终端类型　组织别　产品别　客户别　城市别

品类	规格	当月收入	整月推算	预估整月达成率	增长率	成长率
牛奶	950ML	[illegible].17	[illegible]500	0%	[illegible]%	[illegible]%
	350ml	[illegible].52	[illegible]757	[illegible]%	[illegible]%	[illegible]%
咖啡	950ml	[illegible].31	[illegible]702	[illegible]%	[illegible]%	[illegible]%
酸奶	1350g	[illegible].33	[illegible]784	[illegible]%	[illegible]%	[illegible]%
	100g	[illegible].49	[illegible]180	[illegible]%	[illegible]%	[illegible]%
	80g	[illegible].56	[illegible]706	[illegible]%	[illegible]%	[illegible]%
糖浆	25g	[illegible]72	[illegible]5	[illegible]%	[illegible]%	[illegible]%
果汁	300ml	[illegible].06	[illegible]4	[illegible]%	[illegible]%	[illegible]%
	1600ml	[illegible]59	[illegible]1	[illegible]%	[illegible]%	[illegible]%

图 3-53　销售收入明细页面

4．附近门店

如图 3-54 所示，附近门店页面结合了地图。图 3-55 所示的提示页面中展示门店方位的具体情况。如图 3-56 所示，门店明细图说明了所选门店的业绩、配送和费用状况。门店业务人员能够根据数据给出更优的订货决策，同时也能在巡店过程中，快速获取门店数据，了解门店信息。

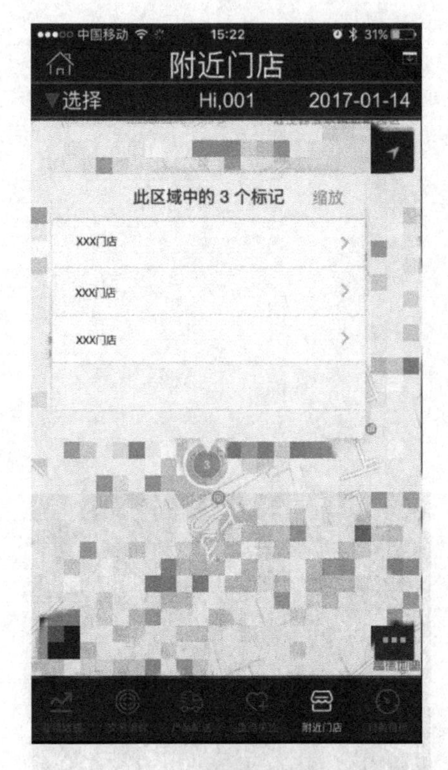

图 3-54　附近门店页面

图 3-55　提示页面

图 3-56　门店明细页面

5. 财务指标

如图 3-57 所示，用户通过财务指标页面，能方便、清晰地看到想要关注的门店、产品的销售信息，以及每月财务指标的完成度、销售金额、营业利润等。

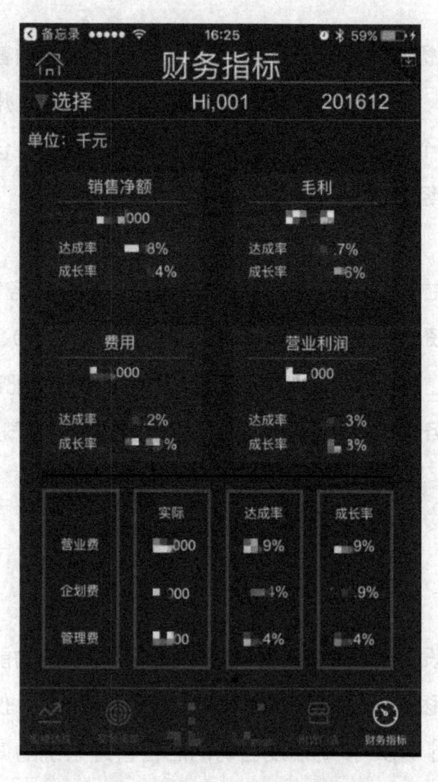

图 3-57 财务指标页面

3.3.4 项目价值

该项目的价值体现如下：系统的上线大幅减少手工报表所需要的劳动力成本与时间成本。该商务智能系统拥有在 Web 端、iOS 系统、Android 系统等多平台部署的专业仪表盘，充分满足一线业代与各阶层领导的需求。用户可以利用创建好的数据集进行自助分析，内建多种分析图表帮助用户更加直观地分析数据，做出决策，并且可将分析结果以 PDF 等形式导出。在页面主题上面，特别设计一个“附近门店”的功能。业代在巡店服务时，结合地图与店面坐标功能，能帮助用户更快速地找到门店，并在寻访门店前能够简易获得该门店的业绩、配送、费用、促销等全方位的信息。这样，业代在巡店现场时，就能及时发现并解决问题；高层领导更能在寻访不同地区期间，无须经由分区员工汇报当地信息，自己就能在途中查看沿路客户信息，精准地实施走动管理。数据上传功能有两大特点：第一个是部分数据可以通过上传方式进行维护，降低了操作的技术门槛；第二个是移动端应用的数据回写功能，能将反馈信息写入原有数据库。

3.4 餐饮行业案例

3.4.1 案例背景

1. 企业背景

某餐饮企业成立于 20 世纪 90 年代，以经营火锅为主，并融合全国各地火锅形式的大型跨省自主品牌餐饮店。该品牌从创立之初，始终坚持“顾客至上”观念服务顾客，在消费群体中赢得了良好的口碑，其连锁门店遍布在北京、上海、郑州、西安、南京、天津、杭州等多个城市，并建立了几个大型的现代化物流配送基地和几个原料生产基地，形成了采购、加工、仓储和配送为链状的大型物流供应体系。该企业的在职员工已经多达一万人以上。

2. 项目背景

随着该餐饮企业发展的日益壮大，开设的门店越来越多，其中业务包含的顾客消费情况、食材原料供应链等各渠道收集到的数据资源变得十分庞大。管理层（包括 CEO、CFO、事业部长等）都希望能够及时有效地获取到这些数据，并能够从中知晓门店运营、食材物流配送等多方面的发展变化。基于这样的管理需求，该企业启动商务智能分析项目工程，从优化管理、易于决策的角度推动项目进程。

3.4.2 项目实践

1. 项目准备

（1）一期目标与实现。

目标：一期项目主要是建设 Portal（门户网站）。Portal 的主要功能是方便工作人员进行统一管理和设置，主要实现后台 PC 及移动设备间的通信，PC 报表、iPhone 仪表盘、Android 仪表盘、iPad 仪表盘的设置。主要工作流程：App 移动端发出访问后台管理系统的请求后，Portal 通过用户角色所使用的访问设备，设置好相应的 App 首页以及数据权限参数，为 App 拼接一个包含全部所需信息的统一资源定位符（Uniform Resource Locator，URL）串，以保证用户软件能正常访问。

一期实施流程如下：

- 需求阶段：项目需求确认书。
- 开发阶段：PC 报表、iPhone 仪表盘、Android 仪表盘、iPad 仪表盘、Portal 统一管理。
- 用户验收测试（User Acceptance Test，UAT）阶段：项目测试用例。
- 部署阶段：部分源码，元数据，文档。

实现：该餐饮企业一期项目主要建立了商务智能分析平台，对运营过程中的基础数据进行了充分的清洗、转换、加载处理，并将其中较为重要的内容进行了初步的可视化展示操作，为中高级领导层提供及时、准确的信息，为商业决策提供参考。同时，商务智能分析工具的使用，完美地解决了困扰其许久的“PC 端、Pad 端、移动端无法统一管控”的问题。但一期项目内容更偏向于基础数据的整理工作，图形化分析展现只占据小部分。该餐饮企业在接受商务智能团队培训和学习之后，能够迅速掌握商务智能分析工具的基础操作，从而对商务智能平台进一步扩展，结合自身需求，快速开发出更多主题的可视化界面。商务智能分析工具的自助分析功能强大、易操作、易上手，一端开发多端呈现功能以及其自适应能力非常突出。

（2）二期目标与实现。

目标：第二期的目标是实现大屏的开发。将自助分析仪表盘进行更加丰富的分析设计，使用文档制作，最终更加友好地在大屏展示。二期项目内容利用原有业务系统数据和一期项目完成数据集，实现数据到信息的转换，同时开始使用自助分析功能进行数据可视化分析。

二期实施流程如下。

- 解决前期样例展示中客户提出的需求问题。
- UI 设计（多版本设计供客户选择）。
- 页面原型设计。
- 页面开发。
- UAT（用来检验产品是否能够满足合同或用户所规定需求的测试）。
- 部署上线。

实现：二期项目中，选择了商务智能分析工具更加丰富的功能，利用原业务系统数据，实现数据到信息的转换，同时开始使用自助分析功能进行数据可视化分析，着重于完善分析体系、维度指标；优化大屏界面，使其更加友好、美观、易操作，能够使最终用户高层领导使用更加方便。

2. 项目实施关键内容概述

（1）需求分析。

- 餐饮行业供、销、存周期短，信息不及时将造成原材料的浪费，从而增加成本、降低利润。
- 餐饮行业需要门店统一调配，集中管理，数据量大，统计困难，信息更新及时性差。
- 门店经营财务汇总信息延迟，无法满足一线管理者和高层管理者随时掌握门店或企业运营状况的需求。
- 餐饮业顾客信息量巨大，且蕴含价值丰富，有挖掘意义，简单的数据统计不能挖掘顾客深度信息，不利于门店或企业准确、合理、及时地制订经营政策、营销策略。
- 菜品信息量巨大，为降低企业风险，所有菜品来源、运输过程、加工过程、最终去向信息都需要详细记录，以便于追根溯源，责任到人。过程复杂，数据量庞大，需要层层汇总，逐层追踪。
- 客户满意度：做餐饮生意，顾客是上帝。顾客满意度成为绝大多数餐饮企业最关心的指标。发放调查问卷等形式效果差，投入多，不准确，甚至可能降低顾客满意度。商务智能系统用数据侧面反映顾客满意度，比如菜品单击率[1]、顾客就餐频率、顾客消费水平都是验证顾客满意度的绝佳 KPI（关键指标绩效）。

（2）系统设计。

在系统设计时要考虑到餐饮行业业务监管的几个方面。以下进行详细说明。

- 实时监控、汇总整合的监管：这一部分是实时地对收入、桌数、上座率、翻台率等进行监控。
- 经营数据的监管：在财务上能够实时监测各门店运营状况。经营数据的监管内容主要是门店信息列表（包括厨房、吧台、外场出菜单、账面等情况）；其次就是相关经营情况门店间横向分析；经营情况趋势预测（包括销售成本、毛利率、净利润趋势预测）；人工成本和计提工资分析（人工成本和计提工资的增长、趋势等情况）。
- 库存进销情况的监管：能够满足对库存情况进行实测（包括原料库存、原料采购成本、原料损耗、门店原料分仓、原料采购趋势等情况）。

---

1 菜品在平板电脑上呈现，故为菜品单击率。该指标旨在了解客户对菜品的喜好倾向。

- 会员状态监管：能够对注册会员近期的门店的活跃度进行监管（会员数据总览、各门店分星级会员数、门店会员回头与流失率、会员满意度、会员积分和消费行为、会员促销响应率等）。
- 员工人事监管：能够对员工的流动性进行监控（门店人员信息、门店离职率、人均工资和人均成本等）。
- 菜品销售情况监管：对菜品的受欢迎度及时掌握，有利于对库存以及菜单情况的调整（菜品销量统计日报、菜品月报、新菜品和旧菜品销售情况、菜品预订及取消、菜品销售趋势）。
- 预警功能。

（3）系统开发。

根据系统设计所考虑的方面，对系统的开发已经有了一个全面的结构，如图 3-58 所示。系统开发首先需理清数据来源，来源主要有 ERP、CRM、手工资料等。用户在进入数据仓库之前需对原始数据进行清洗、转化等多项处理。用户有了分析的需求时，从数据仓库中获取数据，再到商务智能分析平台进行需求分析，通过移动端页面查看分析结果，为决策提供支持。

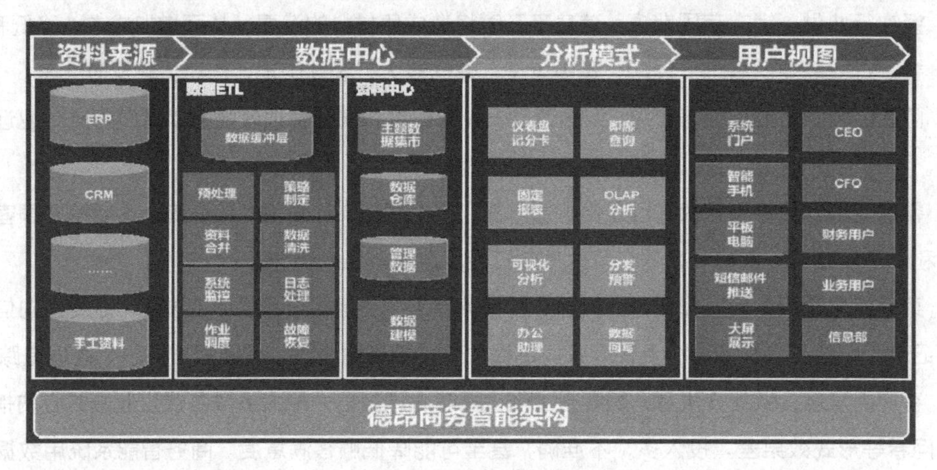

图 3-58　智能架构图

（4）上线运营。

上线运营包括：系统部署、文档完善、培训与交付、售后维保。

（5）用户培训。

在产品上线运营之后，团队成员要编制使用手册、录制操作指导视频，并分区域进行线下集中培训和使用指导。培训的主要内容：设计和开发数据仓库操作管理流程，开发和测试性能监视程序，开发和测试数据备份和恢复程序，设计和开发报表、仪表盘，对用户进行培训，建立用户支持和培训材料。

3.4.3　项目展示

1. 大屏首页

如图 3-59 所示，大屏包括了 5 块内容，中间用地图方式点亮各门店的运营情况，左上角是对桌数的分析，左下角是翻台率，右上角体现了整体的收入和变化情况，右下角是不同区间翻台率的分店分布（地图已进行模糊化处理）。

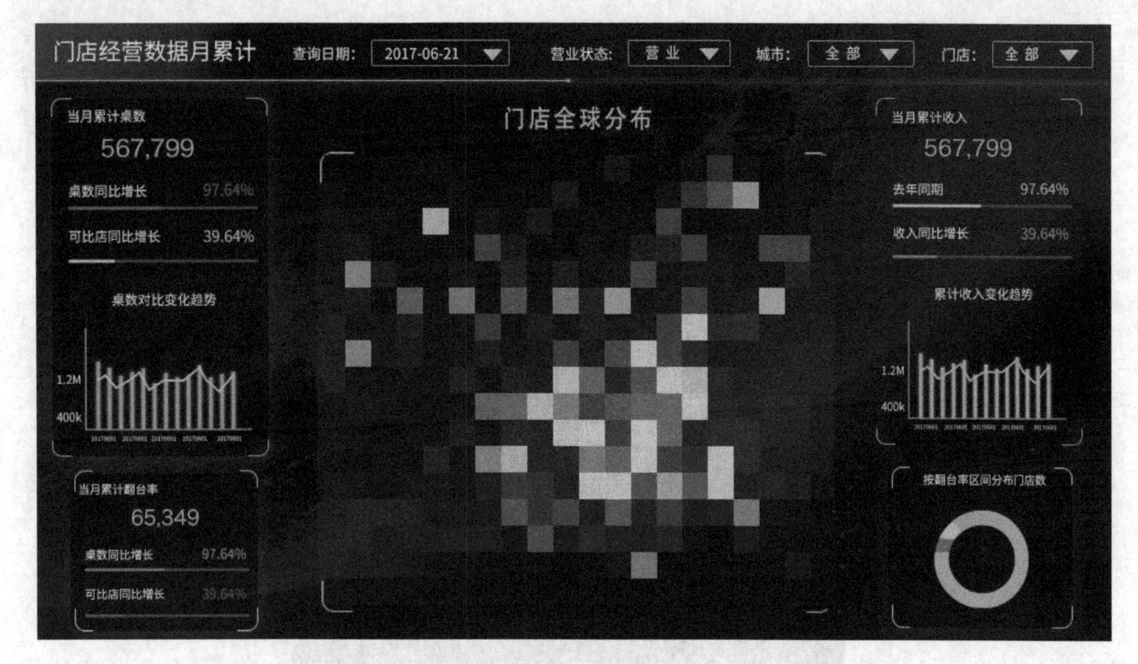

图 3-59　大屏首页图

2. PC 端会员分析

如图 3-60 所示，会员是该餐饮企业较大的一块客户构成，为此需要重点分析，其中包括通过对不同城市和门店查询，分析各门店的会员数量、不同星级会员数量的变化情况。会员积分和回头率共同体现了客户忠诚度。会员分析是为了实践该企业“服务至上，顾客至上”的经营理念。

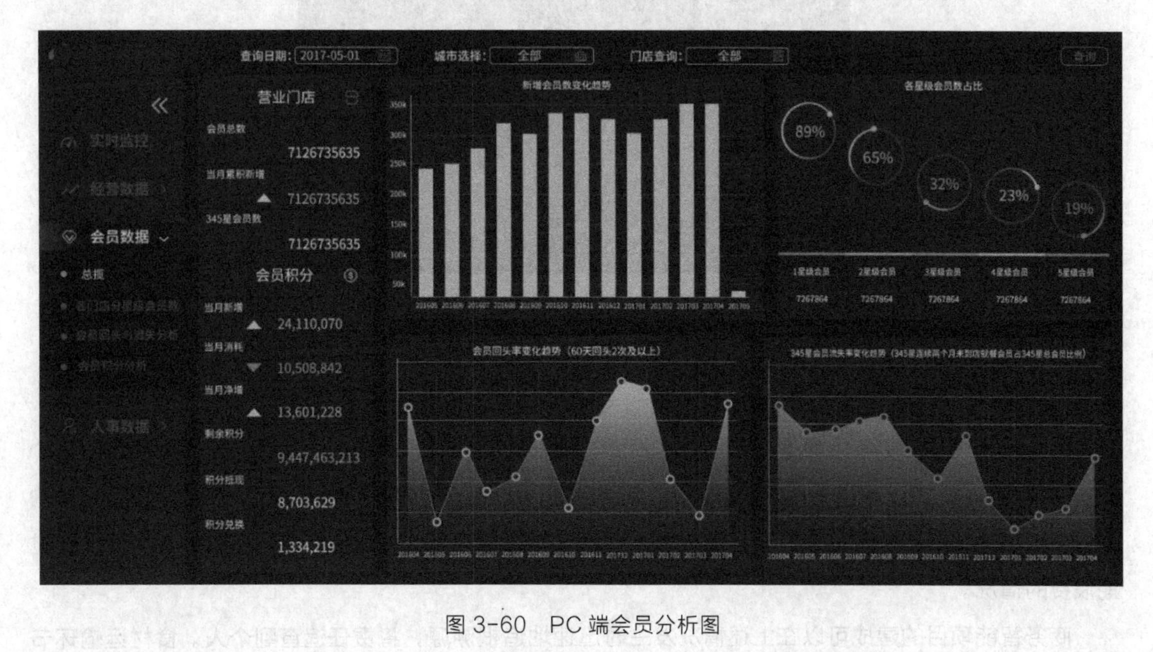

图 3-60　PC 端会员分析图

3. 手机端会员分析

如图 3-61 所示，手机端的分析与 PC 端的分析一致，都包括会员数量、不同级别会员数量、会员积分、会员回头率、会员丢失率等关键指标。考虑到手机端的页面尺寸有限，需对维度指标和分析内容做进一步的提炼。

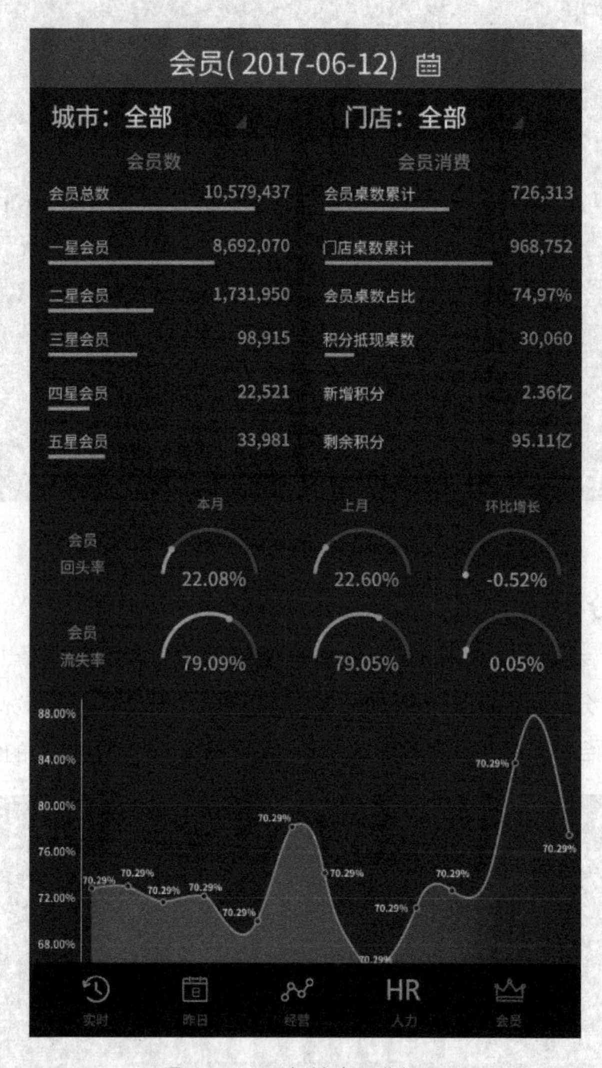

图 3-61 手机端会员分析图

3.4.4 项目价值

该项目避免了信息不及时造成的原材料浪费，能够动态地进行原材料的补给。该品牌在全国各个省份中都有许多门店，每个门店的经营状况不尽相同。如果在客流量不多的门店，在食材还有剩余的情况下仍然补给货物，就容易出现客流量大的门店食材供应不足，而食材剩余较多的门店出现食材过期浪费的情况。

商务智能项目的建成可以在上述情况发生时迅速地追根溯源，将责任追查到个人。食材运输环节层层递进，是由多个步骤构成的一个供应链条，每个过程的进行都伴有不确定性。当最终运输完成却发现出了问题时，不能很快甚至查明是哪个环节的失误。

商务智能项目能够轻松应对大量数据，并能及时完成信息更新。每个业务层面的进行都将涉及数据的应用以及数据的输出，各个业务相互制约影响。当数据量较大时，容易出现更新不及时的情况，会对部门业务的进行产生影响并降低效率。

对于高层管理者而言，有了商务智能项目，就能够随时掌握门店或企业运营状况的需求，及时对未来的经营发展做出准确、合理、及时地经营政策、营销策略。

该企业所建成的商务智能分析系统，能够透过收集到的数据侧面反映顾客满意度。菜品单击率、顾客就餐频率、顾客消费水平都是印证顾客满意度的绝佳 KPI。这对门店店长、区域经理甚至是高层管理者都是宝贵的数据财富，能够帮助他们制订相应的营销方案。

3.5 医药行业案例

3.5.1 案例背景

1. 企业背景

某企业是以药品和保健品研发为基础的企业，年产药品几十亿盒，产品遍及全球市场。在中国，该企业有处方药、疫苗和消费保健品三大业务领域，为患者提供几十种预防和治疗药物，治疗领域涵盖肝炎、哮喘、慢性阻塞性肺病、抑郁或焦虑症、肿瘤、皮肤病、胃肠道疾病、心血管疾病和艾滋病等，同时为大众提供口腔护理产品和营养保健饮料等消费保健品。

2. 项目背景

处方药销售层面的难题包括销售管理严格，药品间的价格差异大（与活性、成分、纯度、专利等密切相关）和销售通路狭小等。一般来说，处方药的销售情况需要查看医院和医生的覆盖，医院等级的比例，A、B 类客户（A 类指成熟客户，B 类指准客户）的数量和达到潜力的比例等数据来分析，从而改进销售策略。然而，该企业处方药销售部门以往一直存在着不同等级客户拜访覆盖受限或不合理，A、B 类客户销售拜访频率不够与覆盖不全，以及销售人员空岗率高等内部问题。另外，还存在进入目标医院进展缓慢，已覆盖医院规模偏小且对业绩贡献有限，重点医院覆盖精准度不够等问题。这些使得企业处方药的销售不畅。加上部门原先每个季度都有 50 件以上的手工报表用邮件传送，在没有系统有效管理的情况下，当上层领导需要查看数据做季末总结和绩效评估时，往往需要翻找、比对许多资料，这样耗工费时且也不易发现问题。因此，该企业希望通过商务智能项目的建设，进一步规范企业大区销售经理的业务规划和业务报告的流程。该企业希望建立一套系统化、自动化的工具和文档模板，从而支持业务规划的开展。

目标与实现的相关说明如下。

- 开发销售人员使用的 Web 端商务策划（Bussiness Plan，BP）工具。
- 应用 PDCA[1]法则管理销售流程和绩效，并实现数据回写和自动预警功能。

1 见后文 PDCA 概述。

- 导入第三方数据，实现多维度、竞争者分析。
- 整体项目实施约半年左右，且项目服务质量高，项目上线后续无大问题，用户使用顺畅。

3.5.2 项目实践

1. 项目准备

项目准备阶段主要是基于对该企业业务模式、数据结构的了解，对用户范围，用户需求以及解决方案进行确立。对处方药和疫苗业务的各大区销售经理进行细致的需求调研，确认需求并进行梳理后，再进行统一的系统设计和开发，以减少开发中出现的需求调整和改动。

2. 项目实施关键内容概述

（1）需求分析。

① 用户范围：处方药所有治疗领域的大区经理，约 80 人；疫苗业务的大区经理，2～3 人。

② 业务现状：进行业务现状回顾，依据客户提供的计分卡中的业务场景进行现状展现。基于所集成的内销数据、外部数据以及市场研究追踪数据等不同数据源，创建仪表盘，实现从大区整体业务概览，并能够逐层细化到医院层面的业务现状展现。针对业务现状，在系统页面上能够从销售情况、客户反馈及 KPI 三个方面，按照预定的阈值提供不同类型的预警。区经理能够直接在系统页面上对业务现状进行备注。

③ 分析诊断：分析业务现状，并识别其中的问题与机会。为了便于大区经理参考填写，需消除主观文本输入，系统将以下拉框列表列出所有可选的问题与机会的分类及选项，通过选择的方式输入系统。

④ 目标及行动计划：用户可以设置不同问题与机会的优先级；可以为选中的问题与机会设置具体的预期目标（预期目标包括业务目标及人员目标两类）；可以为选定的预期目标设置具体的行动计划。

⑤ 进展跟踪：可以将大区经理在网页上处理过的业务规划结果按照预定的模板转化成 PPT 文件，并通过邮件发送给相关的小区经理。区域经理在回顾行动计划的过程中可以添加必要的备注信息。

（2）系统设计。

PDCA 概述：PDCA 循环是美国质量管理专家休哈特博士首先提出的概念，后来由戴明采纳，并对其宣传，获得普及，所以又称戴明环。PDCA 循环的含义是将质量管理分为 4 个阶段，即计划、执行、检查、行动，如图 3-62 所示。

P 阶段：根据顾客的要求和组织的方针，建立必要的目标和过程。具体包括：选择主题、分析现状、找出问题；定目标，分析产生问题的原因；给出各种方案并确定最佳方案，区分主因和次因；制订对策、计划。

D 阶段：按照预定的计划、标准，根据已知的内外部信息，设计出具体的行动方法、方案，并进行布局；再根据设计方案和布局，进行具体操作，努力实现预期目标。

C 阶段：确认实施方案是否达到了目标。

A 阶段：标准化，固定成绩，总结问题，处理遗留问题。

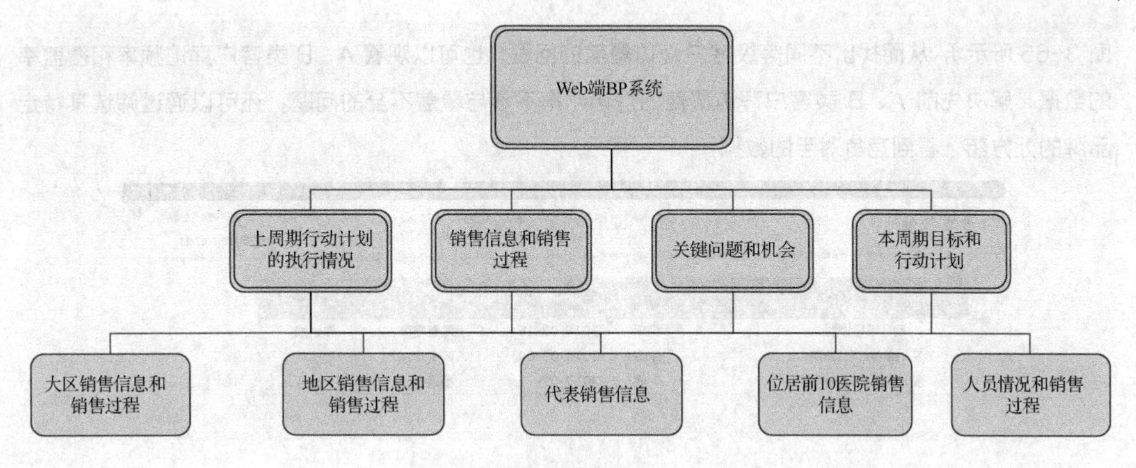

图 3-62　PDCA_BP 系统示例图

说明：为了实现项目功能，商务智能系统需要的数据为内部销售数据、主数据、SFE 相关数据、第三方市场数据、市场调研数据。SFE（Sales Force Effectiveness）即“销售队伍的效率和效能”，企业制订完市场策略后，如何保证销售队伍实现最佳销售业绩。在医药行业中，SFE 的工作主要包括：评估市场潜力、确定目标客户、为销售人员设置和分配销售目标、为销售人员设计激励政策等。

（3）系统实施。

实施过程按照预先的需求和方法给出方案，并严格执行项目计划，保证项目质量。编写产品说明书，对系统的操作步骤、相关设置、管理等过程的详细说明。一般商务智能项目实施后会搭建 SVN（Subversion 的简称，是开放源代码的版本控制系统，相当于版本控制与备份服务器的功能结合）文件共享平台，根据不同项目实施阶段都有相应的文档产出。图 3-63 为项目文档列表。

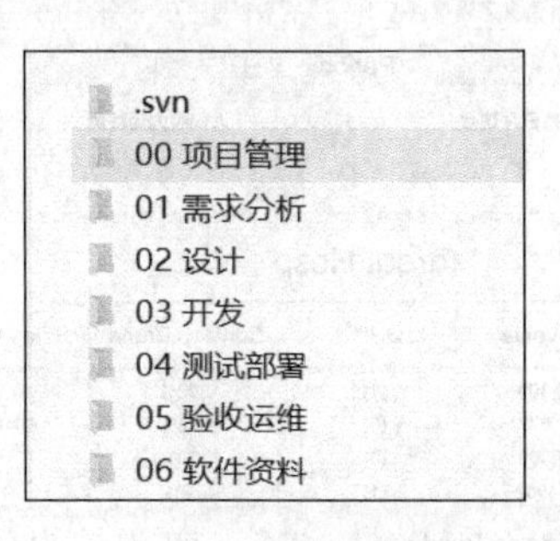

图 3-63　项目文档图

3.5.3　项目展示

如图 3-64 所示，大区经理可对上一周期所制订的计划进行评估，分为业务行动计划和人员行动计划。在每种计划的菜单栏中能够看到评估结果，可以直接对上周期的情况进行总体的了解。

如图 3-65 所示，大区经理可以在大区销售信息主题下观看 SKU（Stock Keeping Unit，库存量单位）数据和地区销售团队的目标医院及关键医院的销售额、同比（环比）增长率和贡献率（如

图 3-66 所示），从而找出不同等级客户拜访覆盖的问题；也可以观看 A、B 类客户拜访频率和覆盖率的数据，解决先前 A、B 类客户拜访覆盖的拜访频率不够与覆盖不全的问题；还可以通过筛选某特定品牌的处方药，看到竞争对手的数据。

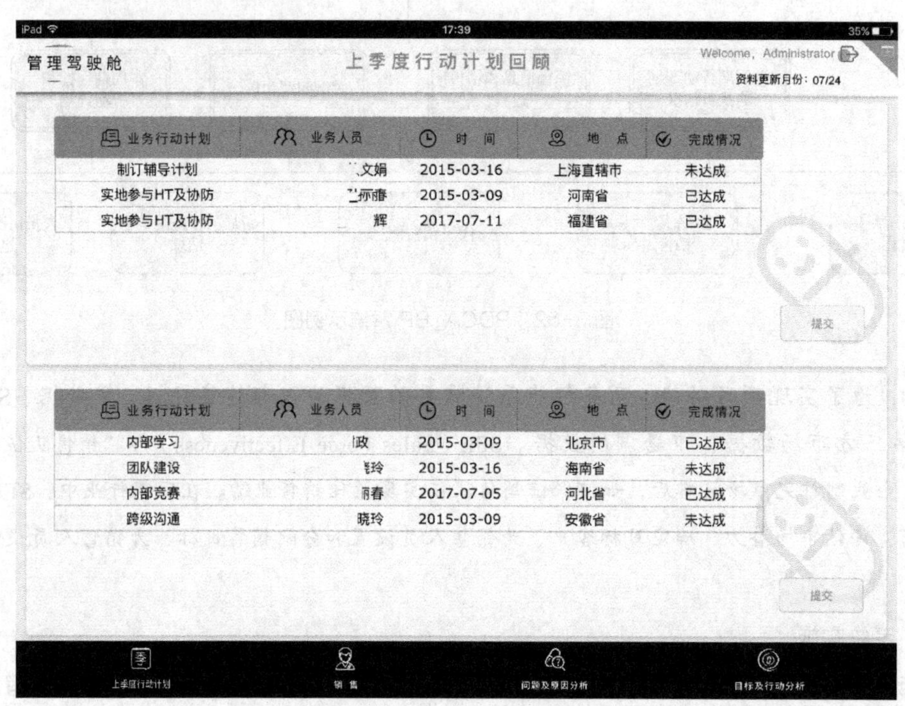

图 3-64　上季度行动计划图

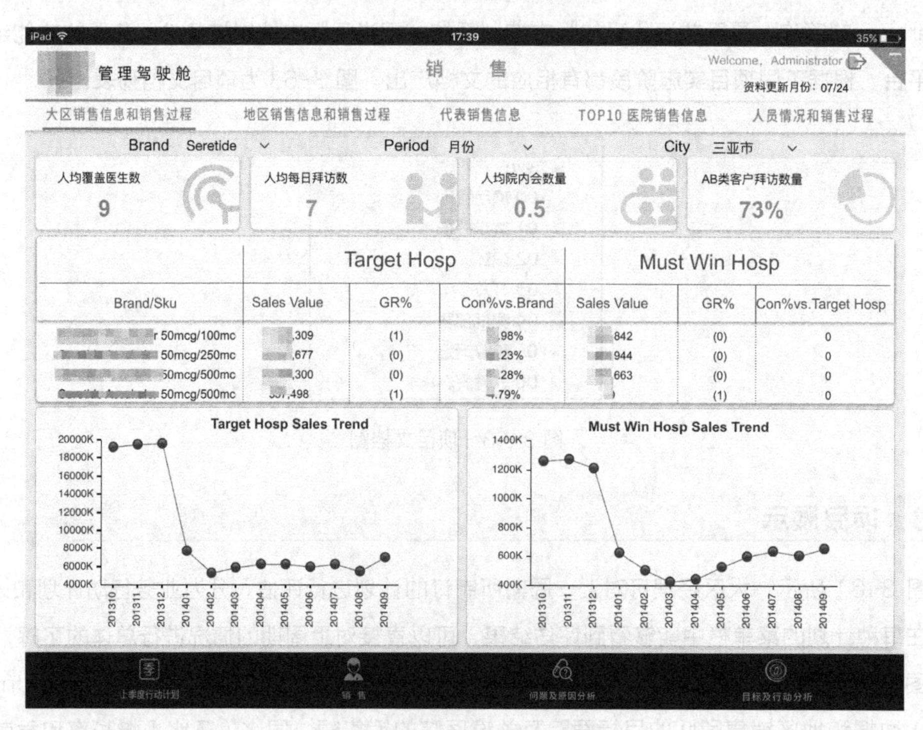

图 3-65　大区销售信息图

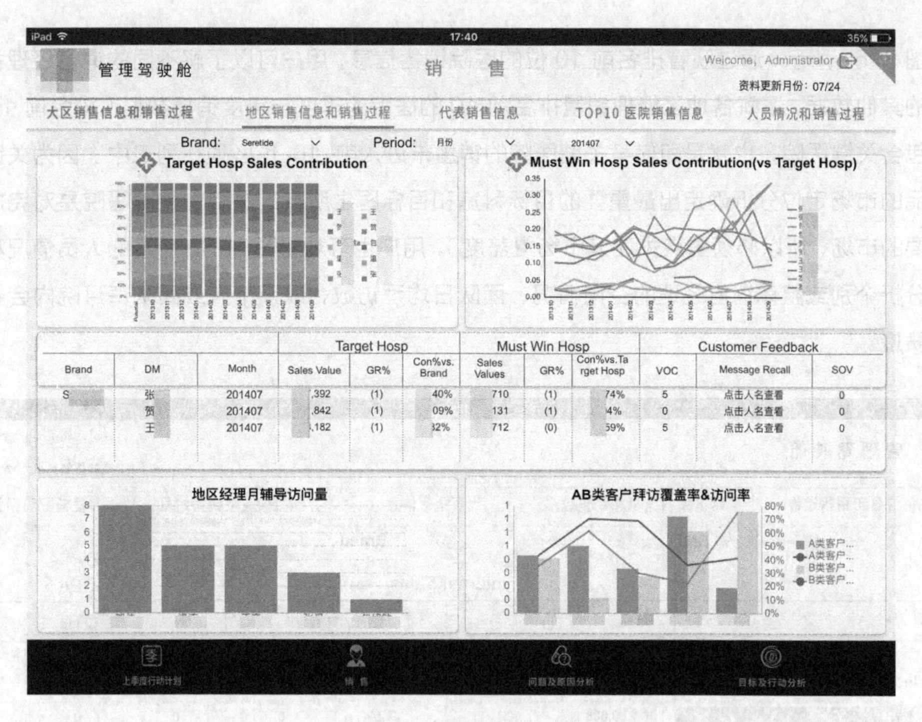

图 3-66　地区销售信息图

如图 3-67 所示，在代表销售信息页面中，在上方选项栏选择不同的地区经理、品牌和时间周期后，系统会自动加载某个地区销售团队内所有代表分别在目标医院和关键医院上的潜力、销量、增长率以及贡献率等数据。对于业务现状，大区经理同样可以通过对比设定的衡量标准给出预警。

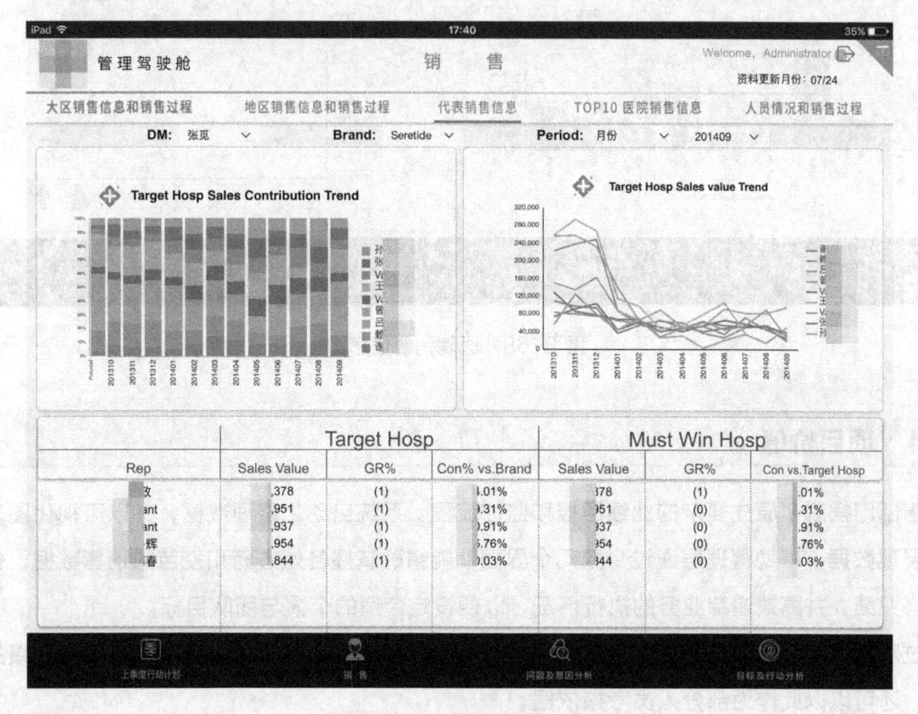

图 3-67　代表销售信息图

如图 3-68 所示，通过观看排名前 10 位的医院销售信息，用户可以了解不同的销售经理各自与业绩相关的其他数据，了解各地区经理销量排名前 10 的医院的季度与年度销售数据（排名前 10 位的医院必须包含关键医院，也就是即使某关键医院的销量未进入前 10 也必须在列表中。因为关键医院是根据产品的市场定位分析确定出最重要的目标科室和目标医生所在的医院，关键医院是对完成销售目标最重要的市场，所以必须重点关注其市场覆盖度）。用户也可观看图 3-69 所示的人员情况和销售过程，来分析个别或整体销售经理的空岗情况、团队日均拜访数，以及个人或团队每月院内会数和院内会辅导质量。

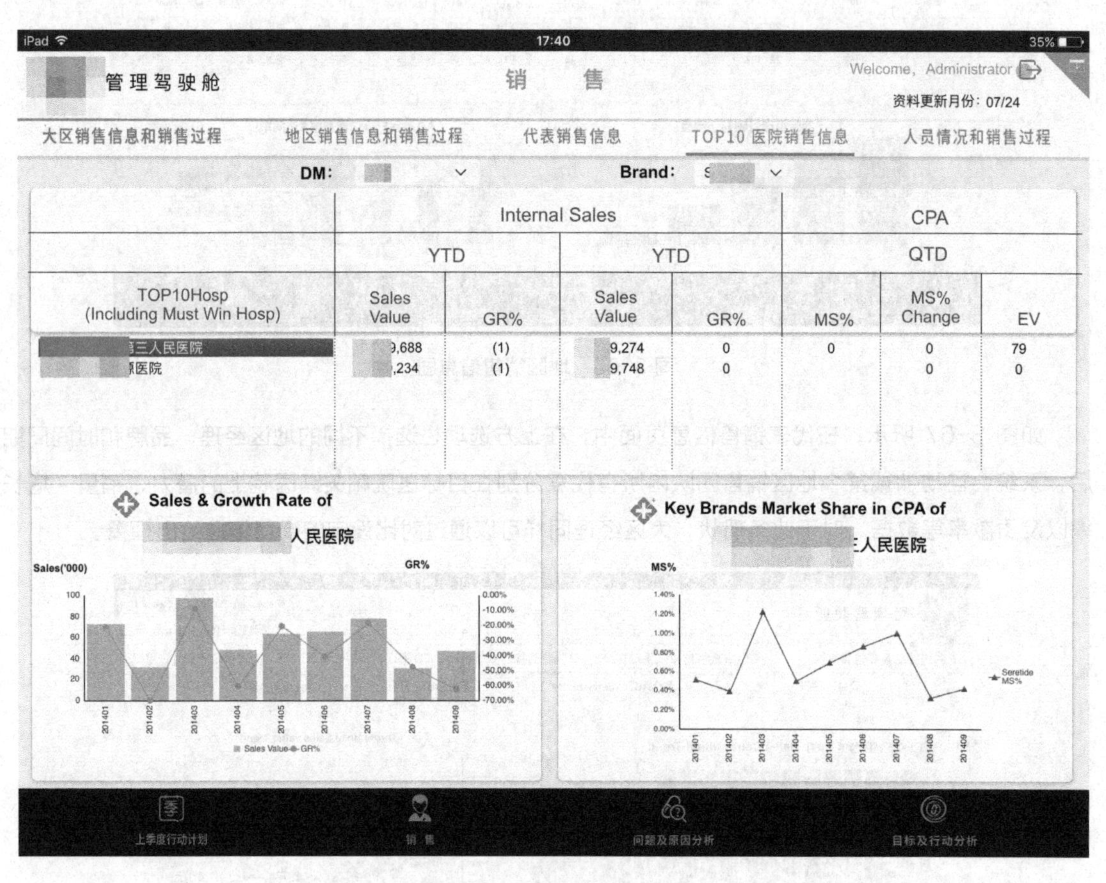

图 3-68　医院销售信息图

3.5.4　项目价值

销售部门摆脱了原先复杂的业绩回报和监控流程。系统自动化整理数据，并以可视化图表的方式直观地展现数据，帮助管理层通过少数几个界面就能精确掌握各处方药和疫苗的销售数据、各地区经理的销售业绩，并高效追踪业务的执行情况，以便设定合适的个人与团队目标。

通过观看各销售人情况，掌握销售人员的执行和能力指标，除了找出可能影响销售业绩的问题并解决外，还可以以此作为部分人员考核依据。

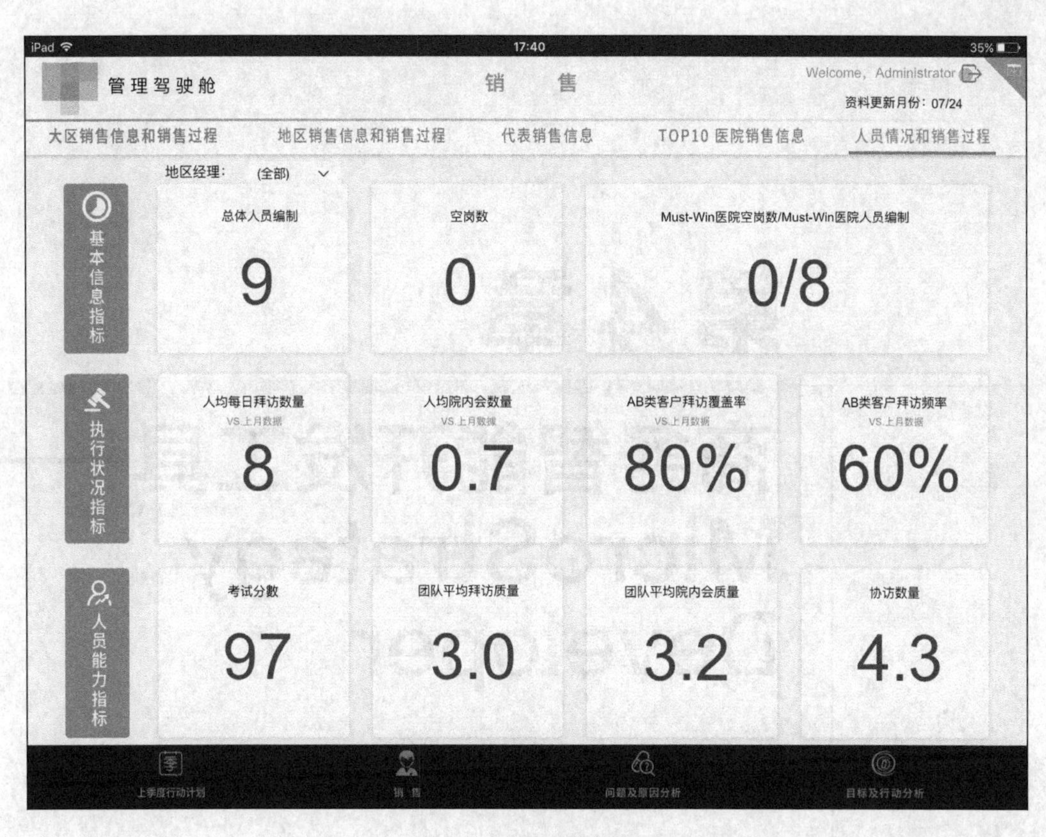

图 3-69 人员销售信息图

通过该项目，各地区、各医院数据一览无余。企业能轻松掌握力量薄弱地区，以此加强各地区间的联系和掌控。对医院分级，区分关键医院，合理制订比例。

该项目可视化展示客户信息，区分 A、B 类客户，对 A 类客户加强联系，对 B 类客户提升黏度。同时，通过分析 A、B 类客户拜访频率和覆盖率的数据，解决先前 A、B 类客户拜访覆盖拜访频率不够与覆盖不全的问题。

企业还可以查看竞争产品数据，能了解对手情况，辅助业务决策。

课后习题

1. 模仿趣味可视化的思路，举例说明对某事物或现象应从哪些方面进行分析。
2. 商务智能的整体流程是什么？哪些步骤比较重要？为什么？
3. 解释维度和指标的概念以及区别（可根据具体数据表进行阐述）。
4. 分别解释 OLAP 分析方法、RFM 模型和 PDCA 循环，并结合实际举例说明。
5. 商务智能为企业带来的好处主要有哪些？
6. 以某个行业为例，为其订制商务智能系统，并思考可以实现哪些分析主题。

第 4 章

商务智能开发工具——MicroStrategy Developer

由于越来越多的业务和客户的信息需要处理，所以实时分析变得越来越重要。有分析者认为，未来，平均每个人与智能机器人每天的交互量将超过人与人之间的交互量。企业不仅仅需要收集数据，还需要分析它们。这也是信息科学和商务智能工具的发展源泉。本书选用 MicroStrategy 企业出品的商务智能软件进行讲解。该软件是企业级分析与移动应用软件的全球领导者，是商务智能和分析领域的先驱，可以帮助企业管理者做出更好的决策，也可以改善企业经营方式。

本章重点介绍应用商务智能开发工具——MicroStrategy Developer 进行商务智能项目创建、数据定义、报表创建和网页浏览的实际操作。

【学习目标】

1. 了解开发工具，掌握元数据库等基本知识，理解开发方式。
2. 掌握创建元数据库、连接项目源、创建项目的方法。
3. 理解数据定义的含义，掌握定义数据的方法。
4. 掌握度量和报表创建的方法。
5. 理解网页浏览的含义，掌握网页浏览的方法。

4.1 开发工具概述

微策略（MicroStrategy）成立于1989年，现在是全球最大的独立商务智能企业。该企业自成立以来保持了20年的持续增长，年营利收入超过5亿美元，主要来自商务智能软件和服务。MicroStrategy一直是魔力象限（Magic Quadrant）评鉴中领先的五大商务智能工具和服务厂家之一。本书的工具介绍使用了MicroStrategy 10.9版本。

4.1.1 基础知识

1. 元数据库（Metadata Base）

MicroStrategy元数据是存储在关系型数据库中的一个预定义的结构。MicroStrategy定义了这个元数据的结构。当应用程序连接到这个元数据库时，所有的框架对象、报表对象、配置对象和项目设置信息都存储在这里。

2. 项目源

项目源对象处于MicroStrategy对象的最高级。一个项目源代表一个元数据库连接。

3. 项目

项目是一个配置对象，可以在其中定义框架和用户对象。项目在项目源下，一个项目源下可以有多个项目。

4. 数据库实例

数据库实例代表一个到数据仓库的连接。

5. 框架对象（Schema Objects）

框架对象将数据仓库里的数据映射为逻辑的业务术语，是应用对象的基础框架对象。框架对象对应数据库中的对象，如表、视图、字段等。

6. 报表（Report）

报表就是用表格、图表等格式来动态显示数据。报表允许用户查询数据、分析数据并以视觉方式演示分析结果。报表可以作为生成文档的数据集。

7. 事实表（Fact Table）

事实表就是一张数据库表，它包含了可沿一个或多个维度聚合的数值数据。事实表可以包含原来的子数据或汇总数据。

8. 事实（Fact）

在 MicroStrategy 产品环境中，事实是关联数据仓库中的数值和 MicroStrategy 报表环境的框架对象。它们对应到数据仓库中的物理字段，并用以创建对事实数据进行运算的度量对象。

9. 实体（Entity）

在 MicroStrategy 环境中，实体及组成实体的元素是业务内容的概念，即其他工具中的维度。例如，实体包括地区（Region）、订单（Order）、客户（Customer）、年龄（Age）、产品（Item）、城市（City）和年份（Year）等数据类别。这些实体为已给定级别聚合或筛选的度量和事实数据提供了上下文。用户在报表中按照实体来汇总和查看数据。

10. 度量（Metric）

度量是一种业务计算方式，由函数、事实、实体或其他度量构成的表达式进行定义。它代表了商业度量和关键性能指示器，用存储在数据库中的数据进行表达计算，这与电子数据表软件中的公式相似，如 sum（dollar_sales）或[Sales]-[Cost]。

11. 阈值（Threshold）

阈值用来创建度量值的条件格式。例如，如果销售额大于$200，则格式化相应单元格的样式为蓝色背景和粗体。

12. 文档（Document）

用户可以应用 MicroStrategy 对象（如特定度量、筛选器和实体等）到文档来提高对业务数据的分析能力。

13. 仪表盘（Dashboard）

仪表盘提供了关键度量及摘要信息，通常用来评估企业绩效，或以单独屏幕显示相关数据集合。它是一种特殊文档，让用户在直观、易读的交互式文档中观看关键的业务指标。

4.1.2 开发方式

1. MicroStrategy 的体系结构

MicroStrategy 的体系结构如图 4-1 所示。第四层为浏览器，其他三层结构为：MicroStrategy 客户端和网络服务器；智能服务器；数据仓库和元数据库。在三层结构环境下，智能服务器通过 ODBC（Open Data Base Comectivity，开放数据库连接）连接到元数据库和数据仓库。ODBC 能够使得一个应用，例如这里的智能服务器，使用相同的代码来访问不同的数据库管理系统。

2. 开发方式

（1）直接方式。在两层结构下，本地客户机通过客户端连接智能服务器进行本地项目的开发，如图 4-2 所示。

（2）服务器方式。在三层结构下，本地的客户机通过 MicroStrategy 客户端连接网络服务器，如图 4-3 所示。每个 MicroStrategy 客户端都通过 TCP/IP 连接到 MicroStrategy 智能服务器。

（3）Web 端开发方式。用户采用 Web 端开发方式可以浏览“文档”的制作效果，也可以进行自助式分析，如图 4-4 所示。

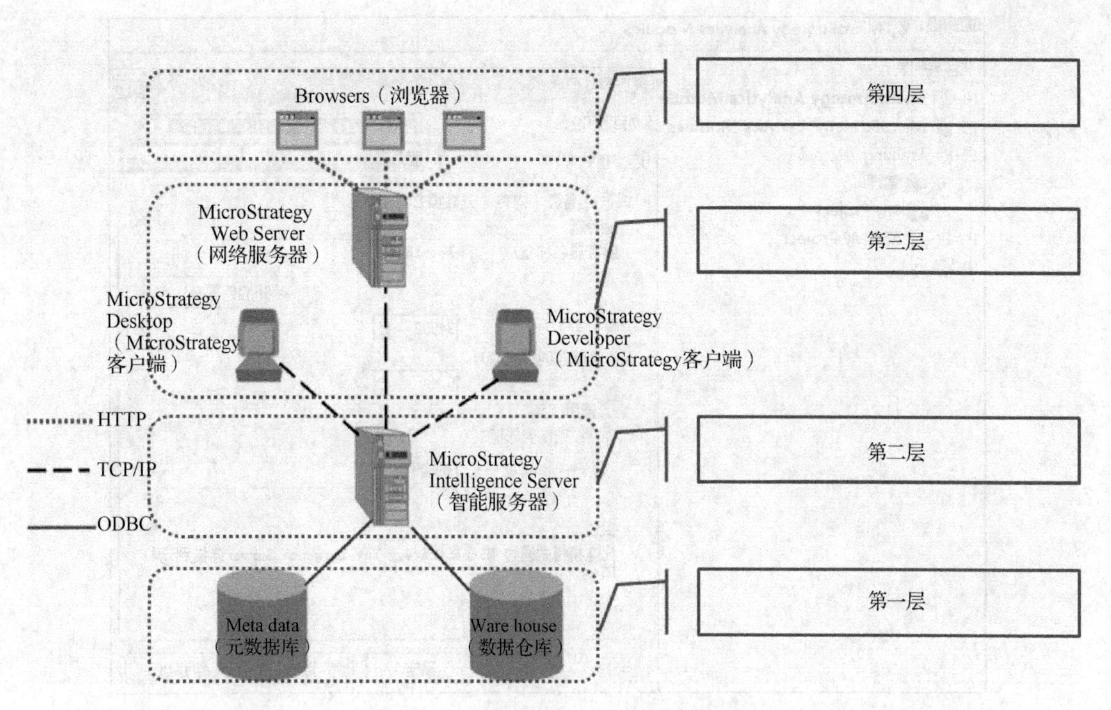

图 4-1　MicroStrategy 的结构示意图

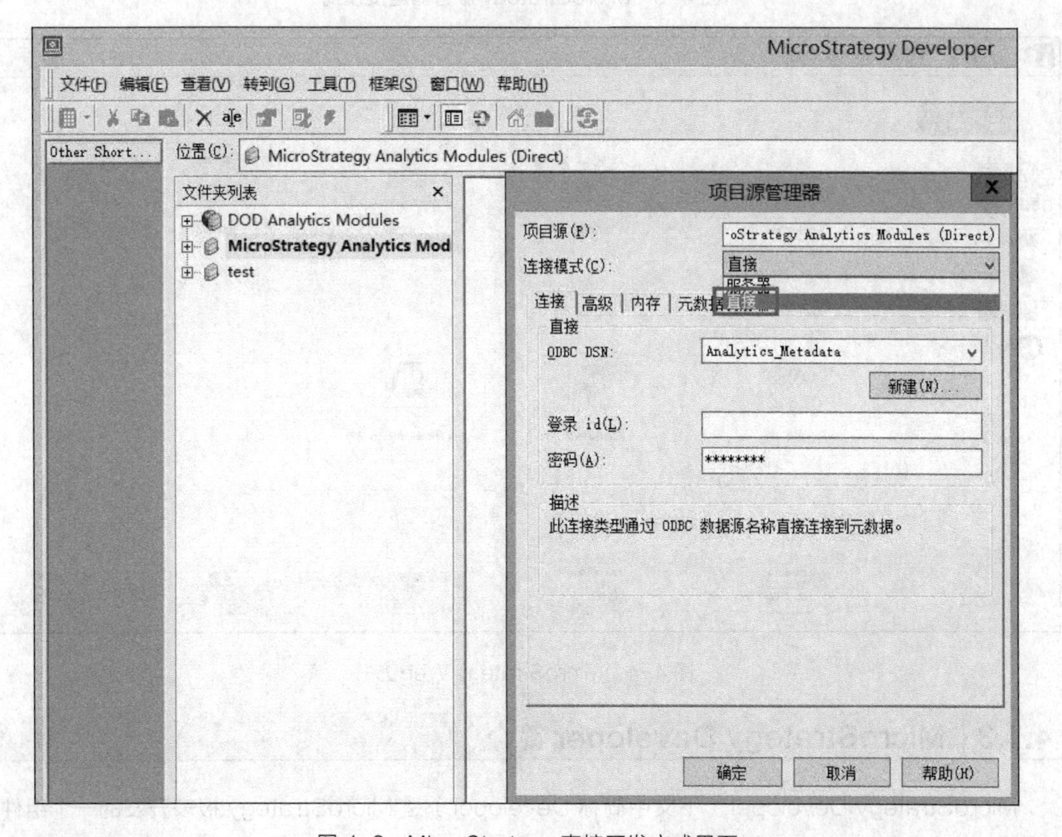

图 4-2　MicroStrategy 直接开发方式界面

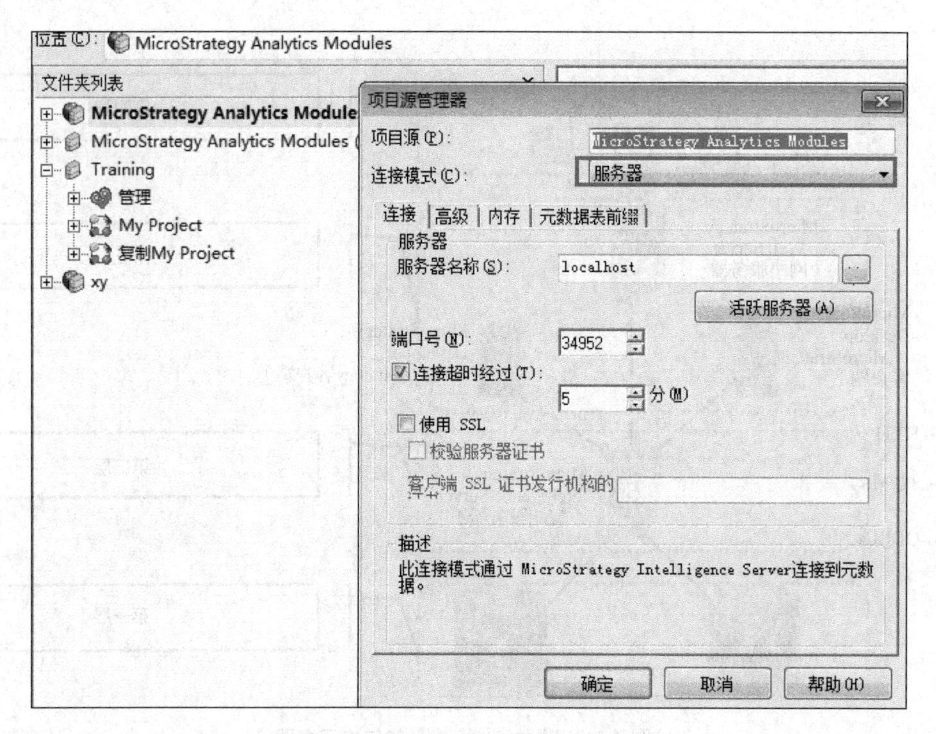

图 4-3　MicroStrategy 服务器连接模式

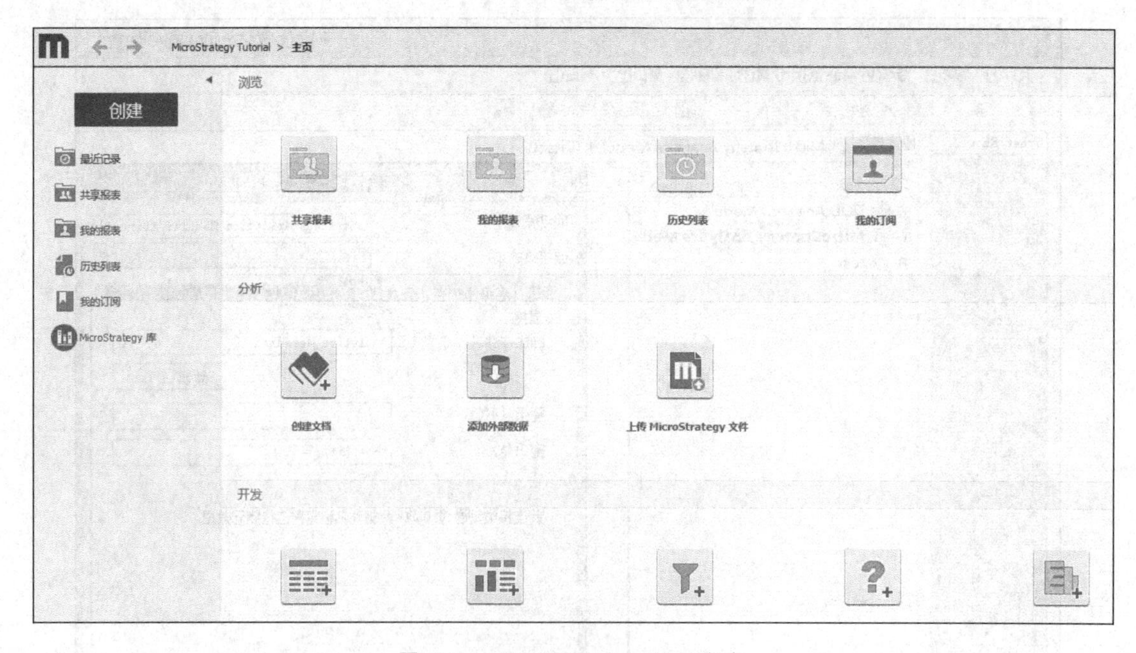

图 4-4　MicroStrategy Web 方式

4.1.3 MicroStrategy Developer 简介

MicroStrategy Developer（下文中简称 Developer）是 MicroStrategy 报表开发的一个组件，是面向微策略管理员和微策略开发人员的一个简单且实用的工具。该工具基于 Windows 界面上提供的集成监控、报表、强大的分析和决策支持工作流程，以及大量的选项和功能来管理、创建、部署企业的解决方案。

使用 Developer 新建项目源可以连接上元数据库，从而对整个软件进行系统监视、配置管理、用户管理、项目管理等。用户可以在项目源中创建多个项目，项目主要包含框架对象和公共对象。框架对象与数据仓库联系较为紧密，可以在框架对象中创建逻辑表、实体、事实等对象，公共对象主要是面向用户的，可以创建报表、文档、仪表盘。

4.2 项目创建

本节的案例将使用 Developer 来展示一个简单项目的开发流程：创建项目，并设计报表和文档。

案例背景：已经有一个数据仓库，有一个最简单需求（一张报表，按年查看销售信息），数据仓库使用 mstr_tutorial，用到 3 个表：LU_ITEM（商品维表）、ORDER_DETAIL（事实表）、LU_DAY（时间维表），如图 4-5 所示。

需求简述：按年查看销售金额、销售数量和成本。

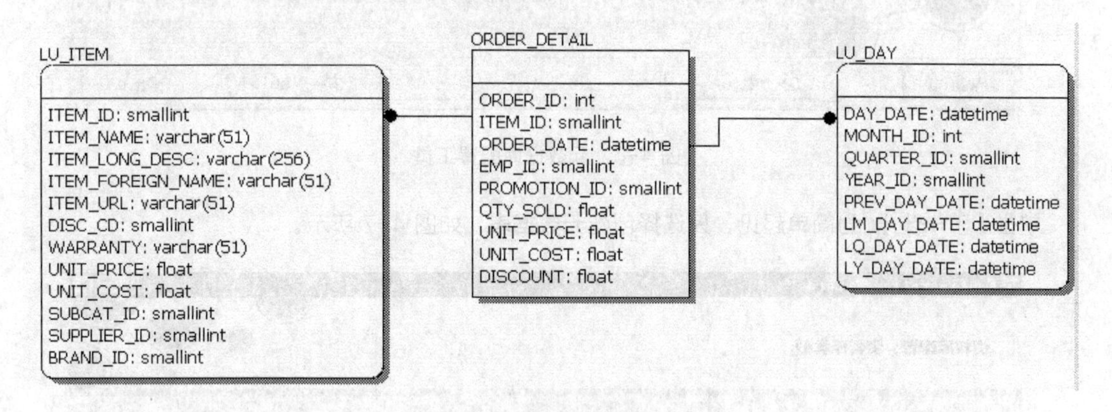

图 4-5 数据仓库表结构

4.2.1 创建元数据库

元数据是存储在关系型数据库中的一个预定义的结构。MicroStrategy 定义了这个元数据的结构。元数据和数据仓库的关系数据库管理系统（Relational Database Management System，RDBMS）不必相同。当应用程序连接到这个元数据库时，所有的框架对象、报表对象、配置对象和项目设置信息都存储在其中。

1. 准备空的关系数据库，并定义 ODBC

以 SQL Server 为例，在 SQL Server 中创建一个数据库：mstr。定义一个系统 ODBC，命名为 mstr，用来存储 MicroStrategy 元数据。

2. 配置元数据库

在一个项目开发中，只在第一次配置（初始化）元数据库；否则，所有的预定义结构将被初始化。使用 Configuration Wizard，如图 4-6 所示（【开始】|【程序】|【MicroStrategy tools】|【Configuration Wizard】），选择第 1 项。

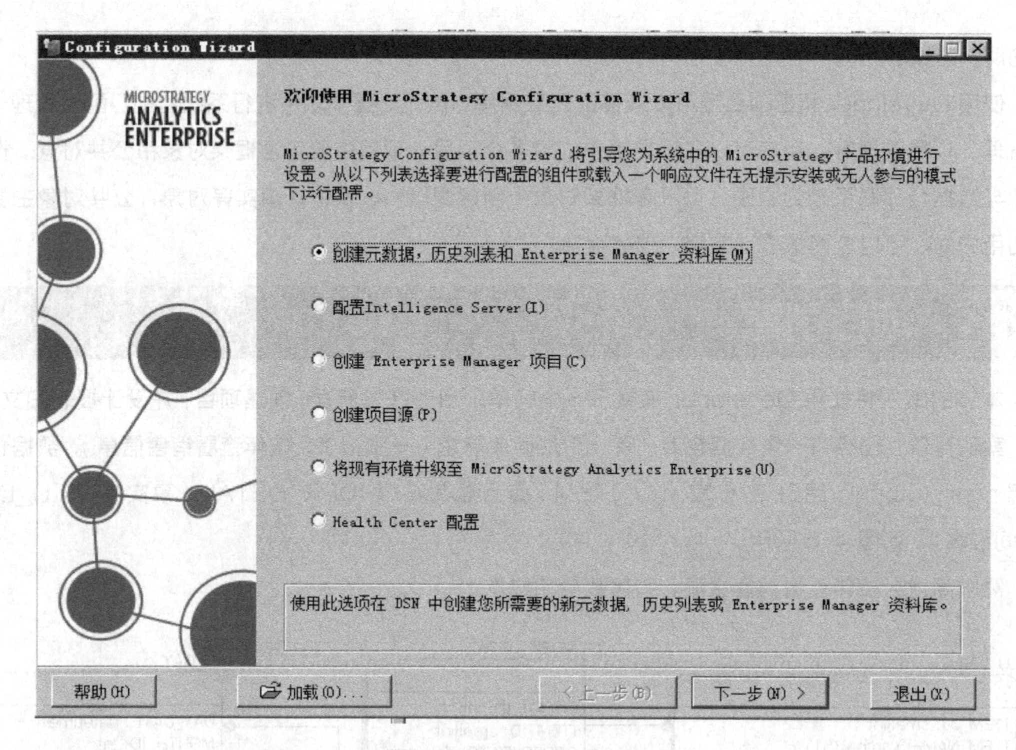

图 4-6　元数据库配置工具

单击【下一步】，为简单起见，只选择创建元数据表，如图 4-7 所示。

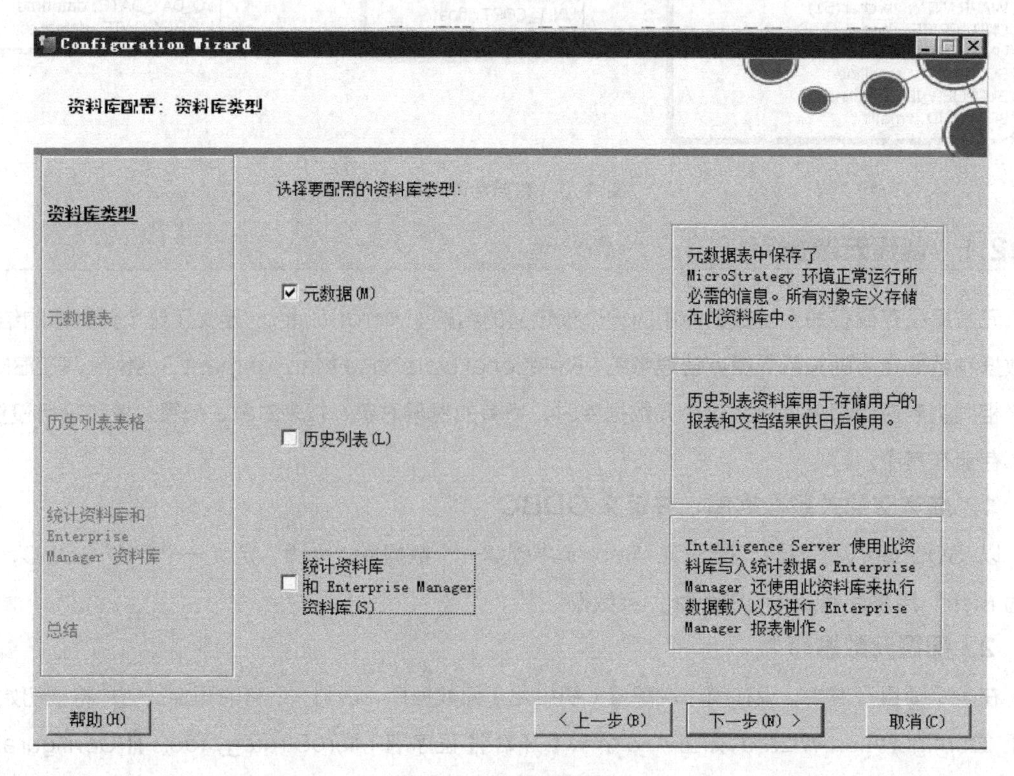

图 4-7　创建元数据表

选择【DSN】为 mstr，单击【下一步】，如图 4-8 所示。

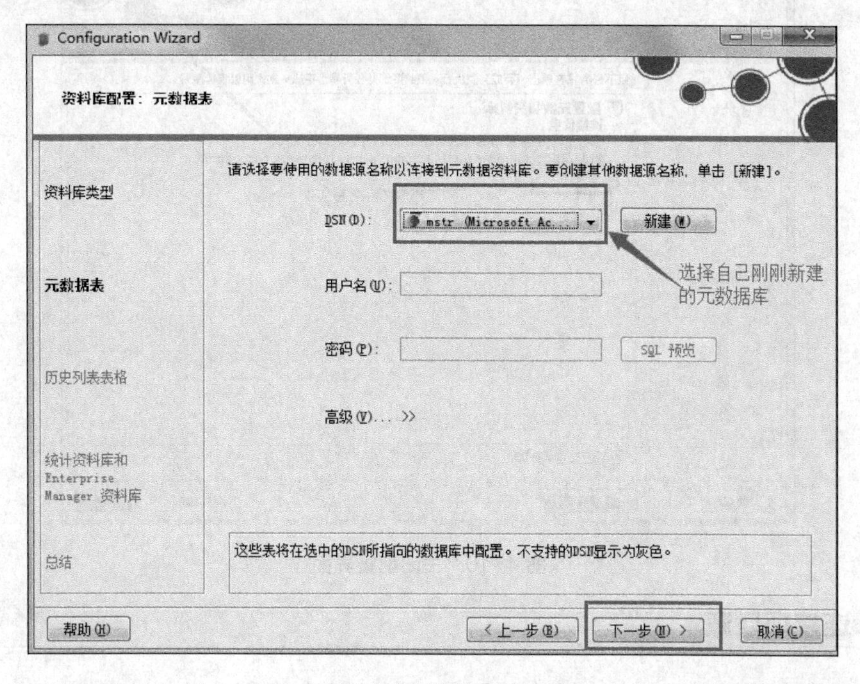

图 4-8　选择 DSN

单击【完成】，如图 4-9 所示。

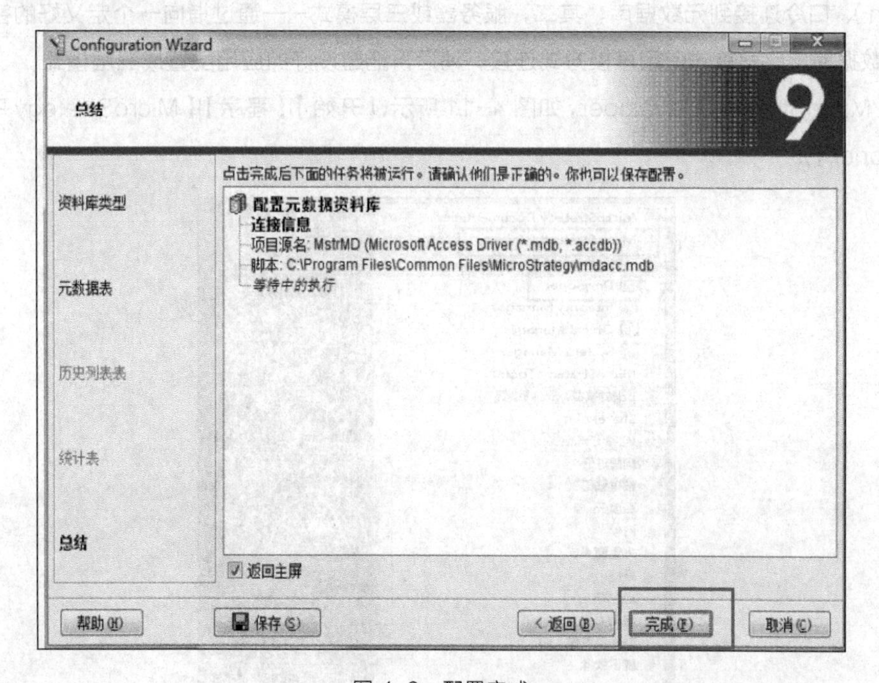

图 4-9　配置完成

显示完成，直接单击右上角的【关闭】，如图 4-10 所示。

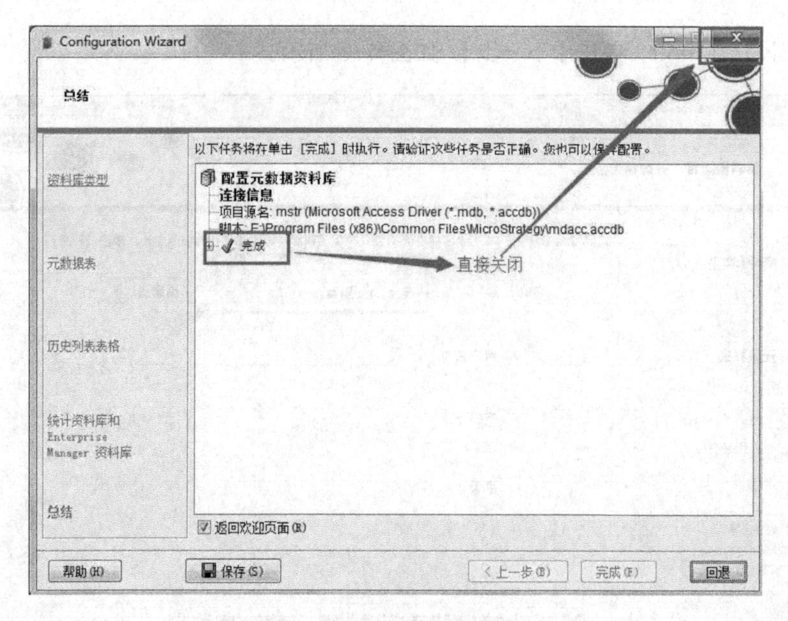

图 4-10 关闭配置界面

4.2.2 连接项目源

项目源对象处于 MicroStrategy 对象的最高级。一个项目源代表一个元数据库连接。这个连接可以由两种方式实现：其一，直接或两层模式——通过数据源名称（Data Source Name，DSN）、登录（Login）、口令连接到元数据库；其二，服务器或三层模式——通过指向一个定义好的智能服务器连接到元数据库。这里首先使用直接方式连接，稍后再把建设好的应用配置成三层模式。

启动 MicroStrategy Developer，如图 4-11 所示（【开始】|【程序】|【MicroStrategy Products】|【Developer】）。

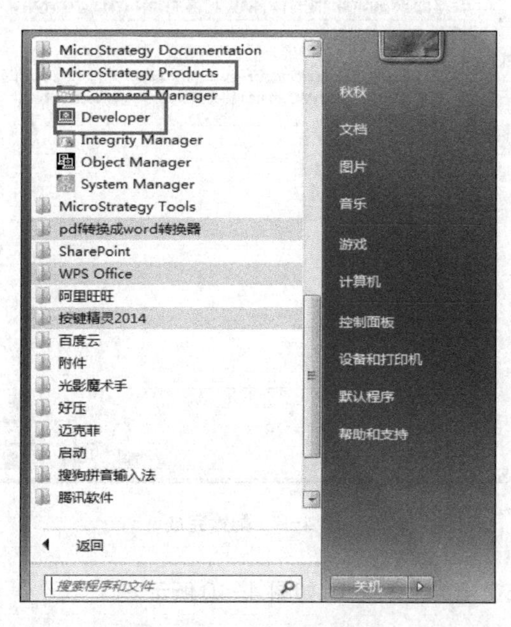

图 4-11 Developer 路径

创建项目源。选择菜单【工具】|【项目源管理器】，如图 4-12 所示。单击【添加】，如图 4-13 所示。输入【项目源】名称（如 training），选择【连接模式】为直接，选择【ODBC DSN】为 mstr（如使用 Access 数据库，无须登录用户名和密码；SQL Server 则如实填写），单击【确定】（两次），如图 4-14 所示。

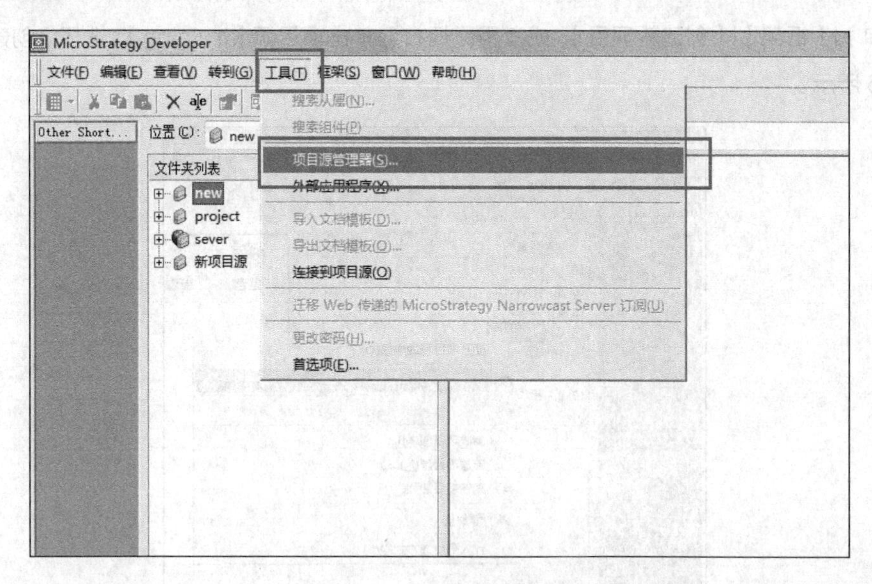

图 4-12　创建项目源管理器

图 4-13　添加项目源

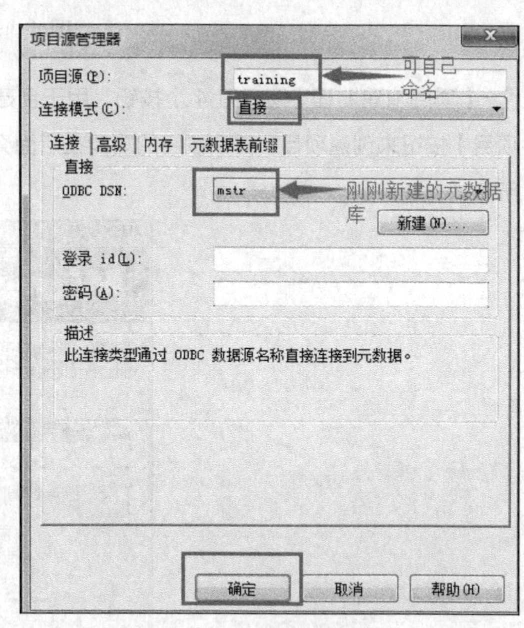

图 4-14　项目源管理器

4.2.3　创建项目

在应用中，定义的 MicroStrategy 对象（框架对象和用户对象等）隶属于项目。项目在项目源下，一个项目源下可以有多个项目。

在 MicroStrategy Developer 中双击进入刚才定义的项目源 training。最初配置一个项目源时，MicroStrategy 会创建一个内嵌的用户，用户名是“administrator”，没有口令；当进入一个项目源时，需要输入这个项目源的用户名、密码。从安全的角度考虑，进入一个新项目源后，应该在【项目源】|【管理】|【用户管理器】|【Everyone】下修改 MicroStrategy 内嵌用户 administrator 的口令。选择【菜单】|【框架】|【创建新项目】，或者用鼠标右键单击项目源【training】，选择【创建新项目】，如图 4-15 所示。

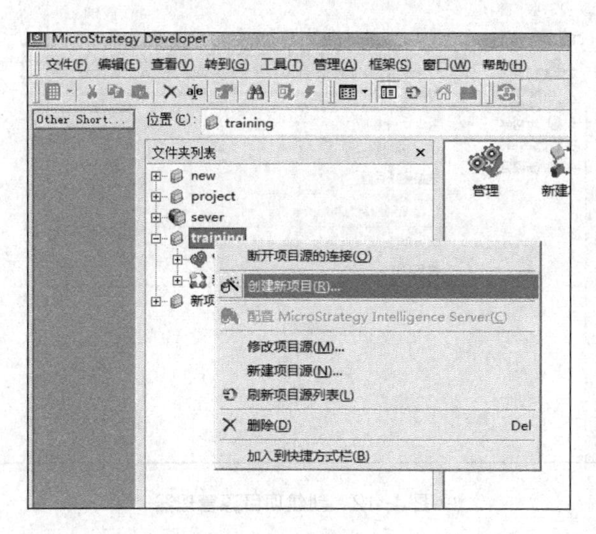

图 4-15 创建项目

【项目创建助理】窗口有 4 个按钮，用于创建项目和快速初始化一个项目。在这里，首先用【创建项目】按钮来创建项目，其余按钮的功能在后面介绍。单击【创建项目】按钮， 如图 4-16 和图 4-17 所示。

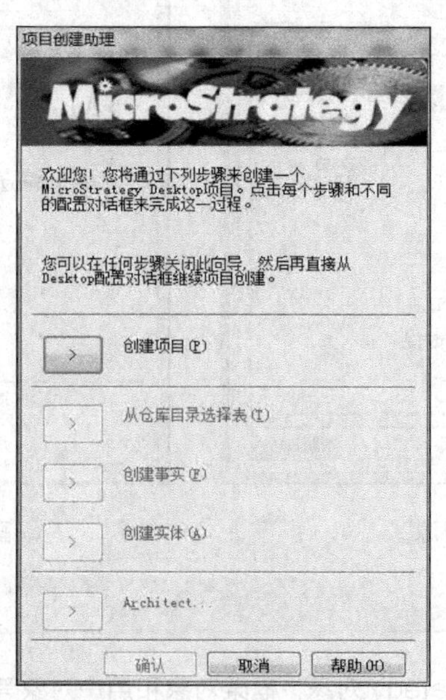

图 4-16 创建项目

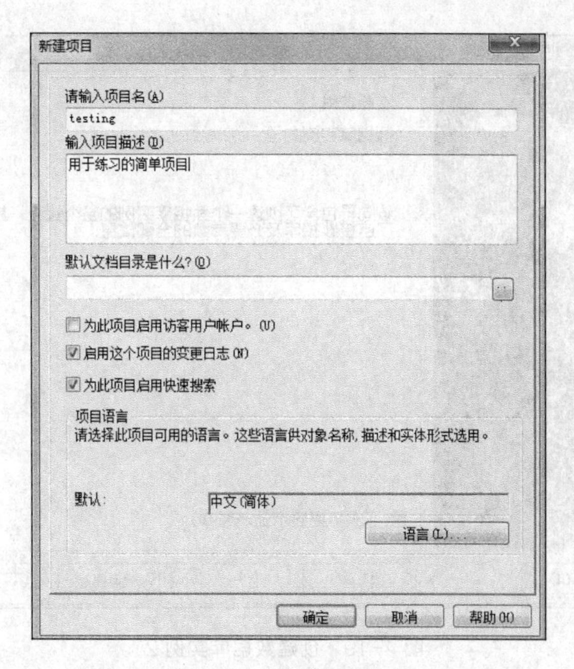

图 4-17　填写项目信息

4.3 数据定义

4.3.1 定义数据库实例

数据库实例代表与数据仓库的连接，用于在某个项目中使用的数据仓库。在项目源下选择【管理】|【配置管理器】|【数据库实例】，并用鼠标右键单击【数据库实例】，然后选择【数据库实例向导】，如图 4-18 和图 4-19 所示。

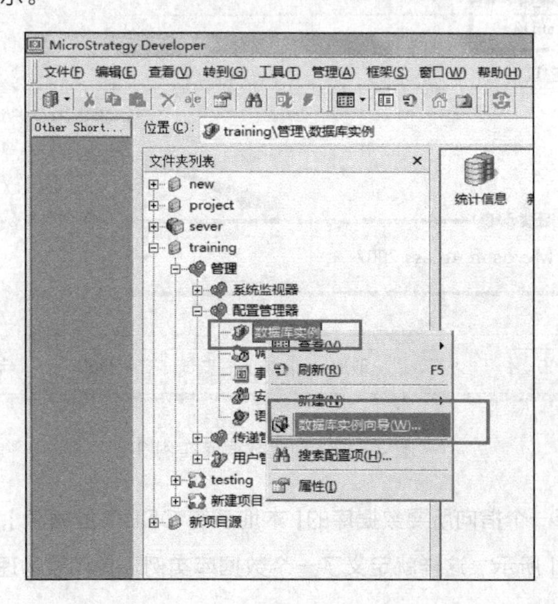

图 4-18　创建数据库实例 1

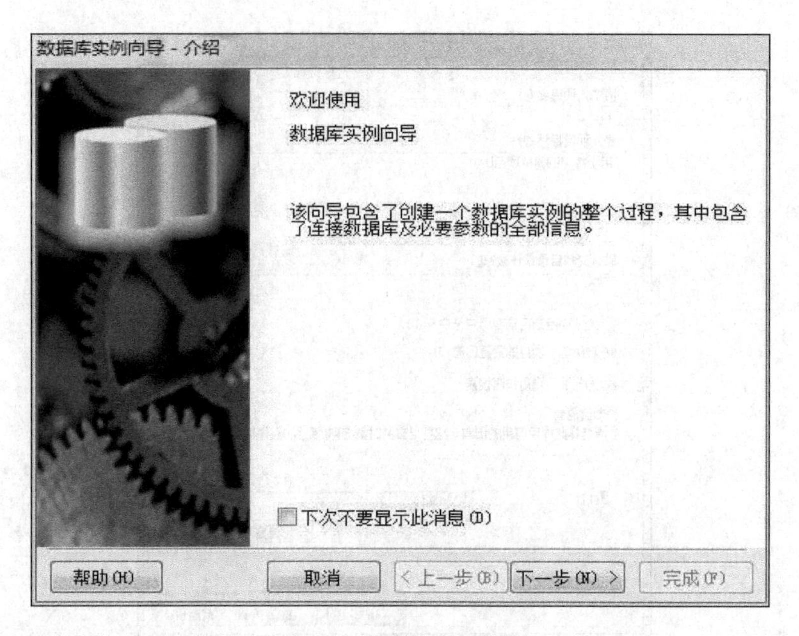

图 4-19　创建数据库实例 2

单击【下一步】，选择【数据库类型】，输入【名称】、【描述】，如图 4-20 所示。这里创建一个数据库实例 Tutorial，代表 MicroStrategy 自带的 Tutorial 数据库。

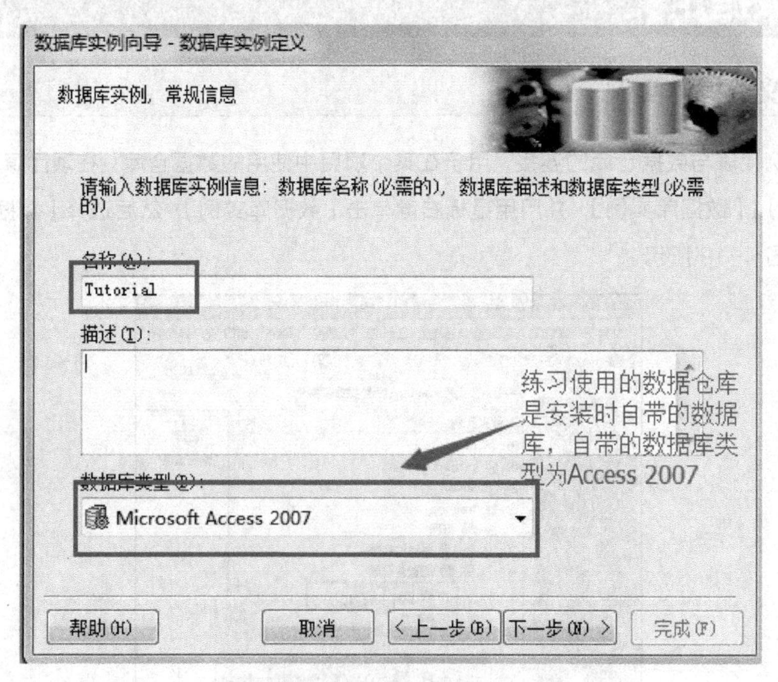

图 4-20　创建数据库实例 3

单击【下一步】，选择一个指向所要数据库的【本地系统 ODBC 数据源】，输入【数据库登录信息】，单击【完成】，如图 4-21 所示。这样就定义了一个数据库实例，其代表物理的数据仓库。

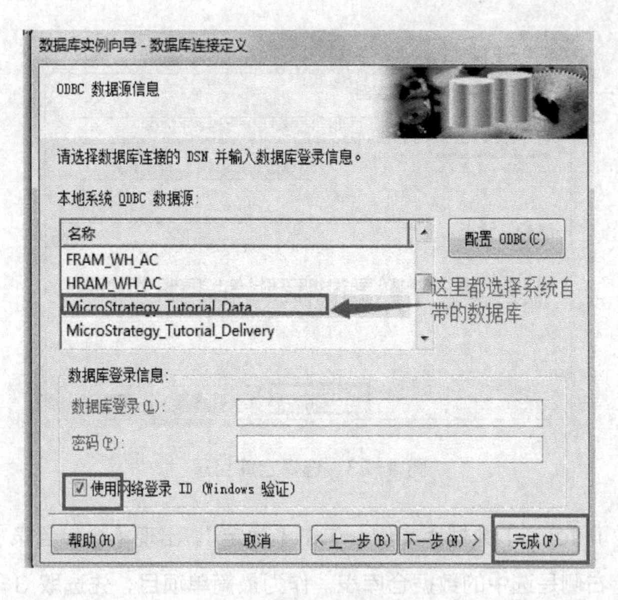

图 4-21　创建数据库实例 4

4.3.2 选择数据仓库表

上一节创建了一个项目 testing，要在项目中创建报表等商务智能应用，则相关报表需要从数据仓库中的某些数据表中选取数据。一个项目需要哪些数据仓库表，就在【仓库目录】中定义。每个项目都有一个仓库目录。

将鼠标光标移至所要控制的项目 testing 上，选择【框架】|【仓库目录】，如图 4-22 所示。第一次进入仓库目录对话框，系统弹出选择【仓库数据库实例】界面，如图 4-23 所示。

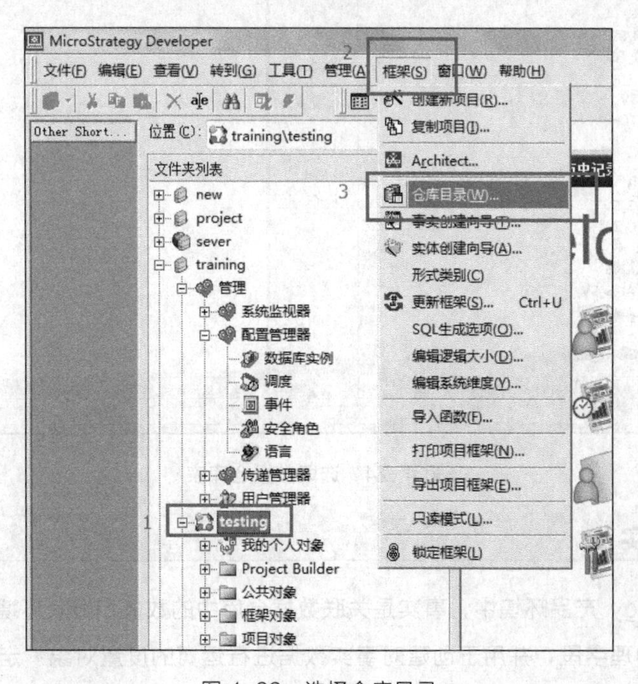

图 4-22　选择仓库目录

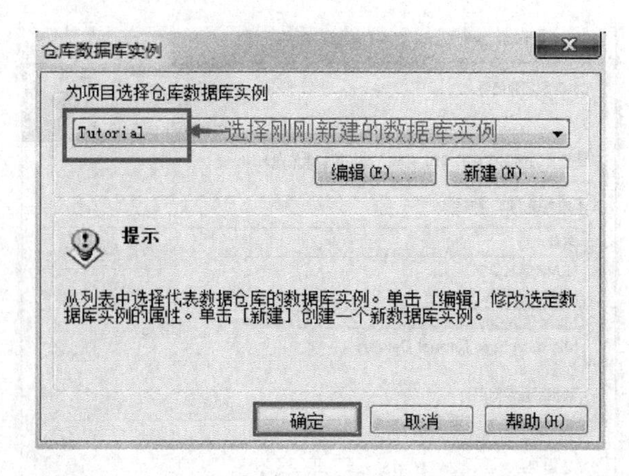

图 4-23　选择仓库目录

选择之前创建的【Tutorial】数据库实例，单击【确定】。出现【仓库目录】对话框，左侧是数据仓库中可用的数据表，右侧是选中的数据仓库表。作为最简单项目，先选取 3 个数据表：事实表——ORDER_DETAIL，维表——LU_DAY 和 LU_ITEM，如图 4-24 所示，选完后单击【保存】并关闭。

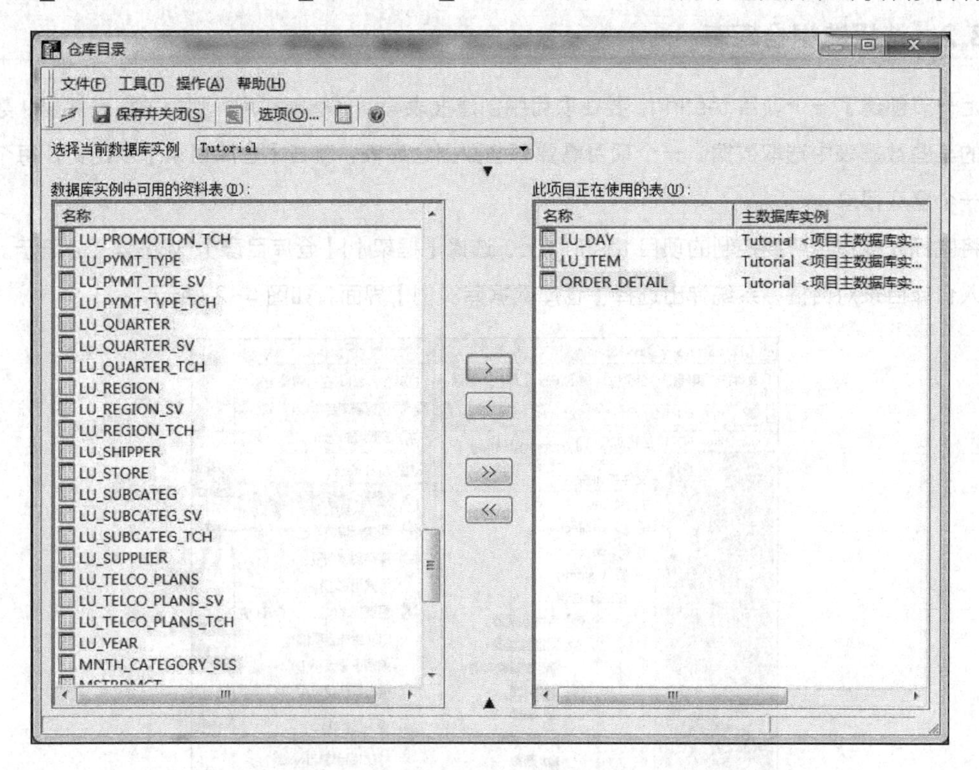

图 4-24　选取数据仓库表

4.3.3　定义事实

在 MicroStrategy 产品环境中，事实是关联数据仓库中的数值和报表环境的框架对象。它们对应到数据仓库中的物理字段，并用于创建对事实数据进行运算的度量对象。定义事实表的界面如图 4-25 所示。

在这个简单项目中，先定义 3 个事实（Fact）：销售数量（QTY）、销售金额（AMT）、成本（COST）。将鼠标光标移至 testing 项目下的【框架对象】|【事实】中，选中【事实】，在右边空白处用鼠标右键单击【新建】，选择【事实】，并进入到【新建事实-创建事实表达式】对话框。先创建 QTY 事实，QTY 事实存在于事实表 ORDER_DETAIL 中，在【源表】下拉列表中选择 【ORDER_DETAIL】，把【QTY_SOLD】字段从【可用的列】拖到【事实表达式】中，在【映射方法】中选择【手动】，单击【确定】，具体设置界面如图 4-26 所示。

注意

【手动】，需要自己勾选源表；【自动】，根据选择的形式会自动勾选源表。不同源表的形式相同，但实际意义不同。如果勾选上【自动】，则会导致报表运行数据错误，所以这里建议选择【手动】。

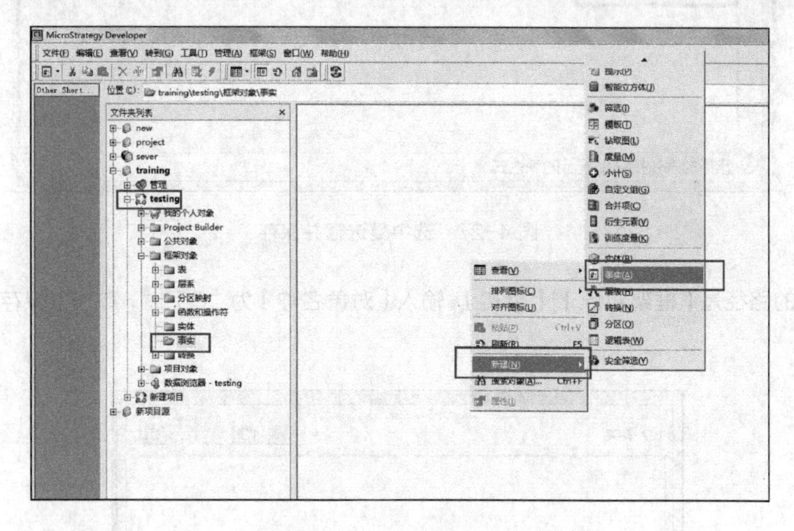

图 4-25　定义事实表

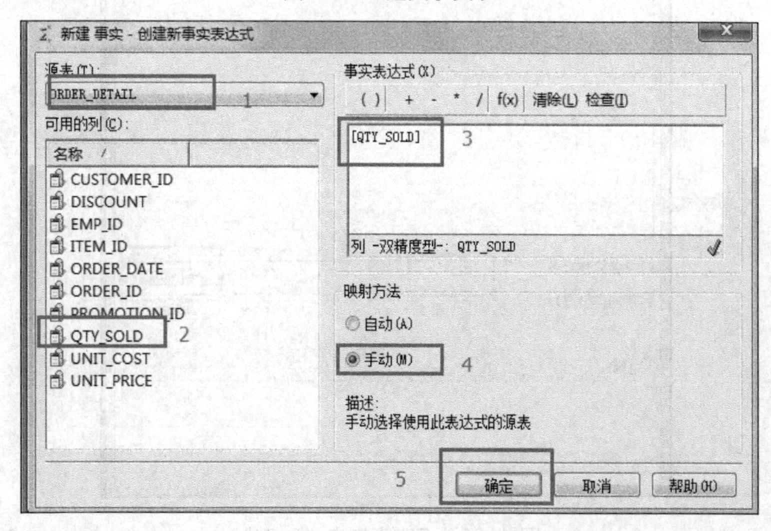

图 4-26　创建 QTY 事实表

选中【ORDER_DETAIL】表前的复选框，单击【保存并关闭】，如图 4-27 所示。

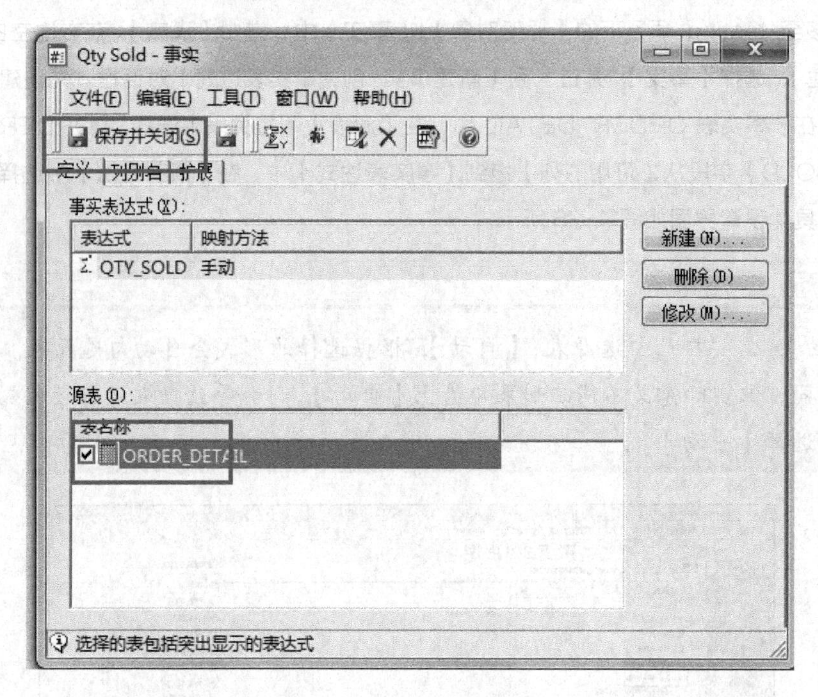

图 4-27　选中复选框并保存

确认保存的路径是【框架对象】|【事实】，输入【对象名称】为“QTY”，单击【保存】，如图 4-28 所示。

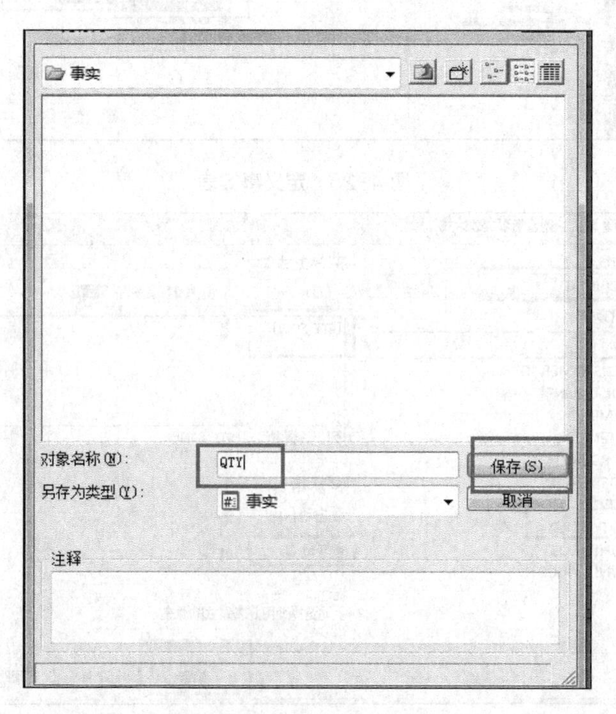

图 4-28　保存事实表“QTY”

接下来创建销售金额（AMT）事实。AMT 事实也存在于事实 ORDER_DETAIL 中，与 QTY 不同的是，AMT 的表达式为[UNIT_PRICE]*[QTY_SOLD]，如图 4-29 所示。

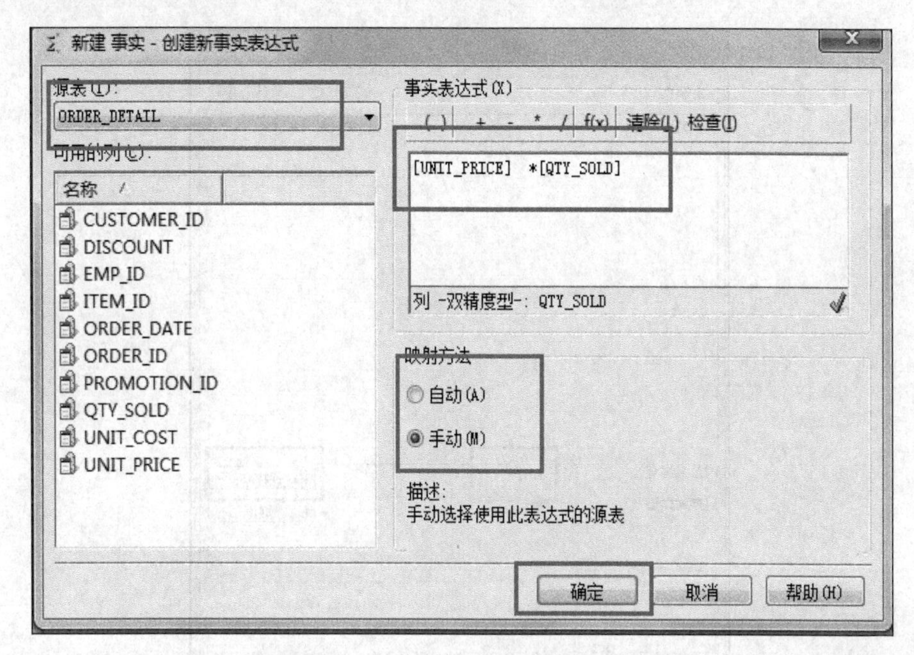

图 4-29　定义 AMT 表达式

选中【ORDER_DETAIL】表前的复选框，单击【保存并关闭】，如图 4-30 所示。

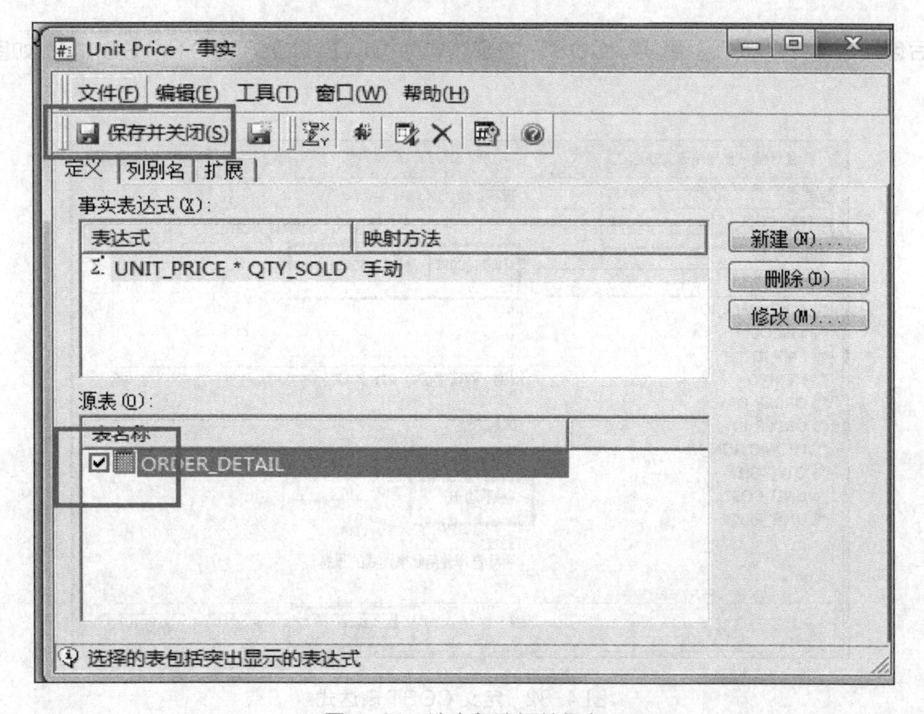

图 4-30　选中复选框并保存

确认保存的路径是【框架对象】|【事实】，输入【对象名称】为“AMT”，单击【保存】，如图 4-31 所示。

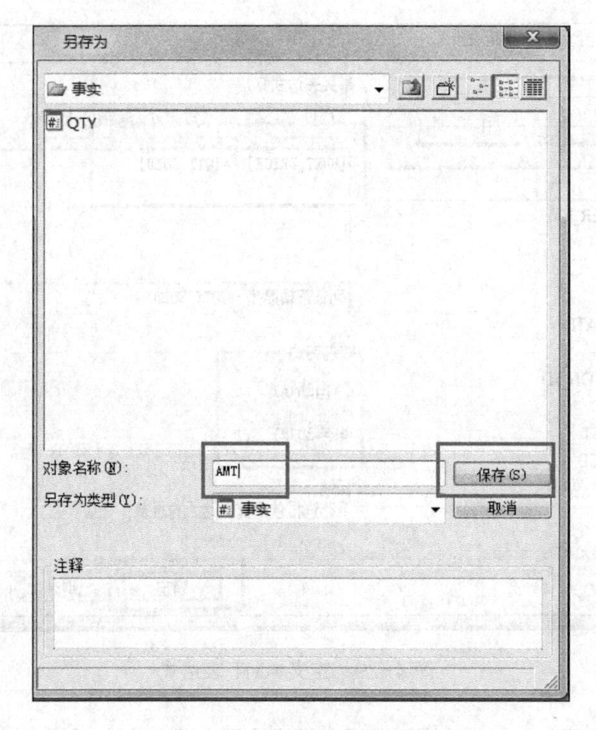

图 4-31 保存事实表 AMT

最后创建成本（COST）事实。COST 的表达式为[UNIT_COST]*[QTY_SOLD]，如图 4-32 所示。

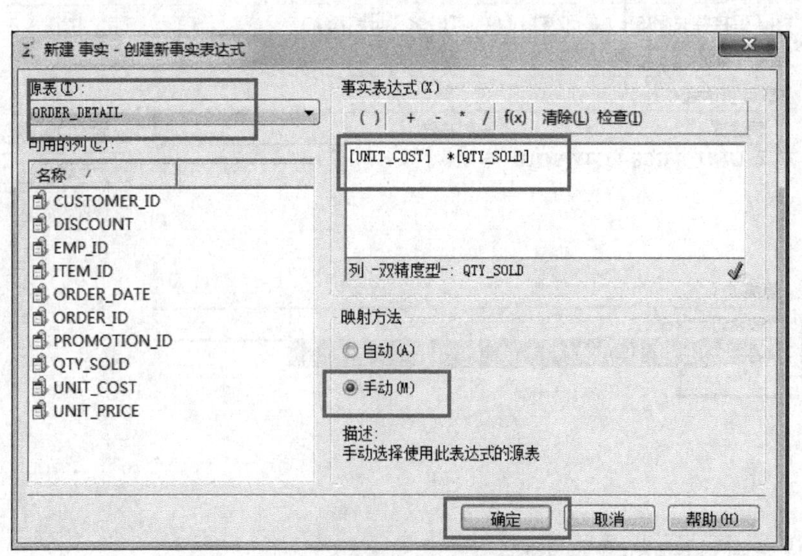

图 4-32 定义 COST 表达式

选中【ORDER_DETAIL】表前的复选框，单击【保存并关闭】，如图 4-33 所示。

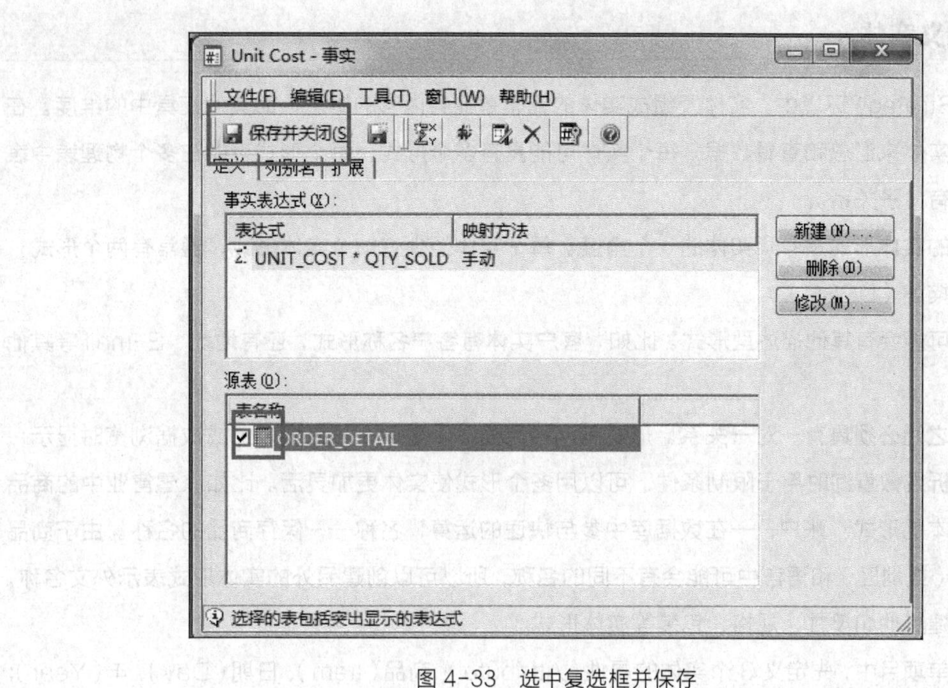

图 4-33 选中复选框并保存

确认保存的路径是【框架对象】|【事实】，输入【对象名称】为“COST”，单击【保存】，如图 4-34 所示。

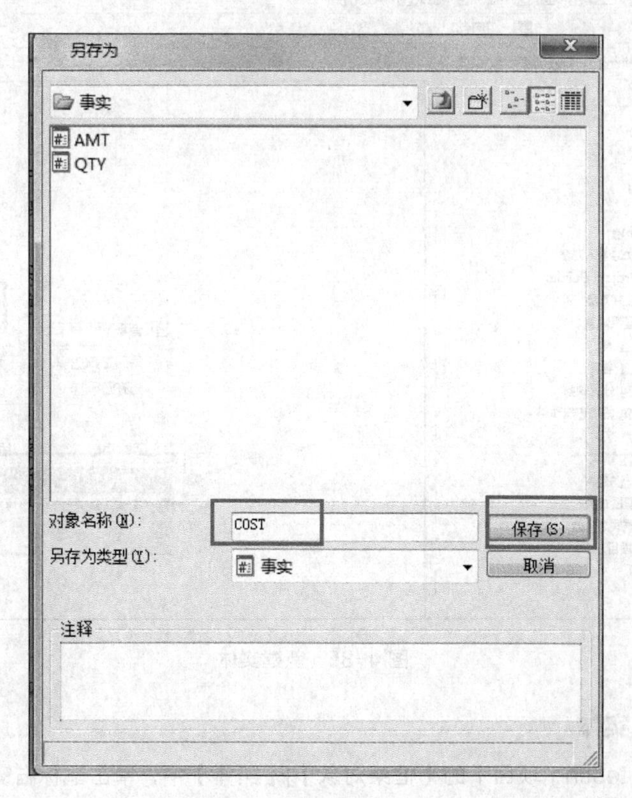

图 4-34 保存事实表 COST

4.3.4 定义实体

在 MicroStrategy 环境中，实体及组成实体的元素是业务内容的概念，即其他工具中的维度。在报表中，按照实体来汇总和查看数据。每个实体可能具有多个形式；每个形式可能在多个物理表中表示；实体间会有父子关系。

一个实体的实体形式是考察实体的一个角度。每个实体至少有一个实体形式，通常有两个形式：账户（ID）和描述（DESC）。

一些实体可能会有其他描述型形式。比如，客户实体有客户名称形式，还有地址、E-mail 等其他描述型形式。

实体形式之间必须具有一对一关系。形式有两种用途：①显示——在报表上或数据浏览时显示；②条件——分析或做查询时用于限制条件。可以用多个形式使实体更加灵活。比如，零售业中的商品实体有两个基本的形式：账户——在数据库中参与快速的运算；名称——保存商品的名称。由于商品在不同的国家（或地区）和语言中可能会有不同的名称，所以可以创建另外的实体形式表示外文名称。用户还可以创建其他如尺寸、规格、包装等实体形式。

在这个简单项目中，先定义 3 个实体的属性（Attribute）：商品（Item）、日期（Day）、年（Year）；其中 Year 是 Day 的父节点（Parent）。定义实体的路径如图 4-35 所示。

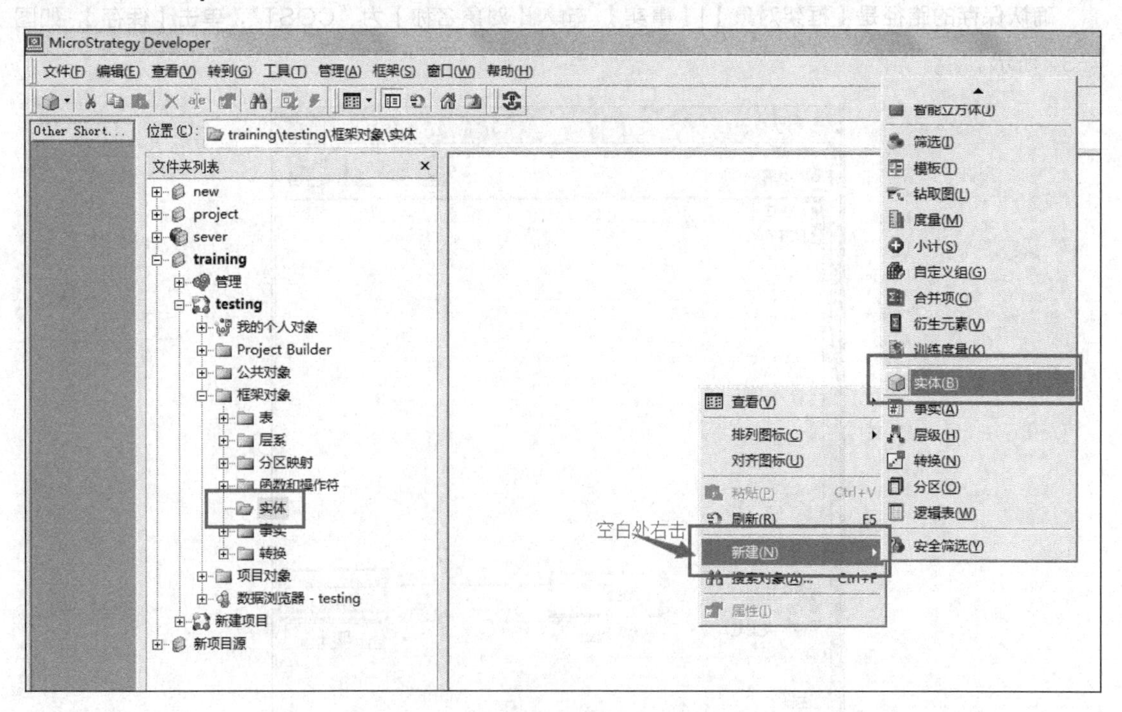

图 4-35 新建实体

1. 定义 Item 实体

将鼠标光标移至 testing 项目下的【框架对象】|【实体】中，单击鼠标右键，在快捷菜单中选择【新建】|【实体】，系统载入【实体编辑器】窗口，并进入到【新建实体（ID）-创建新形式表达式】

对话框。在数据库中（已选的 3 个表）的 ORDER_DETAIL、LU_ITEM 表里记录着 Item 实体的信息，其中 LU_ITEM 是维表，ORDER_DETAIL 是事实表。Item 实体的 ID 在数据库中是用 ITEM_ID 字段表示的。在该对话框中，选择源表【LU_ITEM】，把【ITEM_ID】字段从【可用的列】拖到【形式表达式】中，在【映射方法】中选择【手动】，单击【确定】，如图 4-36 所示。

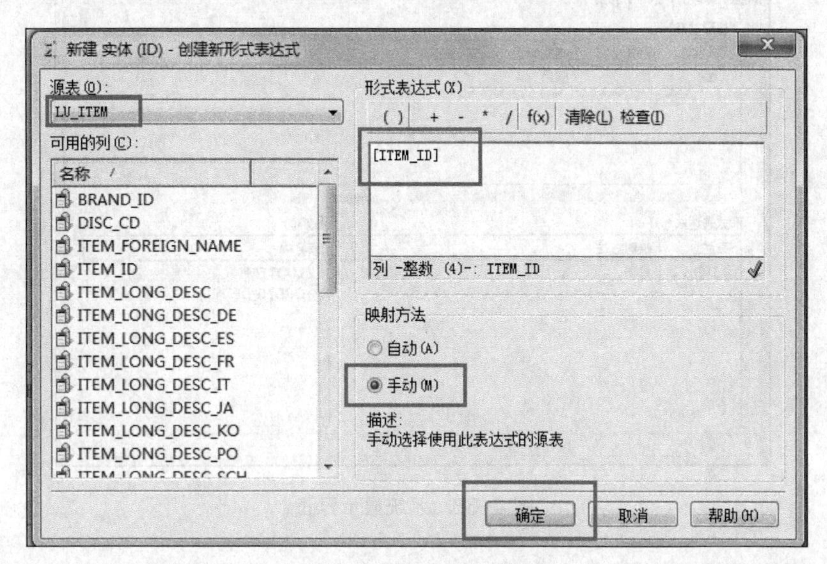

图 4-36 定义 Item 实体

选中【ORDER_DETAIL】、【LU_ITEM】表前的复选框，单击【确定】，如图 4-37 所示。

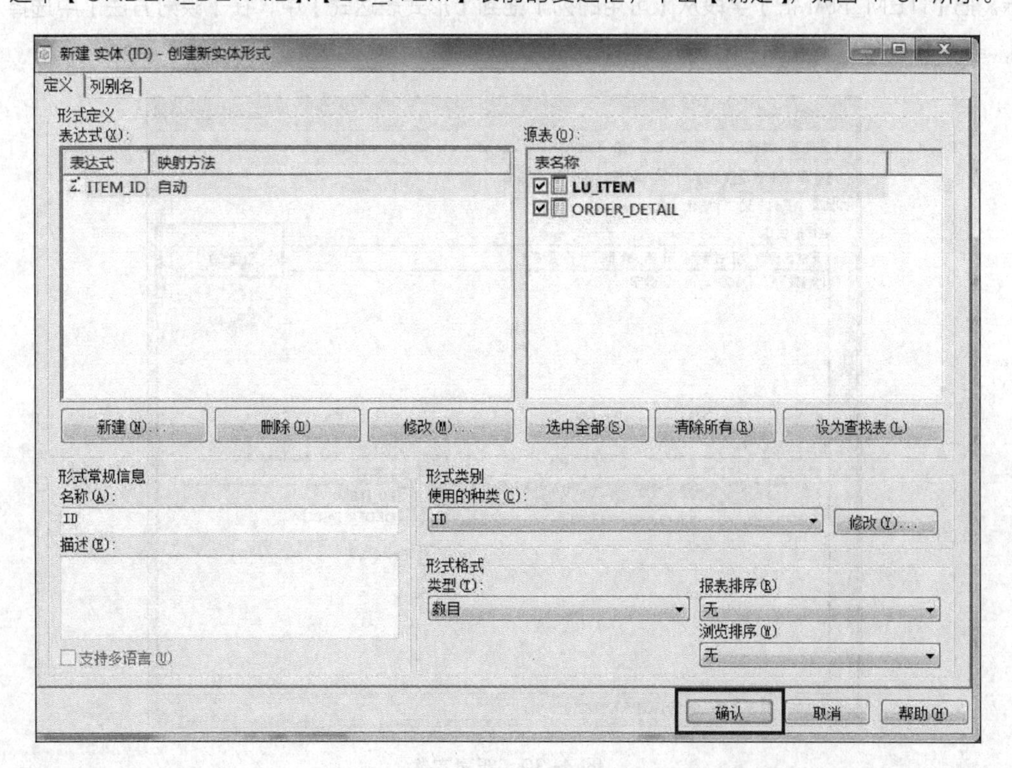

图 4-37 选中复选框

系统显示的界面如图 4-38 所示。

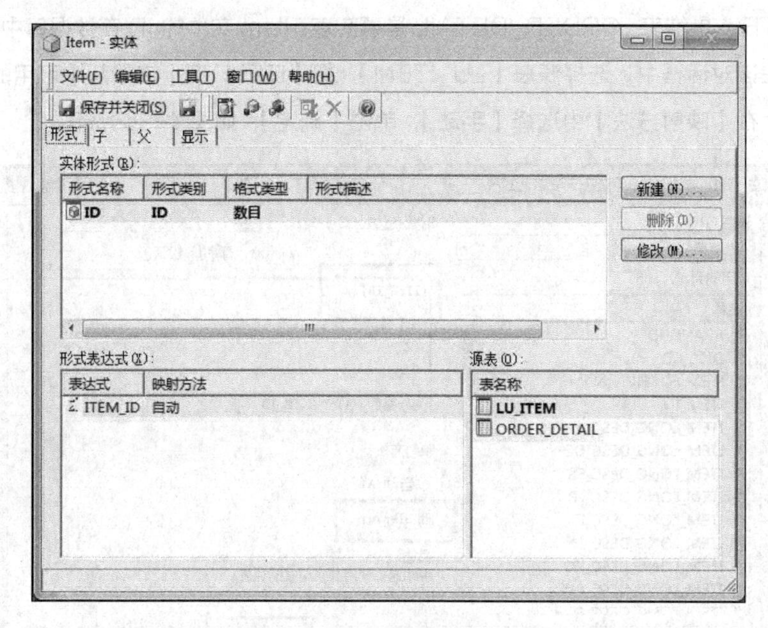

图 4-38 系统显示界面

对于 Item 实体已经定义好了账户（ID）形式，再定义 Item 实体的描述（DESC）形式。单击界面上的【新建】按钮，如图 4-39 所示。Item 实体的描述（DESC）信息在数据库中用 ITEM_NAME 表示。把【ITEM_NAME】字段从【可用的列】拖到【形式表达式】中，在【映射方法】中选择【手动】，单击【确定】，如图 4-40 所示。

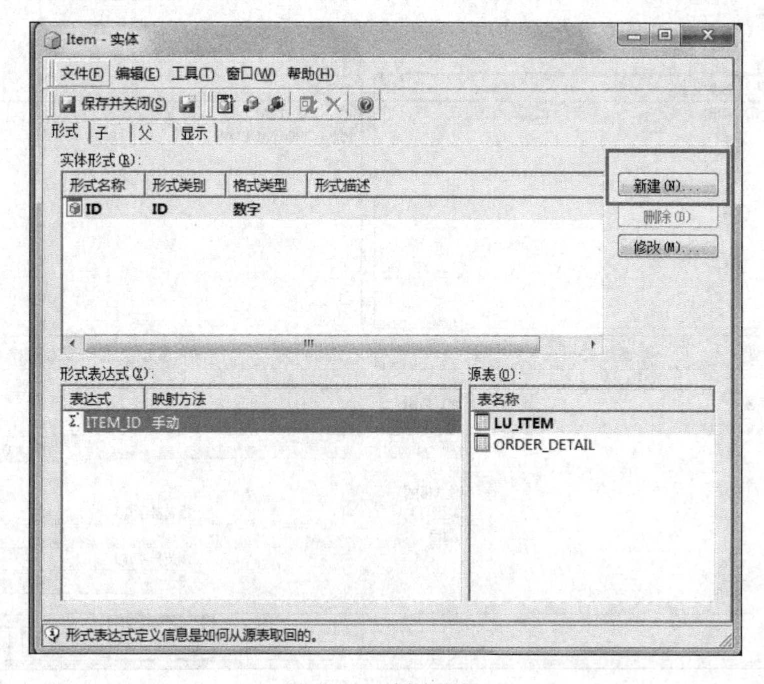

图 4-39 新建实体

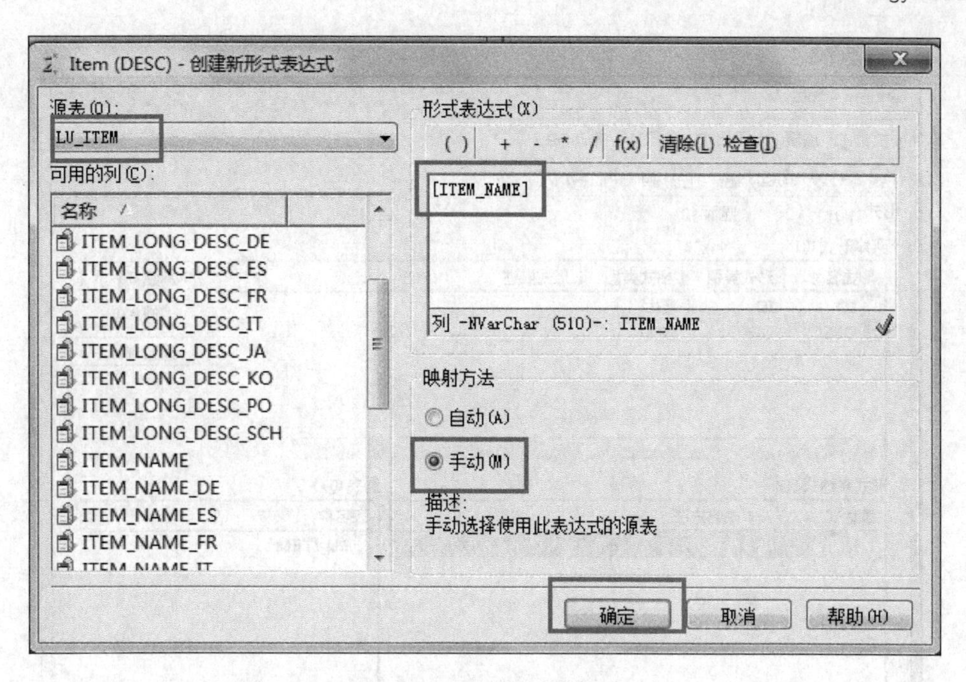

图 4-40　定义实体描述

选中【LU_ITEM】表前的复选框，单击【确定】，如图 4-41 所示。

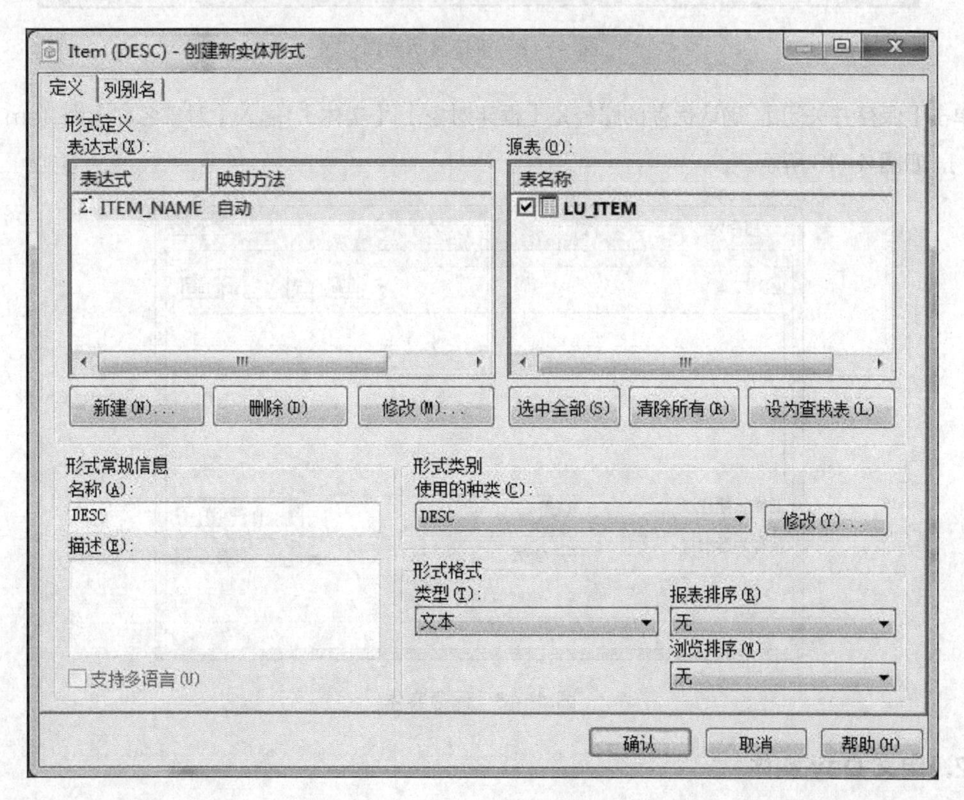

图 4-41　选择复选框

系统显示的界面如图 4-42 所示。

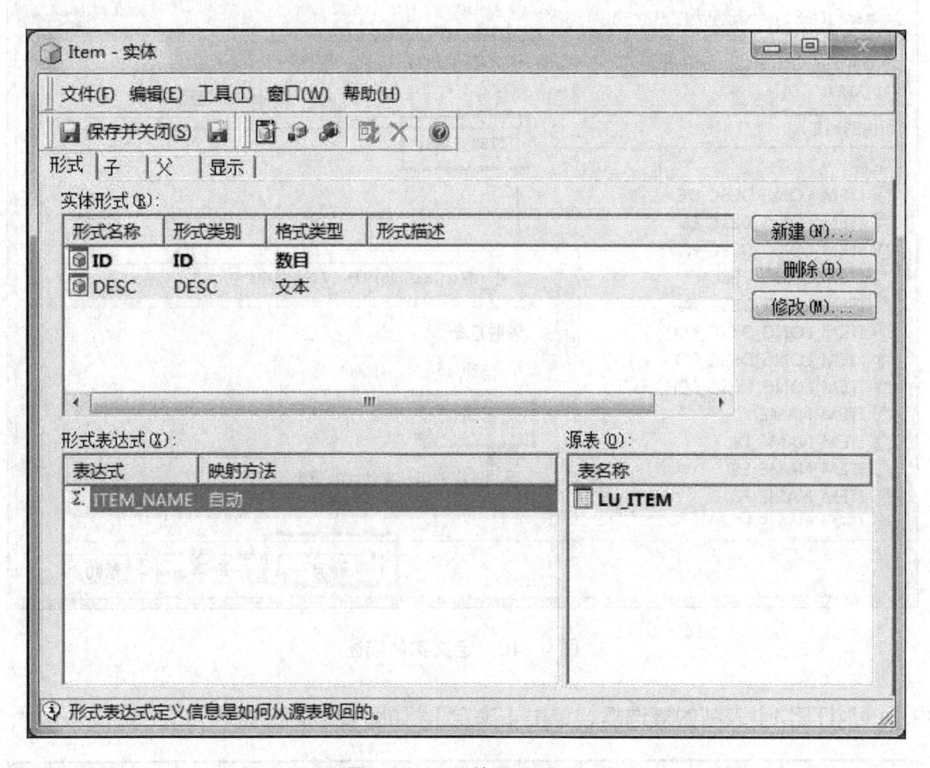

图 4-42　系统显示界面

单击【保存并关闭】。确认保存的路径是【框架对象】|【实体】，输入【对象名称】为 Item，单击【保存】，如图 4-43 所示。

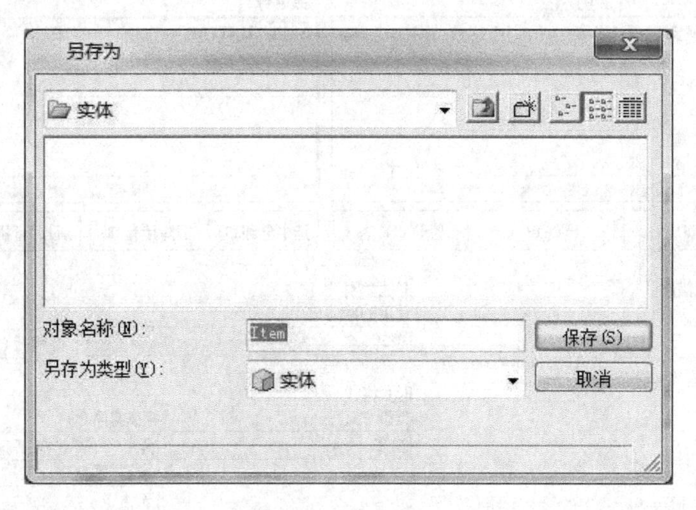

图 4-43　保存实体

2. 定义 Day 实体

Day 实体的账户（ID）在数据库中的 LU_DAY 维表里用 DAY_DATE 字段表示，在 ORDER_DETAIL 事实表里用 ORDER_DATE 字段表示。这样 Day 实体的 ID 有两个表达式。首先选择【源

表】|【LU_DAY】，把【DAY_DATE】字段从【可用的列】拖到【形式表达式】中，在【映射方法】中选择【手动】，单击【确定】，如图 4-44 所示。

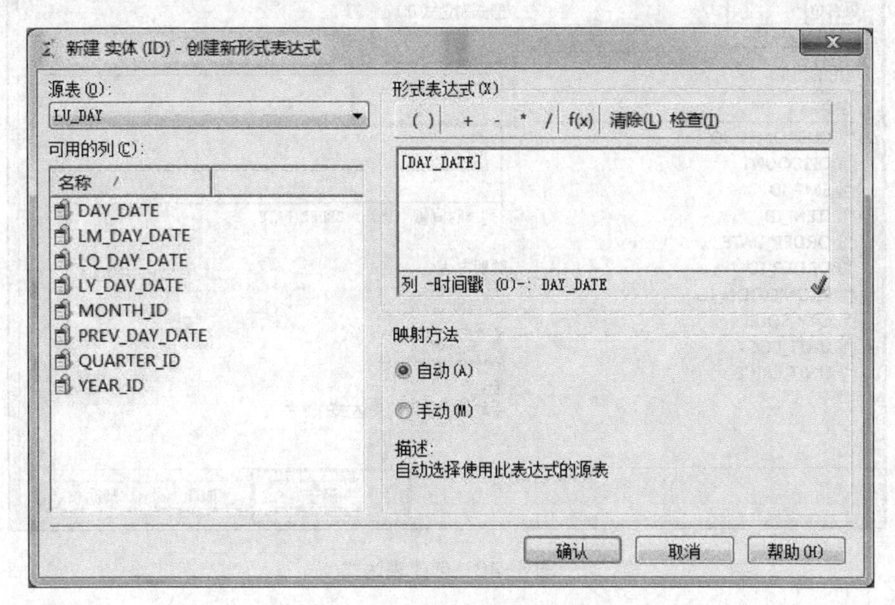

图 4-44 创建 Day 实体

在界面上选中【LU_DAY】表前面的复选框。由于 Day 实体的 ID 在不同的表中有两种表达式，现在需要再创建一个表达式。单击【新建】按钮，选择【源表】|【ORDER_DETAIL】，把【ORDER_DATE】字段从【可用的列】拖到【形式表达式】中，【映射方法】选择【手动】，单击【确定】，如图 4-45、图 4-46 所示。

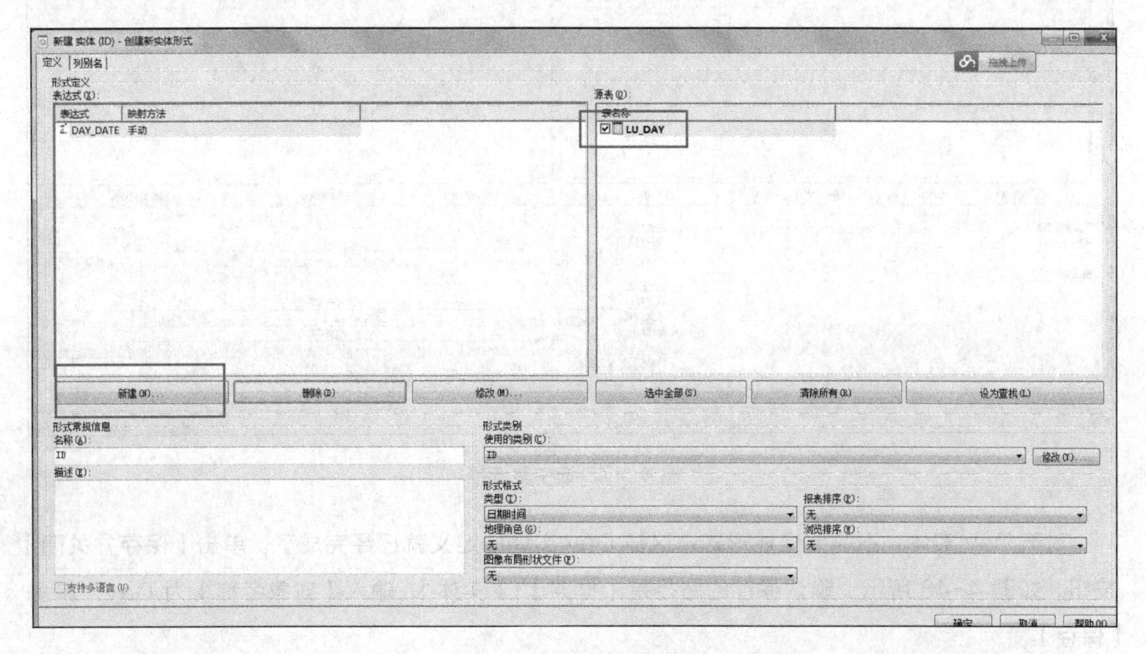

图 4-45 选择复选框

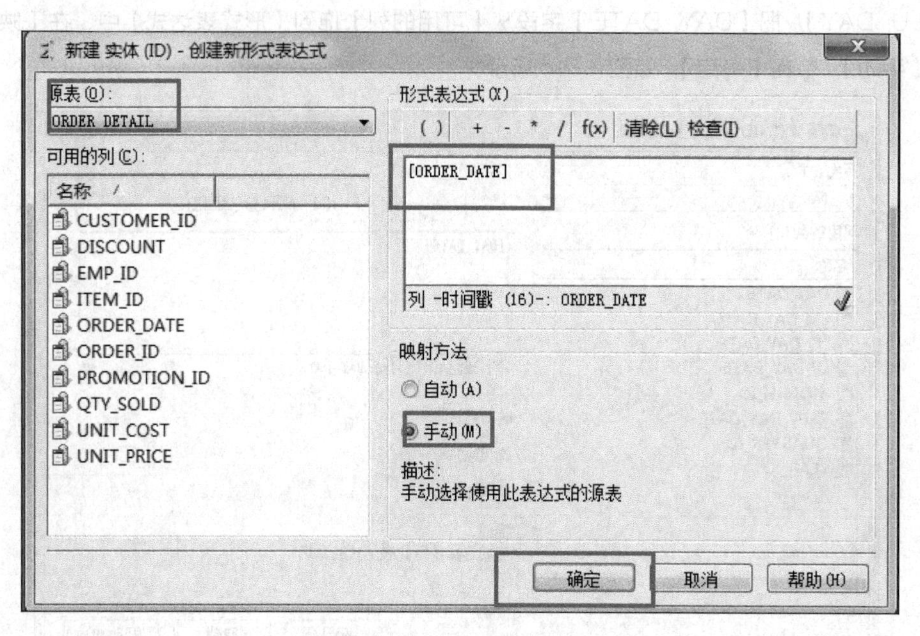

图 4-46 创建表达式

选中【ORDER_DETAIL】表前面的复选框，单击【确定】，如图 4-47 所示。

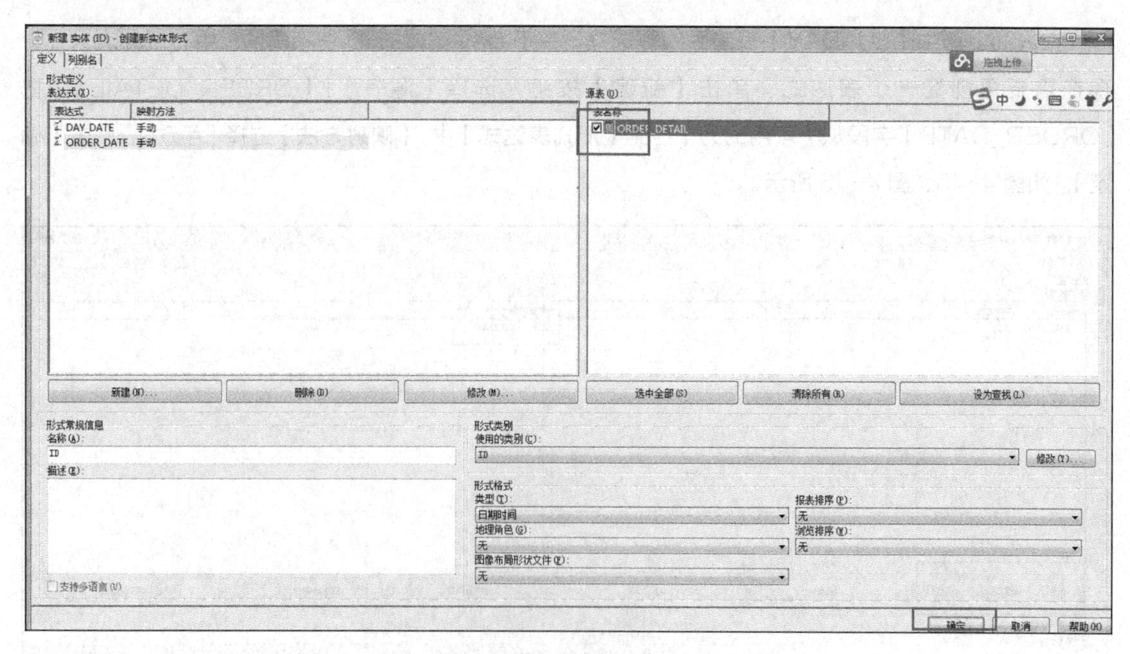

图 4-47 选中复选框

对于 Day 实体，不需要描述形式。这样 Day 实体的定义就已经完成了。单击【保存并关闭】按钮，如图 4-48 所示。确认保存的路径是【框架】|【实体】，输入【对象名称】为 Day，单击【保存】。

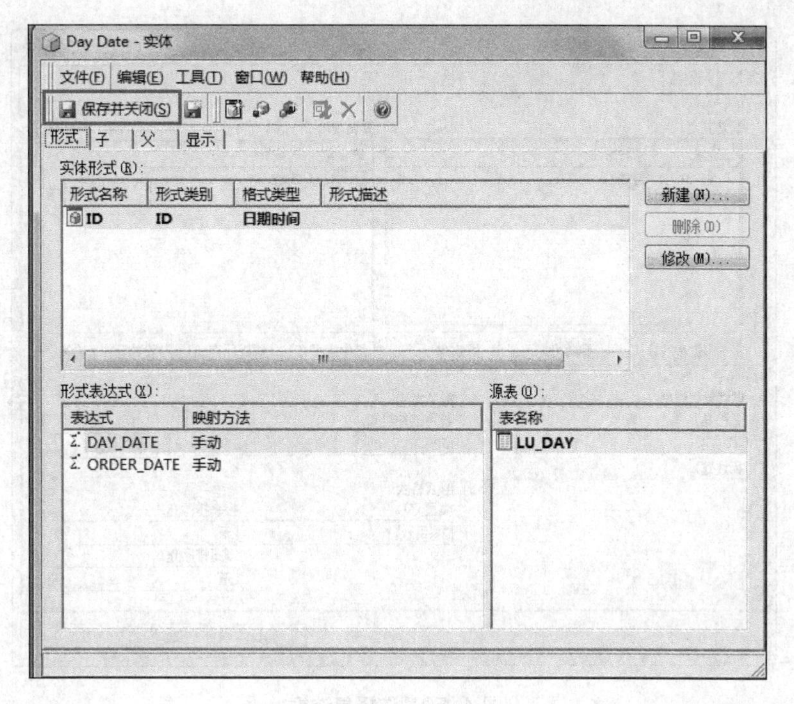

图 4-48　保存 Day 实体

3. 定义 Year 实体

Year 实体仅在数据库中的 LU_DAY 维表里出现。选择【源表】|【LU_DAY】，把【YEAR_ID】字段从【可用的列】拖到【形式表达式】中，在【映射方法】中选择【手动】，单击【确定】，如图 4-49 所示。

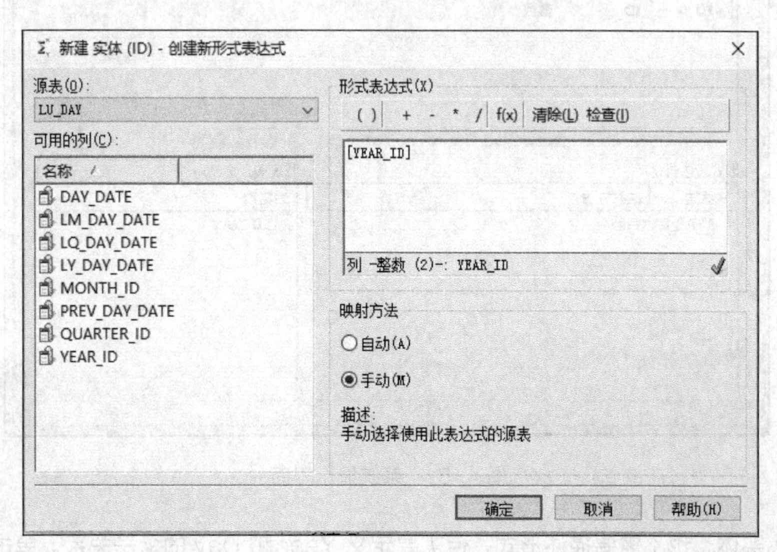

图 4-49　定义 Year 实体

选中【LU_DAY】表前的复选框，单击【确认】，如图 4-50 所示。

定义完成后的 Year 实体如图 4-51 所示。

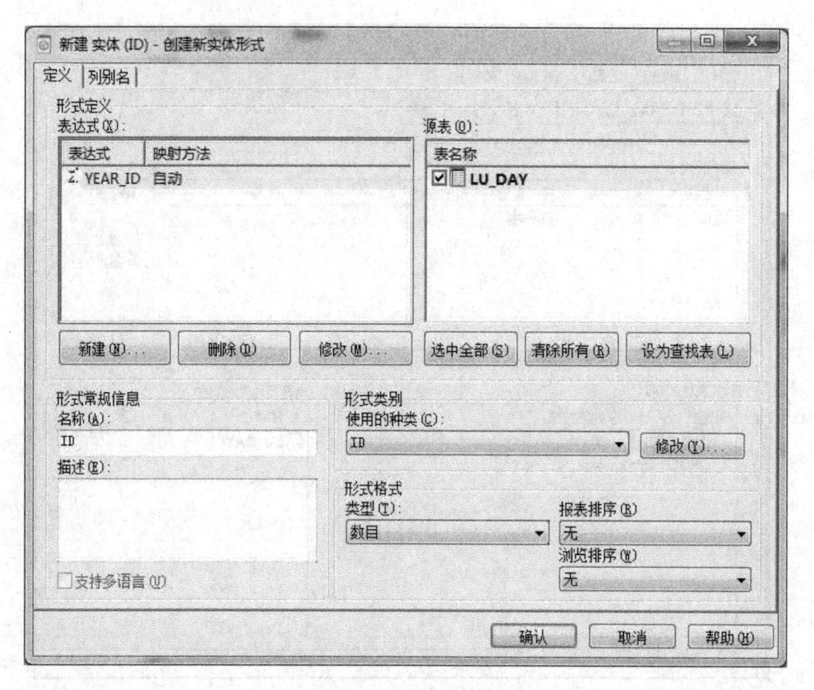

图 4-50　选择复选框

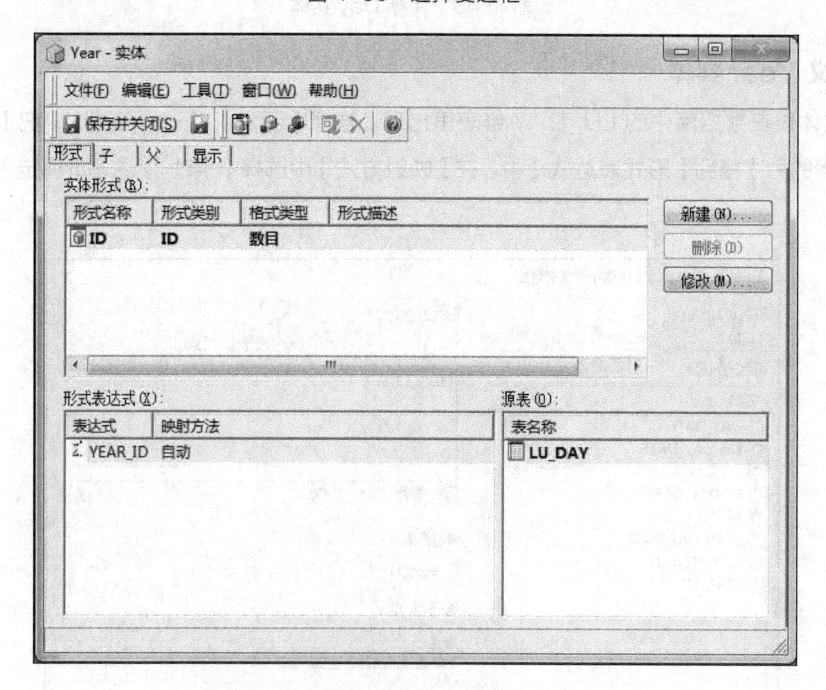

图 4-51　系统显示界面

对于 Year 实体，也不需要描述形式，但需要定义 Year 和 Day 的父子关系。单击【子】标签，再单击【添加】按钮，选择【Day】实体，单击【确定】，如图 4-52 所示。

此时 Year 实体的定义就完成了。单击【保存并关闭】按钮。确认保存的路径是【框架】|【实体】，输入【对象名称】为“Year”，单击【保存】。

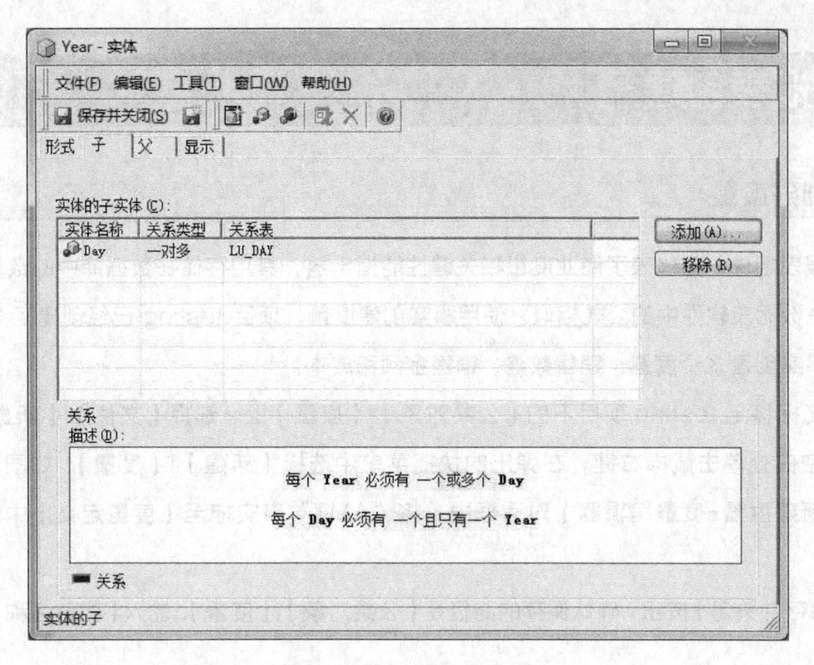

图 4-52 定义父子关系

4.3.5 更新框架

至此，testing 所有的框架对象（Schema Objects）都已经定义完了。为使框架对象最终在报表生效，需要更新框架。选择【框架】|【更新框架】，如图 4-53 所示，在弹出的窗口中单击【确定】来更新框架。

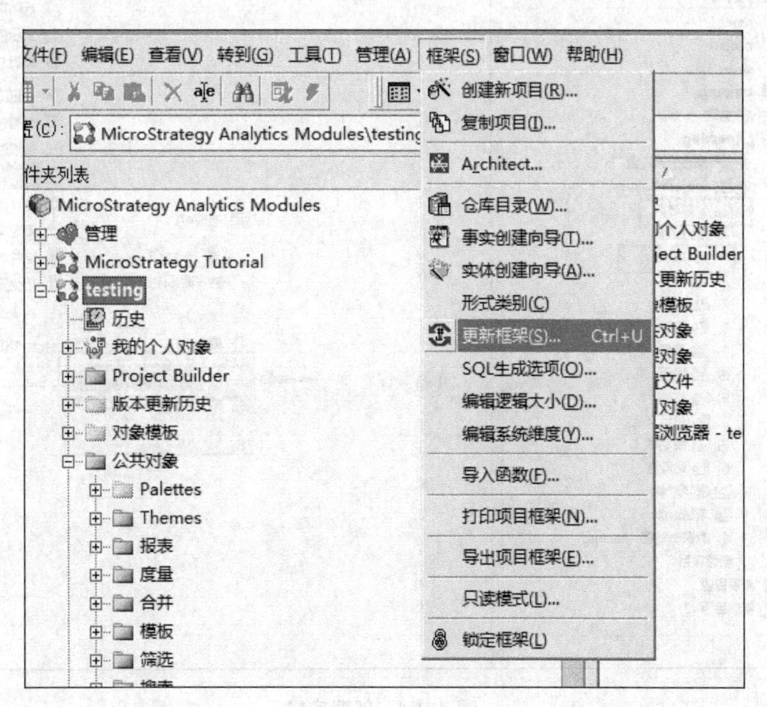

图 4-53 更新框架

4.4 报表创建

4.4.1 创建度量

度量是报表组件，它代表了商业度量和关键性能指示器，其用存储在数据库中的数据进行表达计算，这与电子数据表软件中的公式相似。使用事实创建度量，项目 testing 已经创建了 3 个事实，因此可以基于事实创建 3 个度量：销售数量、销售金额和成本。

将鼠标光标移至 testing 项目下的【公共对象】|【度量】上，选择【文件】|【新建】|【度量】，或者在右侧空白处单击鼠标右键，在弹出的快捷菜单中选择【新建】|【度量】，如图 4-54 所示。在弹出的【新建度量-度量编辑器】对话框中，将“AMT”事实拖至【度量定义】中，如图 4-55 所示。

单击【保存并关闭】按钮，确认保存的路径是【公共对象】|【度量】，输入【对象名称】为“AMT”，单击【保存】。

将“COST”事实拖至【度量定义】中，如图 4-56 所示。

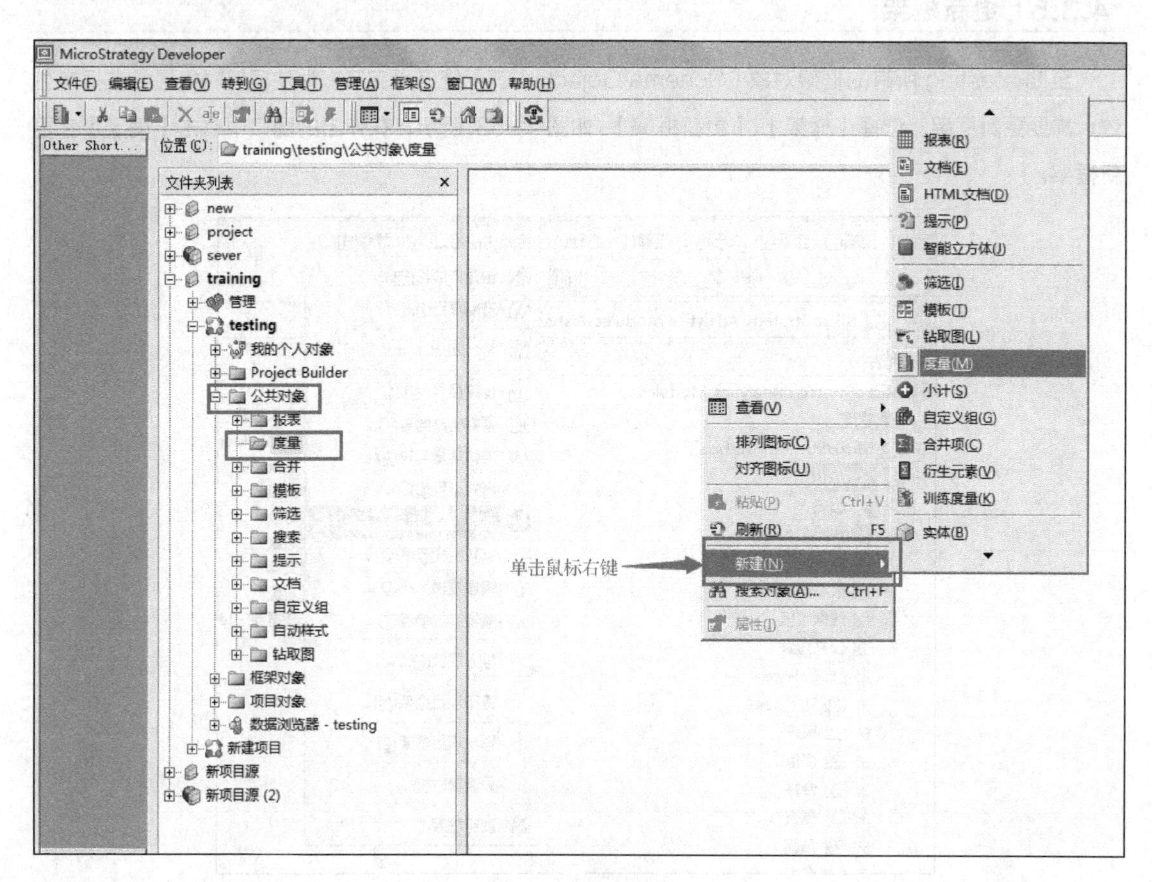

图 4-54 新建度量

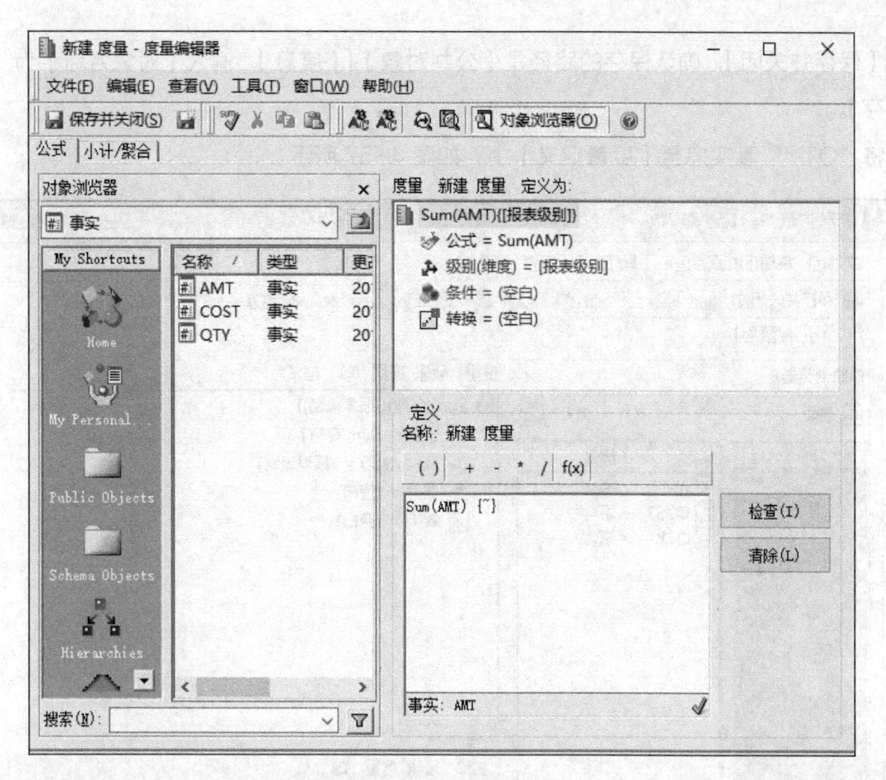

图 4-55　定义度量“AMT”

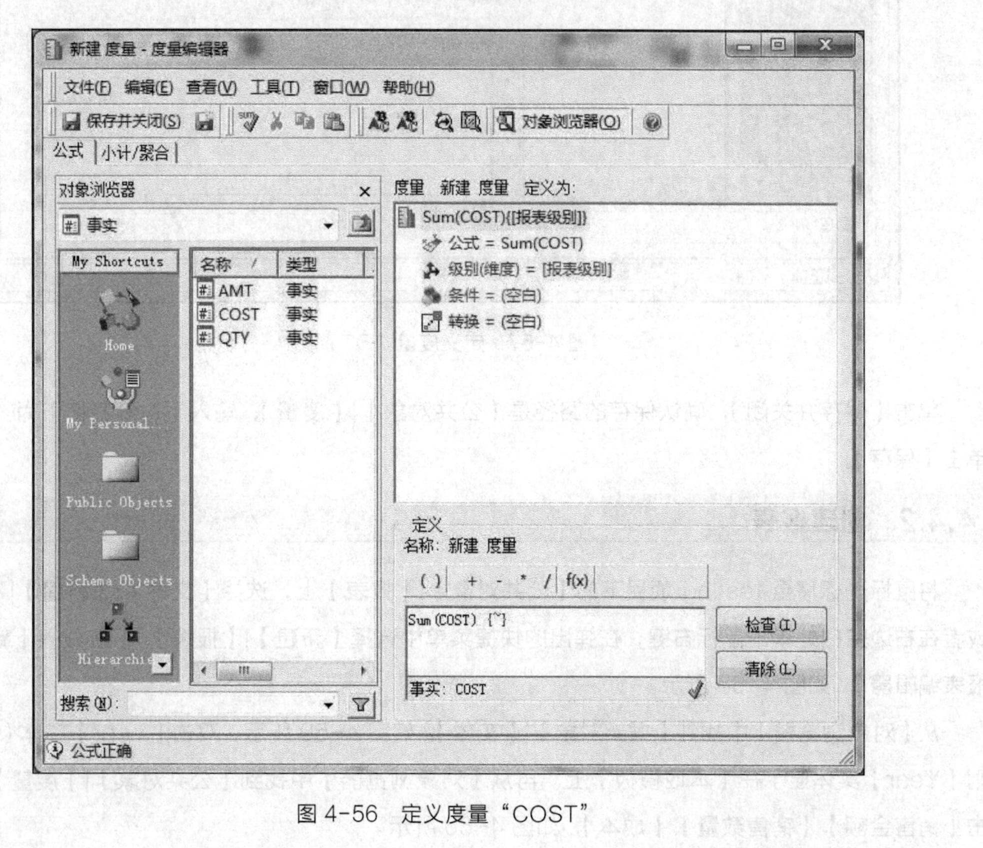

图 4-56　定义度量“COST”

单击【保存并关闭】，确认保存的路径是【公共对象】|【度量】，输入【对象名称】为“COST”，单击【保存】。

然后将“QTY”事实拖至【度量定义】中，如图 4-57 所示。

图 4-57　定义度量“QTY”

单击【保存并关闭】，确认保存的路径是【公共对象】|【度量】，输入【对象名称】为“QTY”，单击【保存】。

4.4.2 创建报表

将鼠标光标移至 testing 项目下的【公共对象】|【报表】上，选择【文件】|【新建】|【报表】，或者在右边空白处单击鼠标右键，在弹出的快捷菜单中选择【新建】|【报表】，系统载入【新建报表-报表编辑器】，如图 4-58 所示。

从【对象浏览器】中找到【框架对象】|【实体】，如图 4-59 所示，双击【Year】实体（或拖曳），则【Year】实体显示在【本地模板】上。再从【对象浏览器】中找到【公共对象】|【度量】，分别双击【销售金额】、【销售数量】、【成本】，如图 4-60 所示。

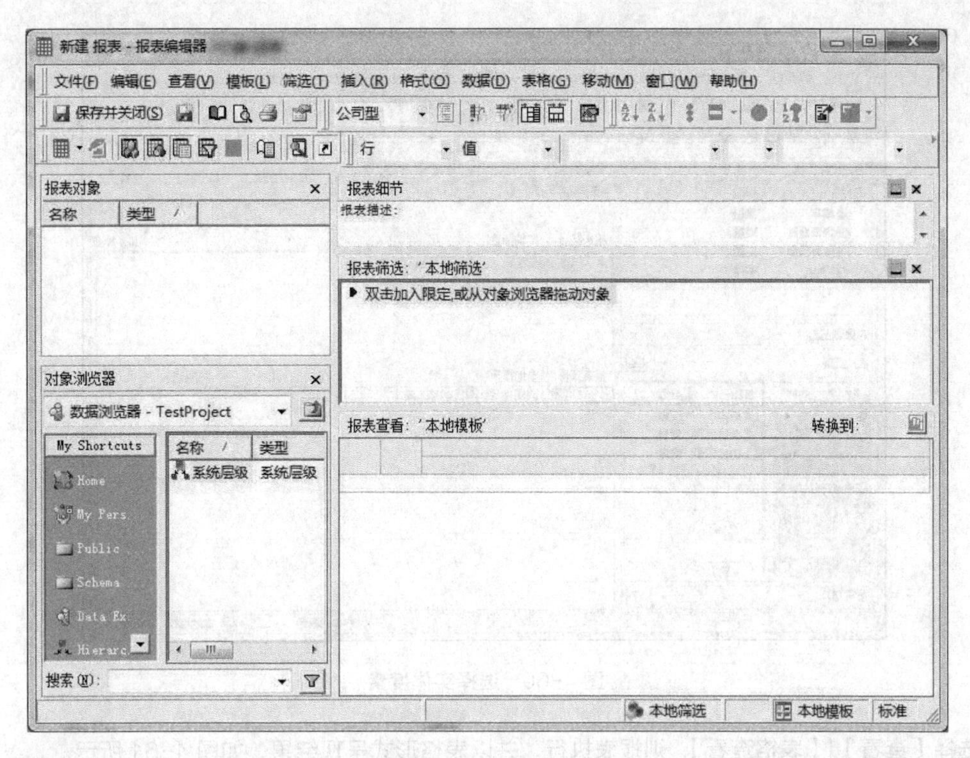

图 4-58　新建报表

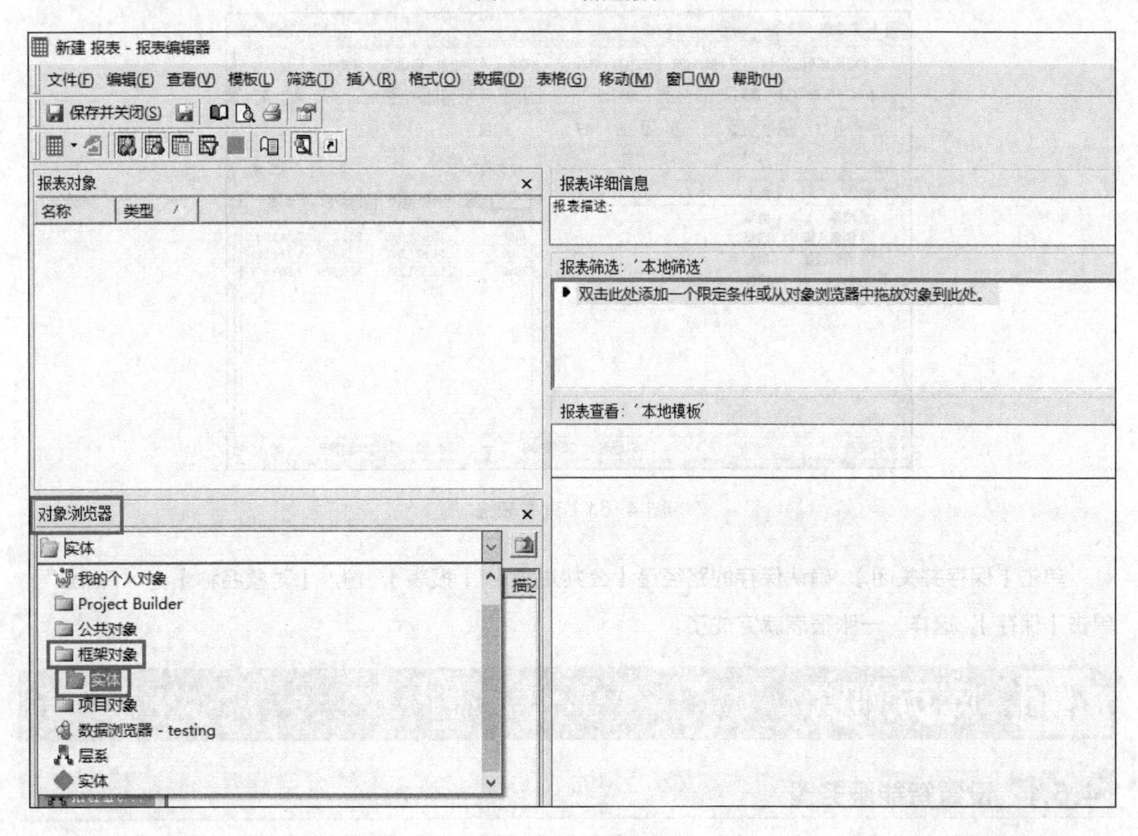

图 4-59　选择实体

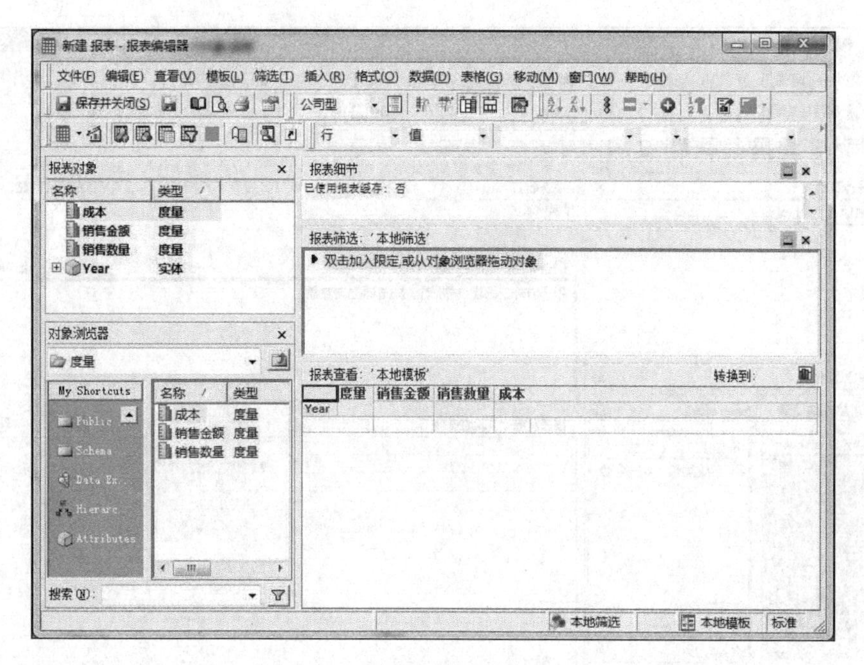

图 4-60　选择实体度量

选择【查看】|【表格查看】，则报表执行，并以表格形式呈现结果，如图 4-61 所示。

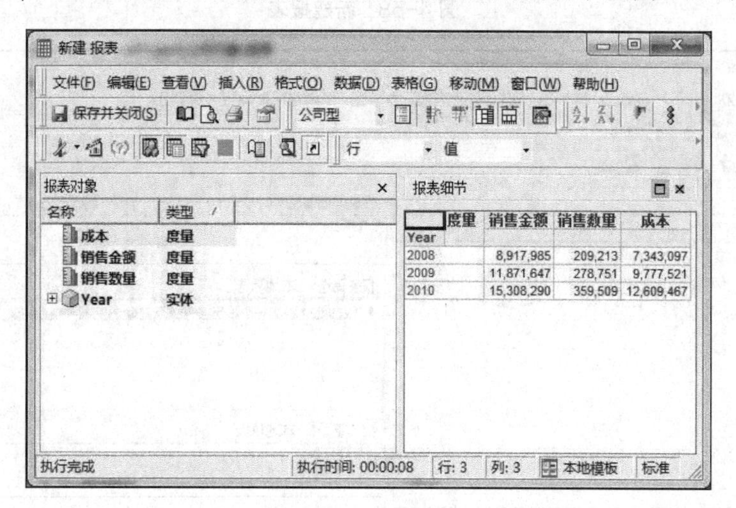

图 4-61　查看表格

单击【保存并关闭】，确认保存的路径是【公共对象】|【报表】，输入【对象名称】为“Rep1”，单击【保存】。这样，一张报表就完成了。

4.5 网页浏览

4.5.1 设置智能服务器

前述内容中创建的简单项目（元数据库是 SQL Server 中的 MicroStrategy 数据库）设置智能服

务器后，就可以从浏览器中看到报表了。

在 Configuration Wizard（【开始】|【程序】|【MicroStrategy】|【Configuration Wizard】）对话框中选中第 2 项，如图 4-62 所示。

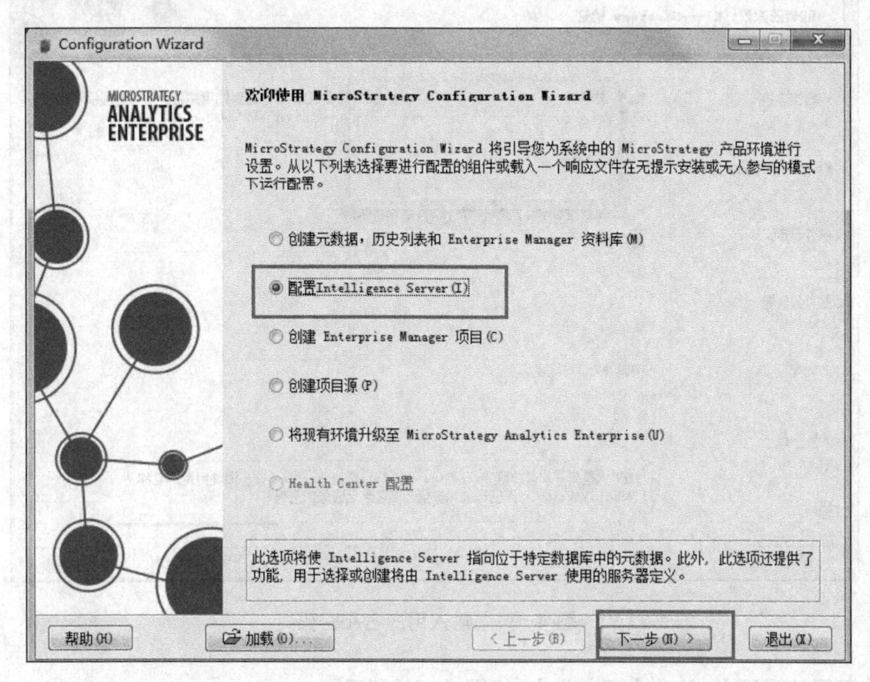

图 4-62 配置 I-Server

选择 4.2.1 节中创建的元数据库的 ODBC 数据源【mstr】，如图 4-63 所示。

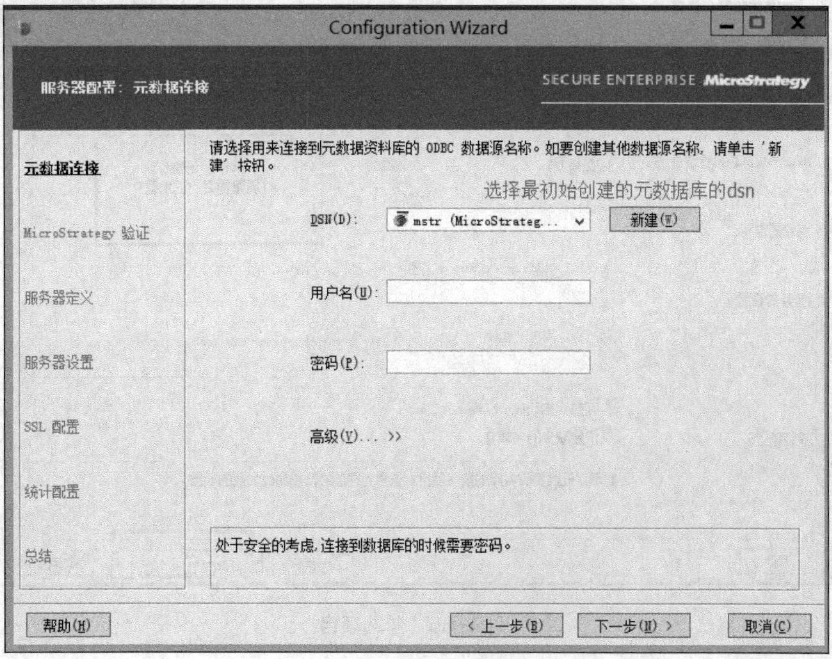

图 4-63 选择数据源

输入 MicroStrategy 管理员用户名和密码，单击【下一步】，如图 4-64 所示。

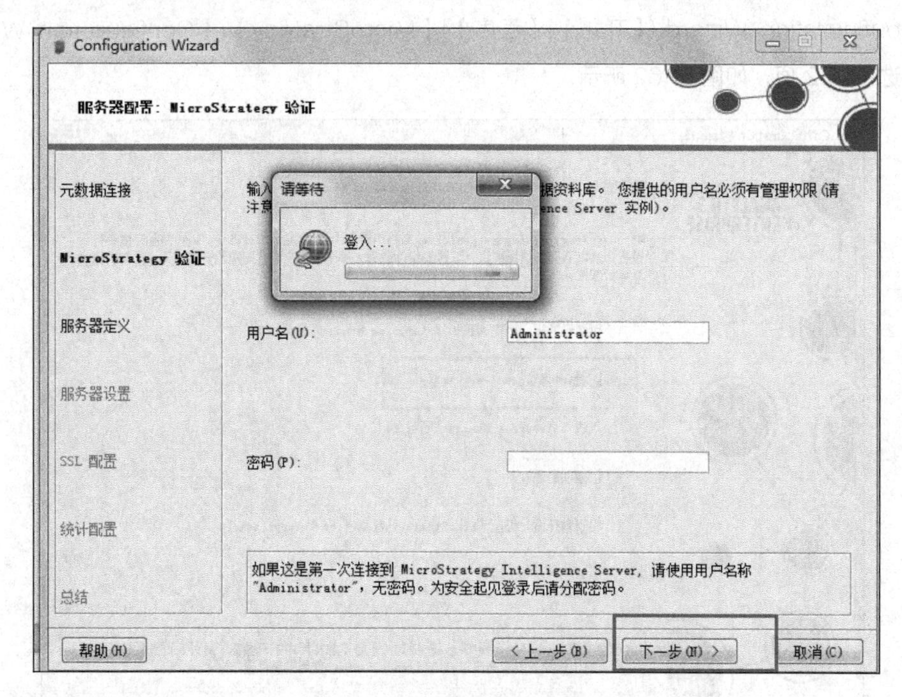

图 4-64　输入用户名和密码

勾选【可用的项目】，单击【下一步】，如图 4-65 所示。

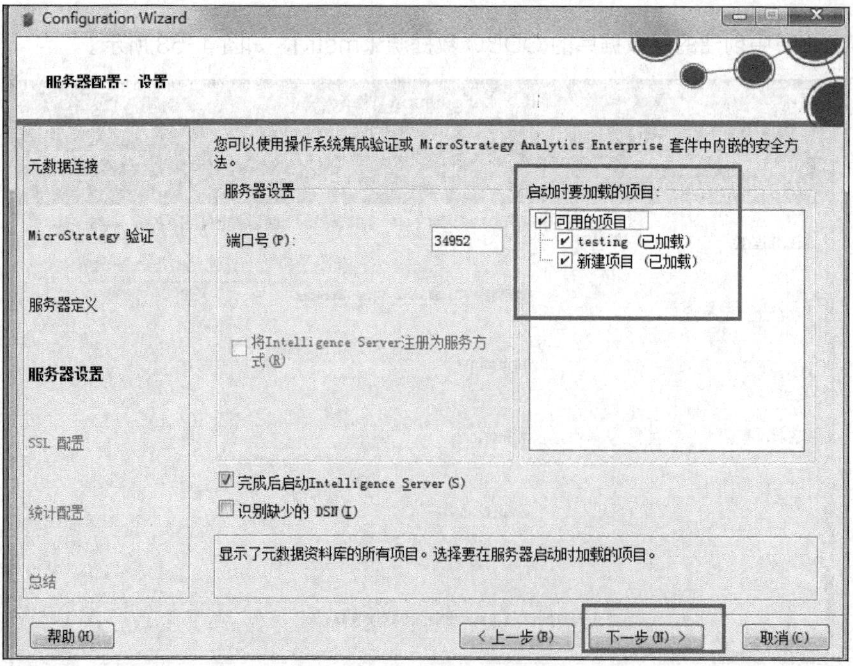

图 4-65　勾选项目

直接单击【下一步】，如图 4-66 所示。

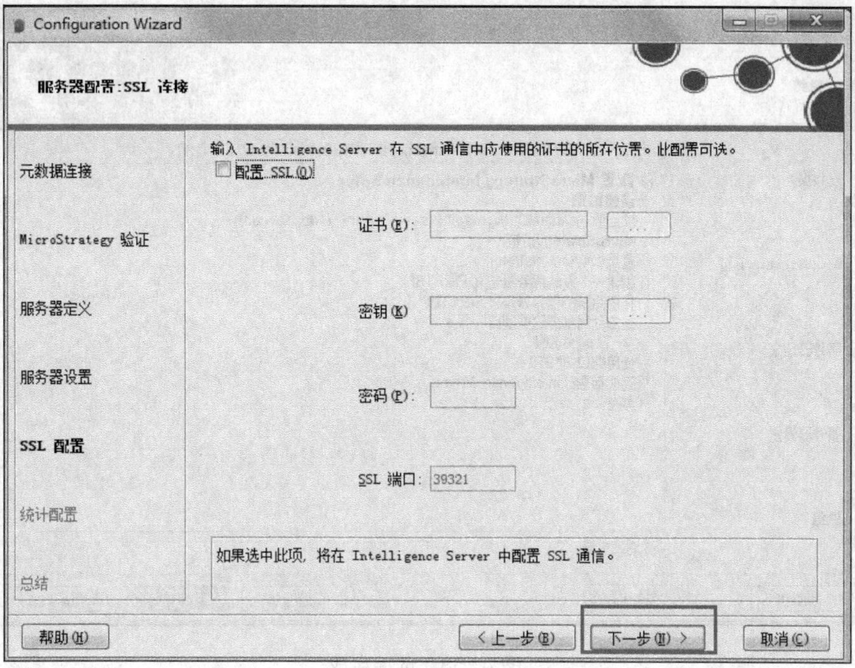

Configuration Wizard

服务器配置:SSL 连接

元数据连接
MicroStrategy 验证
服务器定义
服务器设置
SSL 配置
统计配置
总结

输入 Intelligence Server 在 SSL 通信中应使用的证书的所在位置。此配置可选。

配置 SSL (O)

证书(E):

密钥(K)

密码(P):

SSL 端口：39321

如果选中此项，将在 Intelligence Server 中配置 SSL 通信。

帮助(H)　< 上一步(B)　下一步(N) >　取消(C)

图 4-66　直接进入下一步

不勾选【将此项作为本地 Intelligence Server 元数据的默认统计数据库实例】，单击【下一步】，如图 4-67 所示。

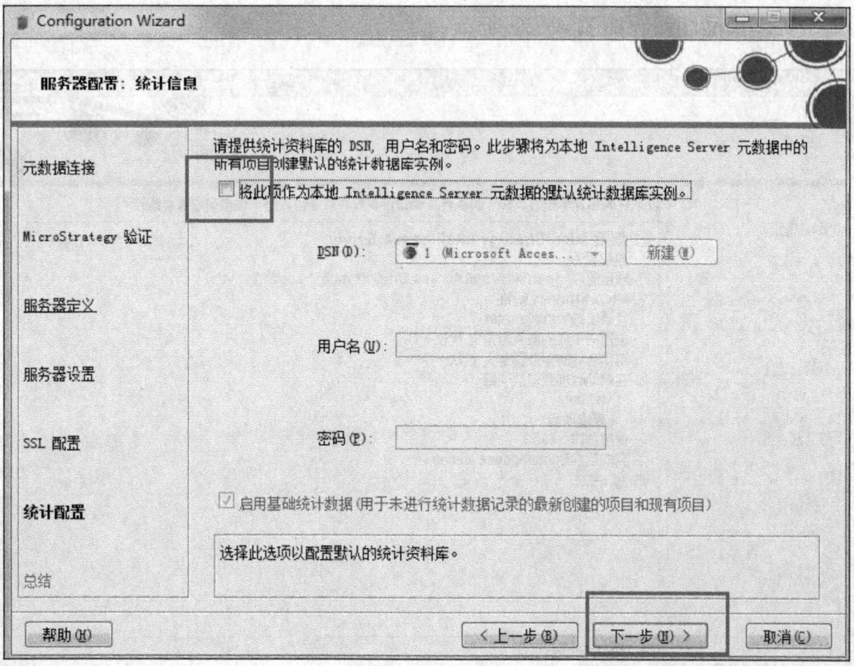

Configuration Wizard

服务器配置：统计信息

元数据连接
MicroStrategy 验证
服务器定义
服务器设置
SSL 配置
统计配置
总结

请提供统计资料库的 DSN，用户名和密码。此步骤将为本地 Intelligence Server 元数据中的所有项目创建默认的统计数据库实例。

将此项作为本地 Intelligence Server 元数据的默认统计数据库实例。

DSN(D):　1 (Microsoft Acces...　新建(W)

用户名(U):

密码(P):

启用基础统计数据(用于未进行统计数据记录的最新创建的项目和现有项目)

选择此选项以配置默认的统计资料库。

帮助(H)　< 上一步(B)　下一步(N) >　取消(C)

图 4-67　不勾选复选框

单击【完成】，如图 4-68 所示。

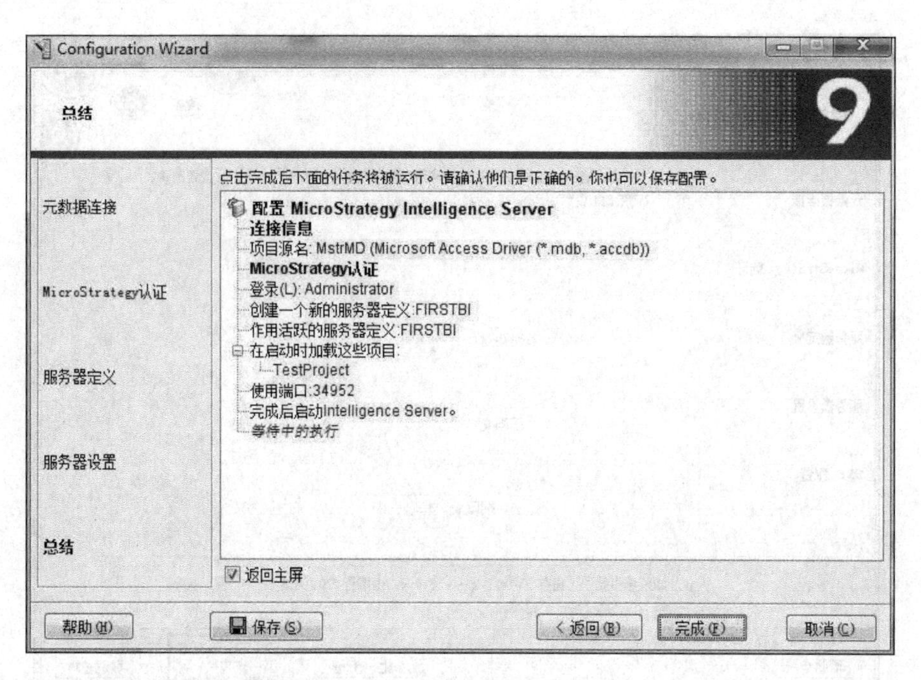

图 4-68　选择完成

注意

如果系统显示警告信息，单击【确定】即可。

完成后直接关闭页面即可，如图 4-69 所示。

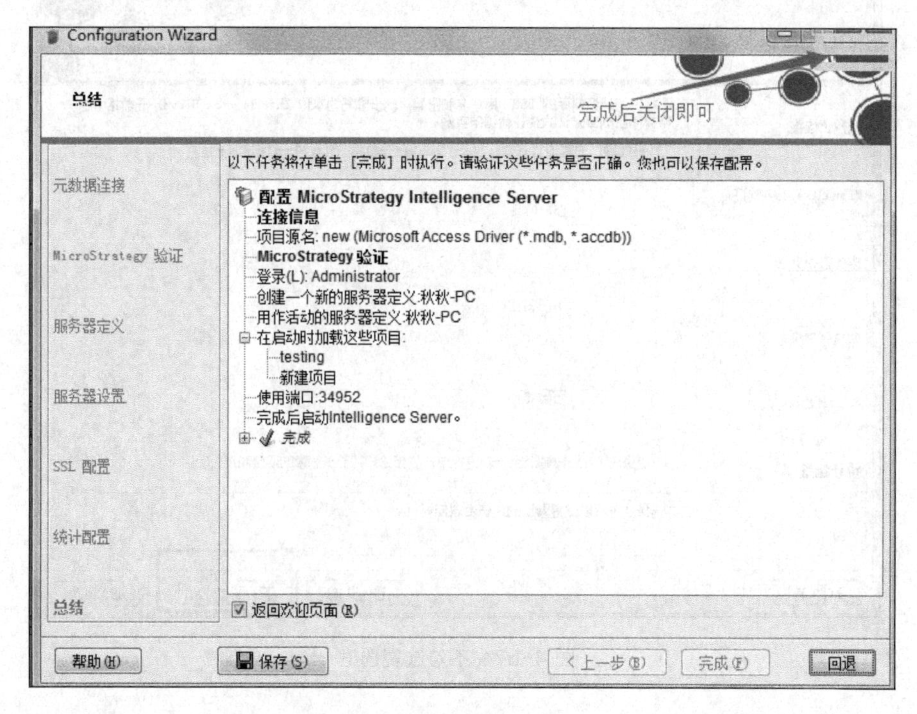

图 4-69　选择关闭

4.5.2 浏览报表

想在网页端浏览已完成的报表，用户需要安装网络服务器，例如使用 asp 组件，选择【开始】|【程序】|【MicroStrategy】|【Web】|【Web】进入 MicroStrategy Web 对话框，单击【testing】，输入用户名和密码（默认：用户名为 administrator，密码为空），单击【登录】，再单击【共享报表】|【报表 Rep1】，这样就可以在网页端浏览看到已完成的报表了。

4.5.3 以服务器方式连接元数据库

在前述内容中，已经把元数据库配置给智能服务器，现在可以用服务器方式连接元数据库。这样项目开发就可以在三层结构下完成。在这种方式下，客户端和智能服务器不必在同一台主机。实际的开发过程通常是三层结构。之后“直接连接”一般作为测试使用，项目开发不会使用“直接连接”，因为使用“直接连接”开发，会导致项目开发不同步。

在 Developer 中选择【工具】|【项目源管理器】，如图 4-70 所示。单击【添加】，如图 4-71 所示。输入【项目源】名称（如 Training（server）），选择【连接模式】为【服务器】，输入智能服务器名称，单击【确定】（两次），如图 4-72 所示。

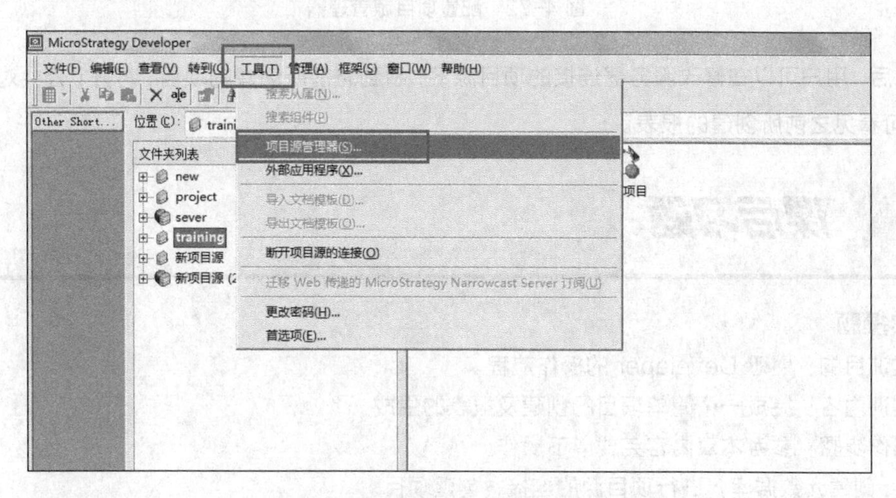

图 4-70 选择项目源管理器

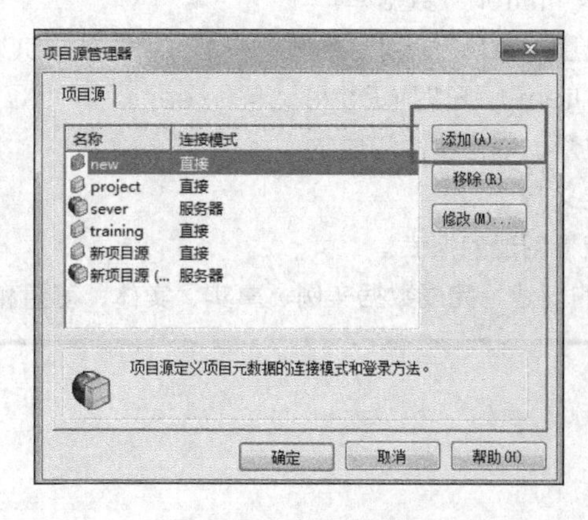

图 4-71 添加项目源

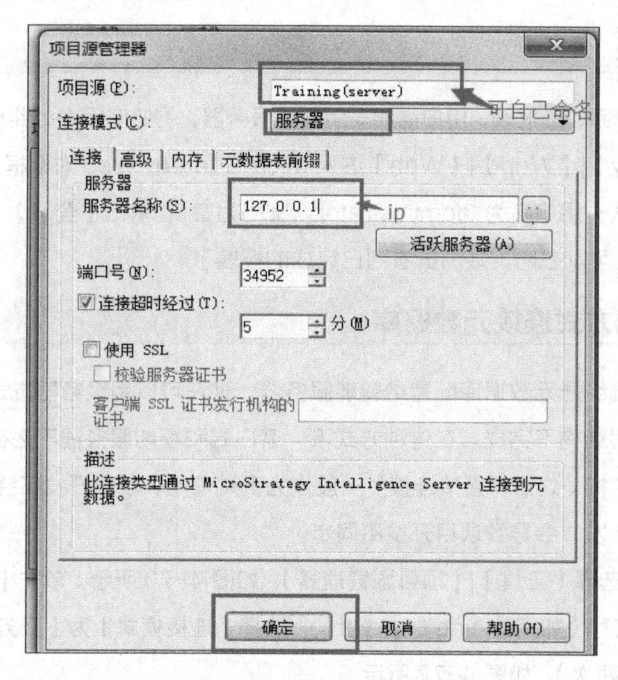

图 4-72　配置项目源管理器

完成后，用户可以在修改服务器连接的项目源下，看到之前所创建的项目，打开【公共对象】|【报表】，即可看见之前所创建的报表。

课后习题

实操题

实训目的：熟悉 Developer 的操作流程。

实训内容：完成一个简单项目的创建及报表的生成。

操作步骤：参考本章内容完成以下操作。

1. 创建元数据库，进行项目源的连接、创建项目。
2. 定义数据库实例——Tutorial 数据库。
3. 定义事实：销售数量（QTY）、销售金额（AMT）、成本（COST）。
4. 定义实体：商品（Item）、日期（Day）、年（Year）。
5. 创建度量：销售数量、销售金额和成本。
6. 创建报表：自行定义 3 个。
7. 以网页浏览方式查看创建的报表。

实训考核：完成项目的创建，完成数据实例、事实、实体、度量和报表的相关操作。

第5章

商务智能开发工具——MicroStrategy Desktop-Dossiers

用户安装 MicroStrategy Developer 时需要提供许可密钥，目的是为了满足企业级开发的安全性、稳定性及可靠性。MicroStrategy Desktop-Dossiers是在MicroStrategy 10.0 版本后又一款强大的新型数据发现工具，无需许可证密钥，无需试用版本，提供快速、灵活的自助式分析服务，可以最大限度地提高数据的影响力；工具集直观易用，并配备内置模板，只需几分钟便可快捷生成极具价值的可视化效果和交互性仪表盘。此工具有强大的分析功能，专为个体商业用户量身定制。

本章重点介绍应用商务智能开发工具——MicroStrategy Desktop-Dossiers 在商务智能项目中进行数据连接、数据清洗、数据可视化、仪表盘美化和仪表盘分享的实际操作。

【学习目标】

1. 了解开发工具的特点。
2. 掌握数据连接、数据清洗的方法。
3. 理解数据可视化分析的步骤。
4. 掌握仪表盘美化和分享的方法。

5.1 开发工具概述

MicroStrategy Desktop-Dossiers 的优势如下。

（1）它能更轻松地接入、融合及视觉化各种类型数据：从个人电子表格、基于云的数据源（如 Facebook 和 Salesforce 等）到 Hadoop 等其他大数据源。

（2）它能轻松清理数据。它可以对内置数据进行准备和解析，能轻松清理和修改上载的数据，不受数据源限制。它提供大量数据转换函数，可以轻松和直观地准备要分析的数据。

（3）它能快速生成出色的业务仪表盘。它具有极强的易用性，可以利用现成的模板、高级格式化控件，并拥有与第三方可视化图库集成的能力，轻松构建美观、极具洞察力的仪表盘。

（4）它能进一步应用高级分析功能。它可以充分利用历史数据，做出更好、更明智的决策。它附带 350 多个即开即用型分析函数、数据挖掘算法、预测性模型，并能轻松与第三方统计程序（例如 R）集成。

（5）它能扩展更多功能，可以将数据发现提升到新的水平。MicroStrategy 分析平台包含 MicroStrategy Desktop-Dossiers 的所有功能及其他更多功能。此企业平台支持 Web 端应用和移动端应用，并附带一整套工具，提供轻松管理功能、集中的元数据层、可扩展的二次开发技术和稳定的企业安全性。

5.2 数据连接

本章的案例将使用 MicroStrategy Desktop-Dossiers 来具体展示一个企业的数据探索过程，展现商务智能的可视化和数据分析的效果。

案例背景：BikePort 是美国一家自行车经销企业，其正在筹备年度自行车大会。在该大会上，该企业将要向客户展示新产品的新特性及企业的发展前景。

在大会之前，运营副总裁想了解 BikePort 最大的客户，并且安排单独会面，感谢客户的支持。在此之前，企业需要确定哪些是其顶级客户。

BikePort 是一个在许多州都有账户的全国性企业，企业副总裁打算在会议期间与销售团队会面，并给表现最好的地区销售团队奖励。为了确定表现最好的地区，必须找出美国哪些地区去年的销售业绩最高。虽然收益是一个关键指标，但是副总裁也对每个地区的利润率感兴趣。

数据源分析：BikePort 使用 CRM 工具来收集各种与运维和销售相关的数据。目前能够提供的一个 Excel 工作簿中包含 2013 年到 2016 年间的详细资料。这是主要的数据源。

1. 开始

打开 MicroStrategy Desktop-Dossiers，如图 5-1 所示，可以创建“新 Dossier”。

图 5-1　新建 Dossier

2. 连接数据源

（1）在仪表盘的数据集面板上，单击【添加数据】按钮，选择【新建数据】，如图 5-2 所示。打开【数据源】对话框，选择【来自磁盘的文件】，如图 5-3 所示。

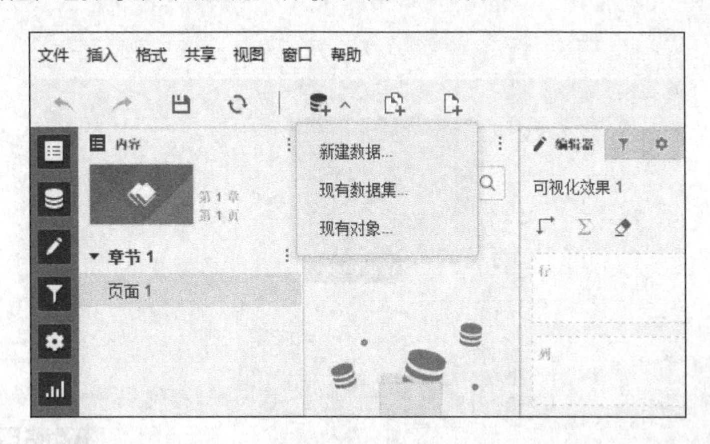

图 5-2　新建数据

提示

用 MicroStrategy Desktop-Dossiers 可以立即连接到几乎所有的数据源，从传统 Excel 电子表格，到基于云的应用程序，大数据来源，甚至 Facebook 和 Twitter 等社交媒体。MicroStrategy 10.0 提供了 20 多种新数据导入选项，使分析更容易。

图 5-3　选择磁盘文件

（2）接下来选择数据源。单击【选择文件】来浏览本机，找到“销售机会.xlsx”文件并选择，然后单击【打开】(这个文件在本书提供的电子资料中)。单击对话框中的【准备数据】来帮助导入数据，如图 5-4 所示。

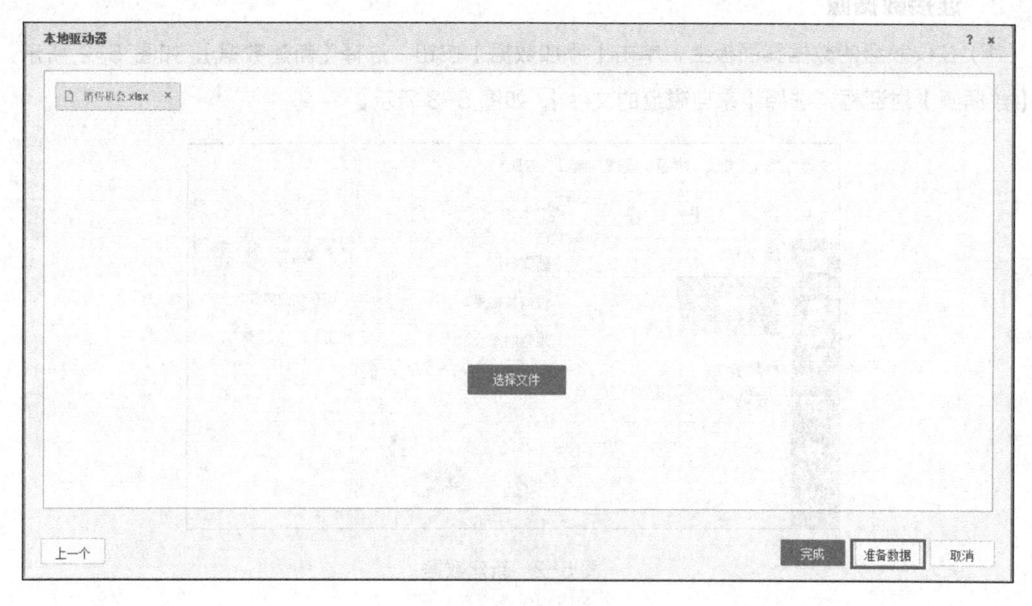

图 5-4　准备数据

提示

如果一个 Excel 文件有几个不同的工作表，用户可以通过工作表选择窗口勾选多个工作表来导入它们。每一个工作表将会被视为数据集中不同的表，并允许创建表之间的关联关系。

数据源加载之后，用户可以看到在【预览】窗口的视窗上呈现出数据集中的实体和度量信息。这时，每个实体和度量清晰地被标识出来。实体以菱形图标标识，度量则是用尺子图标标识。提供的数据集包含了相关的多种维度数据和度量，如图5-5所示。

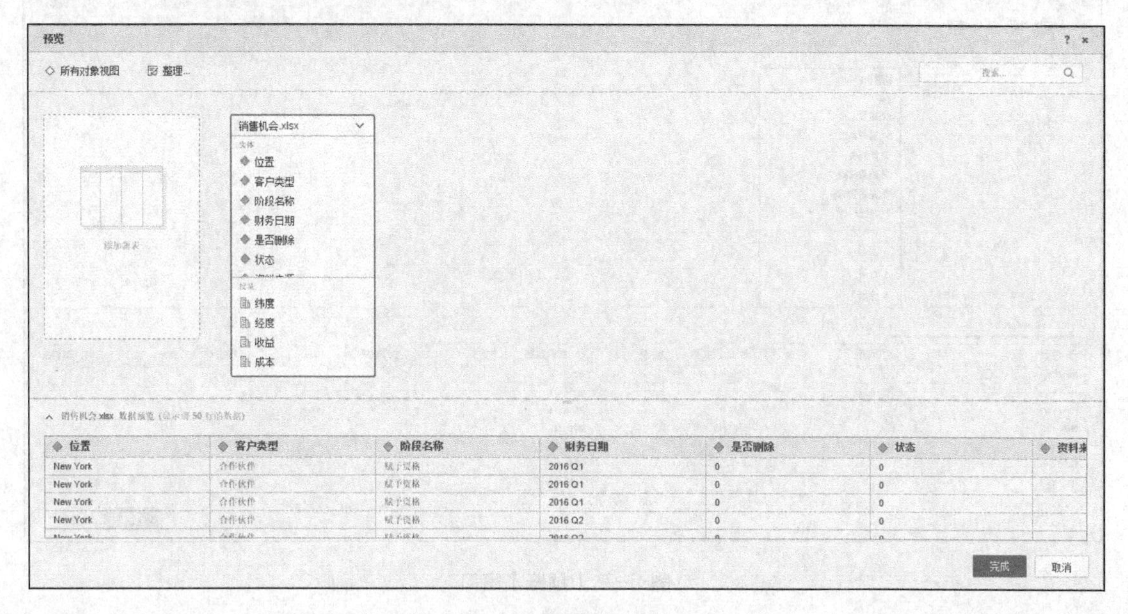

图5-5 【预览】窗口

提示

MicroStrategy自动把列映射为实体和度量。实体提供了业务模型的关系。度量代表业务度量和关键性能指标（Key Performance Indicator，KPI）。如果要更改实体和度量的内容或数据类型，则可以在预览窗口手动执行。

（3）为了显示数据集中的实际列，单击【销售机会.xlsx】旁边的下拉箭头来展开浏览窗口，如图5-6所示。

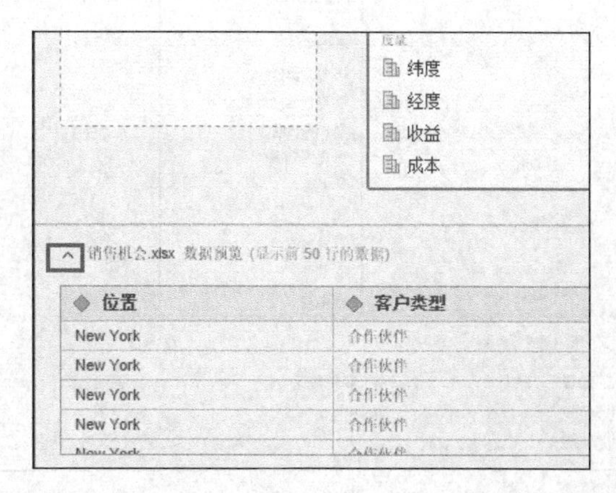

图5-6 展开浏览窗口

现在用户能看到所有实体和度量的列，注意到预览窗口显示了数据集的前 50 行数据，从而了解手上数据的概况，如图 5-7 所示。

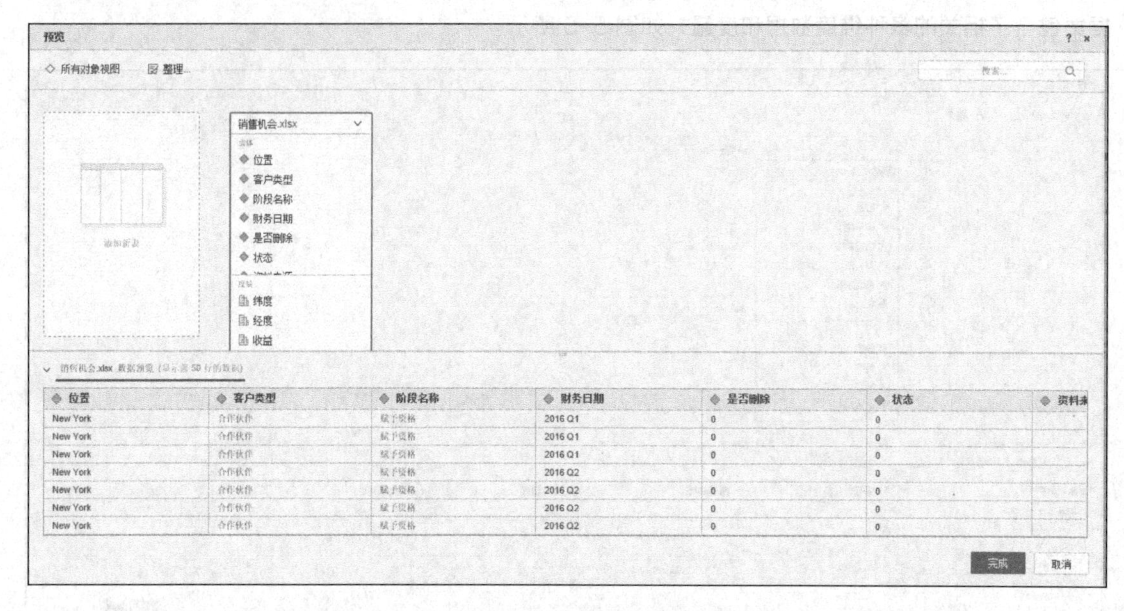

图 5-7 【预览】窗口

5.3 数据清洗

用户在开始分析数据之前，必须将数据清洗成正确的格式。新的数据整理工具能帮助用户在不离开 MicroStrategy 环境的情况下快速地把数据清理干净。

在【预览】界面中，用户选择【整理】超链接来完善数据，如图 5-8 所示。

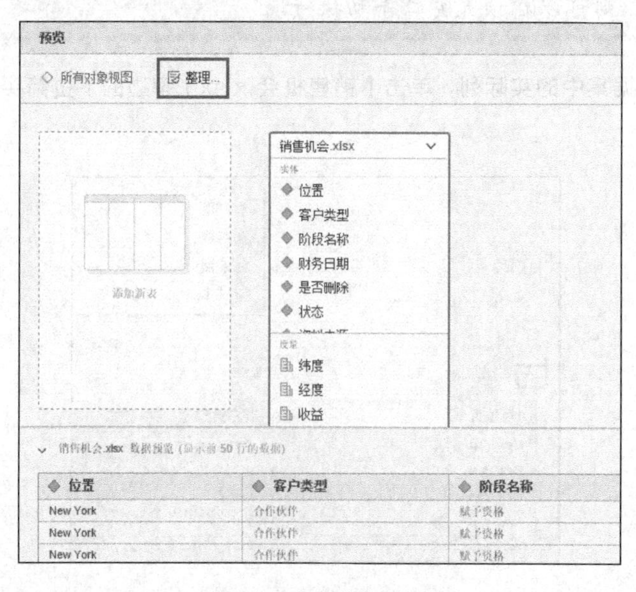

图 5-8 【预览】界面

1. 变更【状态】列

首先想变更【状态】列，把“1”和“0”分别用“关闭”和“沟通”来取代。为了做这些，用户需要在【数据整理】界面上单击【状态】列的表头，如图 5-9 所示。

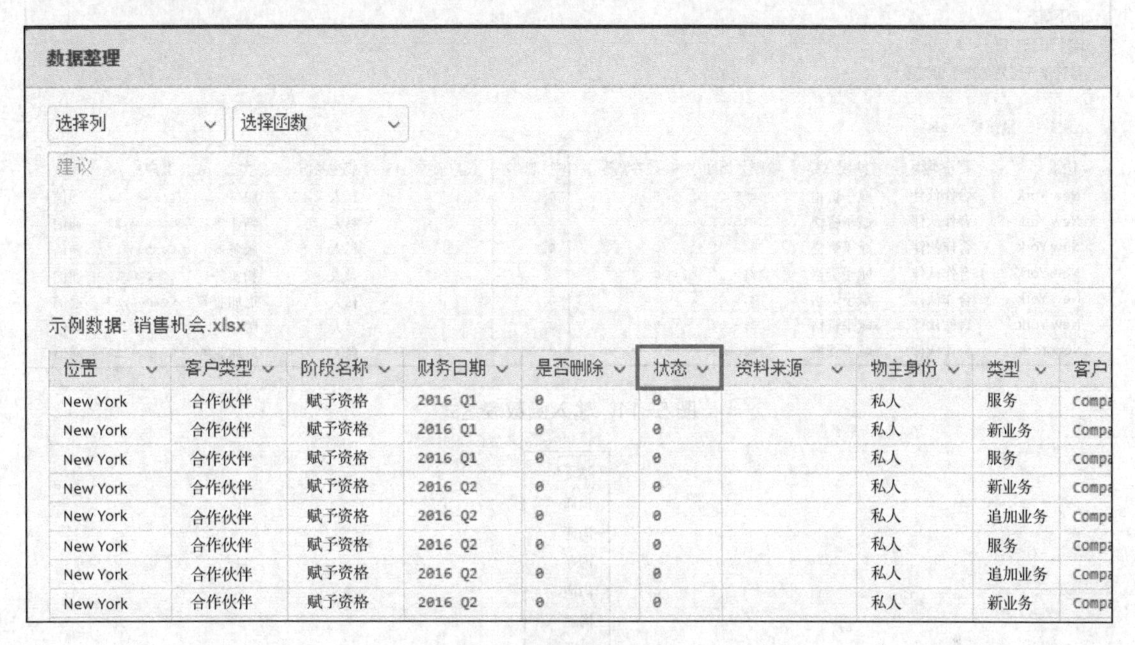

位置	客户类型	阶段名称	财务日期	是否删除	状态	资料来源	物主身份	类型	客户
New York	合作伙伴	赋予资格	2016 Q1	0	0		私人	服务	Compa
New York	合作伙伴	赋予资格	2016 Q1	0	0		私人	新业务	Compa
New York	合作伙伴	赋予资格	2016 Q1	0	0		私人	服务	Compa
New York	合作伙伴	赋予资格	2016 Q2	0	0		私人	新业务	Compa
New York	合作伙伴	赋予资格	2016 Q2	0	0		私人	追加业务	Compa
New York	合作伙伴	赋予资格	2016 Q2	0	0		私人	服务	Compa
New York	合作伙伴	赋予资格	2016 Q2	0	0		私人	追加业务	Compa
New York	合作伙伴	赋予资格	2016 Q2	0	0		私人	新业务	Compa

图 5-9 【数据整理】界面

用户可以使用【查找和替换】函数来改变实体的值。打开【选择函数】下拉列表，向下滚动并选择【查找和替换单元格中的字符】，如图 5-10 所示。

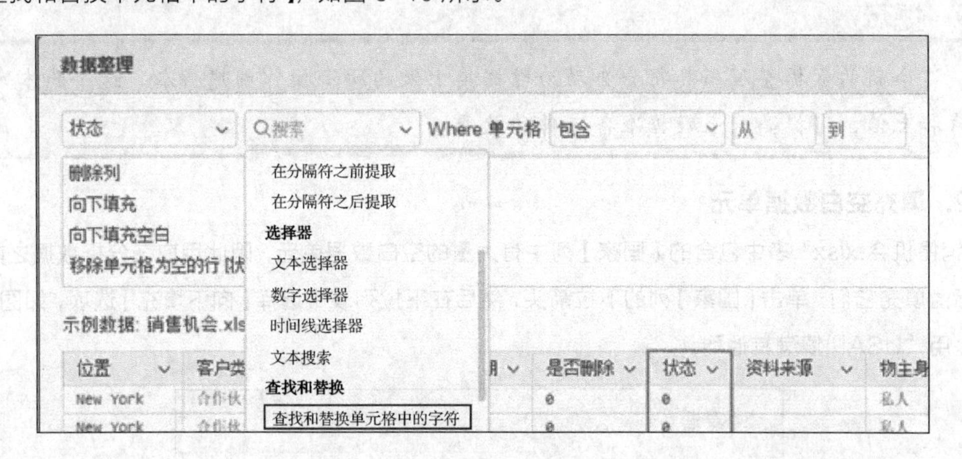

图 5-10 选择查找和替换单元格

在文本框中输入【0】(代表起始)和【沟通】(代表结束)，单击【应用】来应用这个函数，如图 5-11 所示。注意：输入的时候不要包含引号。

上述操作后，将会立刻发现【状态】列所有的“0”值已经变成了文本“沟通”，如图 5-12 所示。重复以上步骤，用文本“关闭”替换所有的“1”，并单击【应用】。

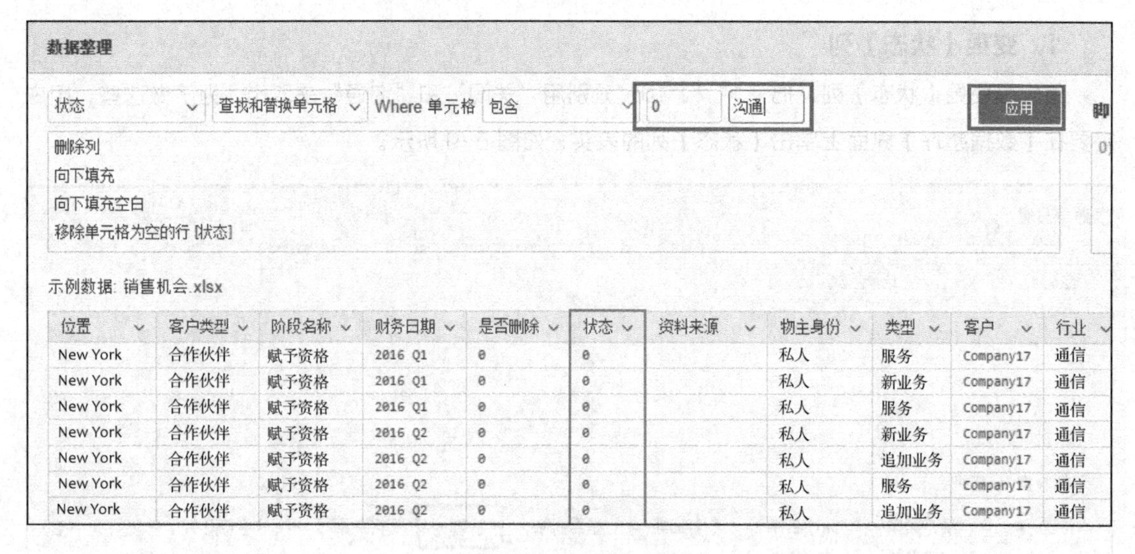

图 5-11　输入函数表达式

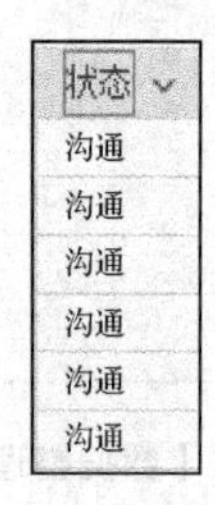

图 5-12　选择替换

提示

这个新的数据整理工具将会自动为数据集上做的所有操作创建脚本。这个脚本可以保存和上传，可提高未来数据准备工作的效率。

2. 填充空白数据单元

“销售机会.xlsx”表中包含的【国家】列中有大量的空白数据单元，因此用户在分析数据之前需要用实际值填充它们。单击【国家】列的下拉箭头，然后在下拉列表中选择【向下填充】选项，如图 5-13 所示，用“USA”填满其他列。

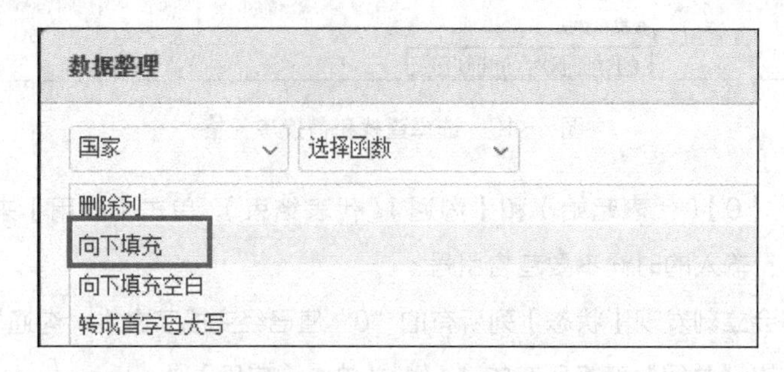

图 5-13　选择【向下填充】

3. 替换值

在【阶段名称】列中，用正确的阶段名称替换【阶段名称】值。单击【阶段名称】旁的下拉箭头，在下拉列表中选择【文本选择器】选项，如图 5-14 所示。

示例数据: 销售机会.xlsx

位置	客户类型	阶段名称	财务日期	是否删除	状态	资料来
New York	合作伙伴	赋予资格			沟通	
New York	合作伙伴	赋予资格			沟通	
New York	合作伙伴	赋予资格			沟通	
New York	合作伙伴	赋予资格			沟通	
New York	合作伙伴	赋予资格			沟通	
New York	合作伙伴	赋予资格			沟通	
New York	合作伙伴	赋予资格			沟通	
New York	合作伙伴	赋予资格			沟通	
New York	合作伙伴	赋予资格			沟通	
New York	合作伙伴	赋予资格			沟通	
New York	合作伙伴	赋予资格			沟通	
New York	合作伙伴	赋予资格			沟通	
New York	合作伙伴	赋予资格			沟通	
New York	合作伙伴	赋予资格			沟通	
New York	合作伙伴	赋予资格	2016 Q3	0	沟通	
New York	合作伙伴	赋予资格	2016 Q3	0	沟通	

重命名
删除列
复制该列
向下填充
文本选择器
数字选择器
转成首字母大写
转成大写
转成小写

1 - 50 of 363 rows

图 5-14 选择【文本选择器】

文本窗口将会出现在正在使用的窗口下，能一次性地批量变更行数据。选择窗口上的【5】，然后单击【编辑】，如图 5-15 所示。

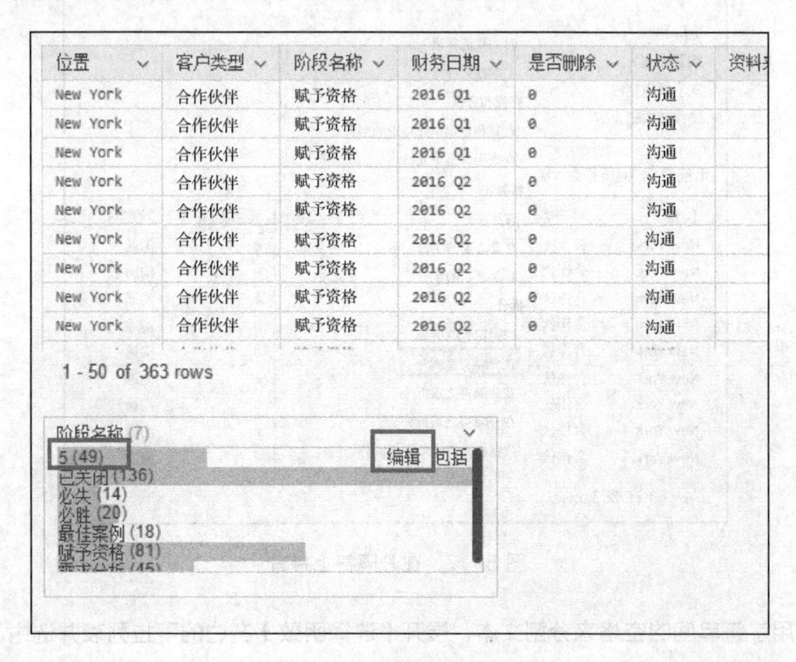

位置	客户类型	阶段名称	财务日期	是否删除	状态	资料来
New York	合作伙伴	赋予资格	2016 Q1	0	沟通	
New York	合作伙伴	赋予资格	2016 Q1	0	沟通	
New York	合作伙伴	赋予资格	2016 Q1	0	沟通	
New York	合作伙伴	赋予资格	2016 Q2	0	沟通	
New York	合作伙伴	赋予资格	2016 Q2	0	沟通	
New York	合作伙伴	赋予资格	2016 Q2	0	沟通	
New York	合作伙伴	赋予资格	2016 Q2	0	沟通	
New York	合作伙伴	赋予资格	2016 Q2	0	沟通	
New York	合作伙伴	赋予资格	2016 Q2	0	沟通	

1 - 50 of 363 rows

图 5-15 批量变更行数据

单击【编辑】之后，将文本【5】改变成【谈判】，单击【应用到全部】或者按回车键，如图 5-16 所示。

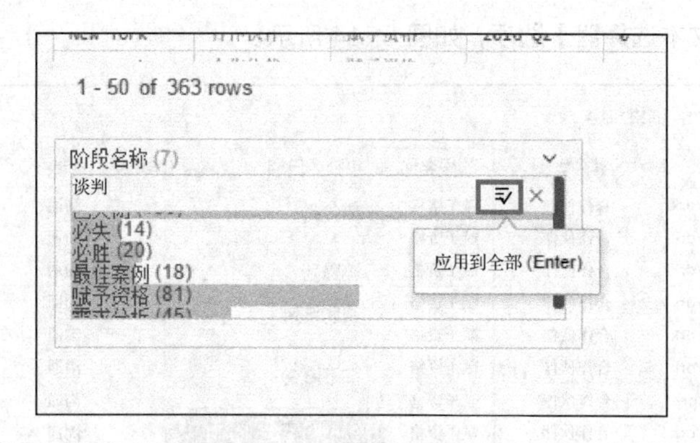

图 5-16 单击【应用到全部】

文本选择器功能在不知道数据确切值的时候是非常有用的。所有的数据都是分组的，而且显示了它们在被选中的这列中出现了多少次。用户可以使用这个选择器来包括或者排除一些特殊值，从而更高效地改变值。

4. 分离财务日期

将【财务日期】分离，可以进一步完善数据：可以将【财务日期】分开为【年】和【季度】两个实体。选中【财务日期】列，在【选择函数】下拉列表中选择【在分隔符上拆分】选项，如图 5-17 所示。

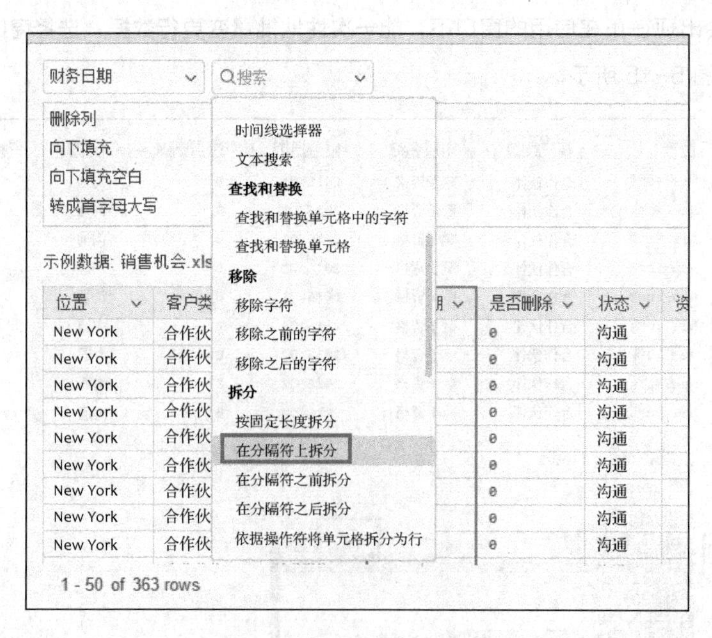

图 5-17 在分隔符上拆分

用户可以用字符串间的空格来分割文本。展开【选择函数】右边的下拉列表并选中【空格】，然后单击【应用】，如图 5-18 所示。

上述操作完成后，将会发现数据已经被分割成名为【财务日期 1】和【财务日期 2】的两个新列。双击每列的表头来重命名列，将【财务日期 1】重命名为【年】,【财务日期 2】重命名为【季度】，如图 5-19 所示。

图 5-18　分割文本　　　　图 5-19　重命名列

提示

由于数据整理工具记录每一步操作到脚本里，所以可以将任意操作恢复原状。可以在数据整理界面的右上角的历史脚本窗口看到操作记录。可通过【撤销/重做】按钮恢复整个数据集，或者简单地改变最后执行的操作。

5. 完成整理

当完成数据整理后，单击屏幕右下角的【确认】按钮，然后单击在【预览】界面上的【完成】，来到仪表盘界面，如图 5-20 所示。

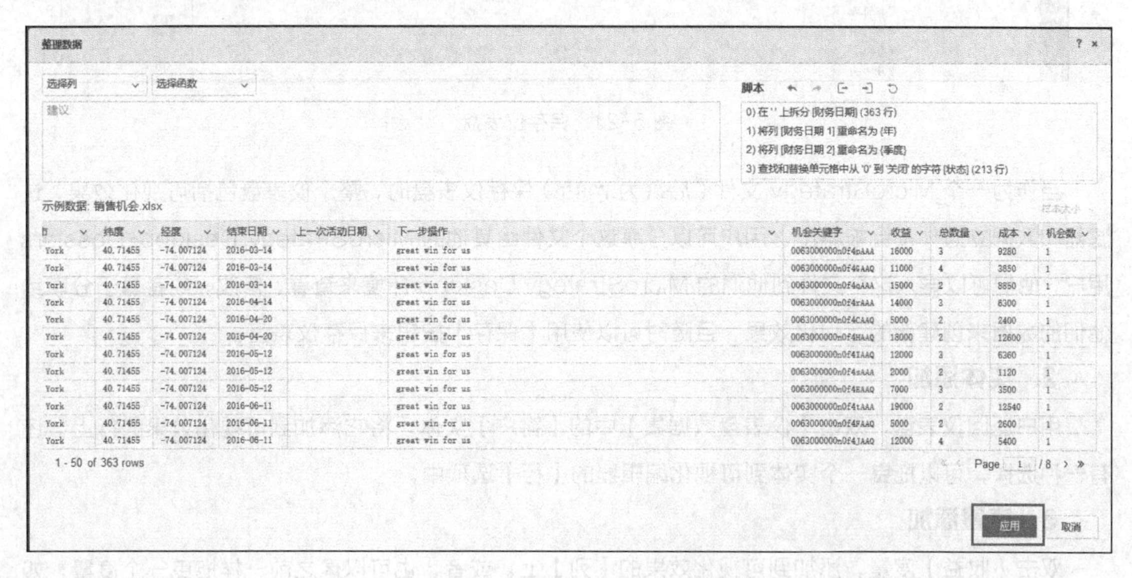

图 5-20　应用完成

5.4 数据可视化

已经清洗好数据后，需要创建一个能让副总裁来分析收益账户的可视化效果。副总裁希望能看到收益排名前 5 位和排名后 5 位的账户。另外，仪表盘上呈现的账户数据应该用账户状态分成两类（“关闭”或者“沟通”）。

5.4.1 收益分析

收益分析的目的：能够查看每个客户的收益情况。具体收益分析的过程如下所述。

1. 保存仪表盘

如图 5-21 所示，单击工具栏上的【保存】按钮，在文件浏览窗口，定位到 Desktop，然后保存仪表盘名为“运维分析”。现在这是一个可以分享的 MicroStrategy 文件（后缀为.mstr）。

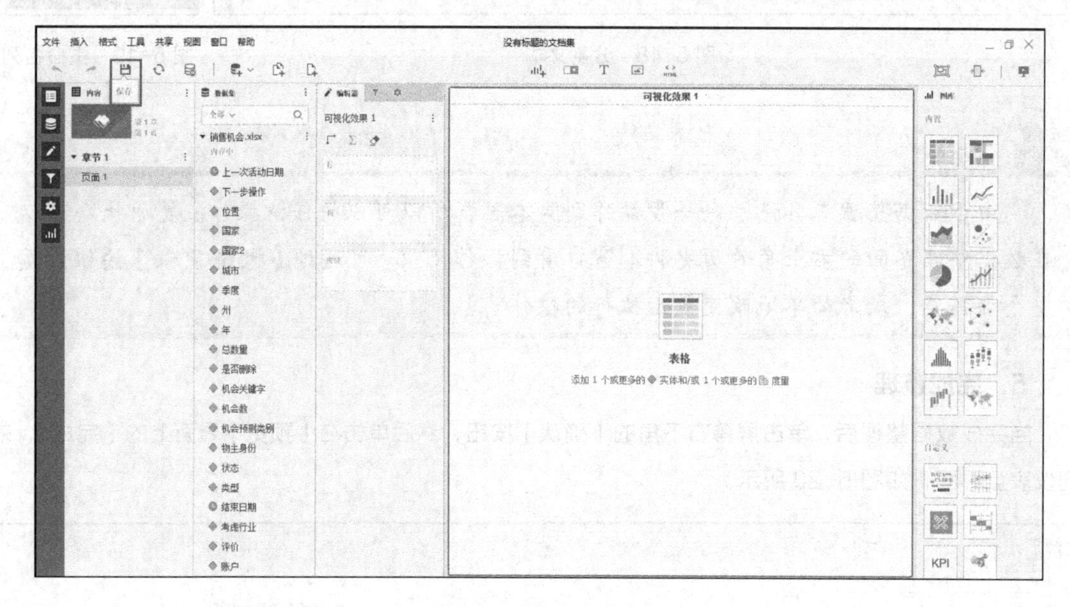

图 5-21 保存仪表盘

当作为一个 MicroStrategy 文件（后缀为.mstr）保存仪表盘时，整个仪表盘包括可视化效果、过滤器和数据立方体都会被导出。用户可以分享这个文件给其他的 MicroStrategy Desktop-Dossiers 用户，他们可以导入这个文件到他们的 MicroStrategy Desktop 环境来查看、修改，或者基于分享给他们的数据来创建新的可视化效果，且随时可以使用【保存】按钮来保存仪表盘。

2. 实体添加

用户返回仪表盘，双击【仪表盘数据集】中的【客户】实体，将它添加到可视化效果的行上。还有一种选择，可以拖曳一个实体到可视化编辑器的【行】选项中。

3. 度量添加

双击【收益】度量，添加到可视化效果的【列】上。或者，也可以像之前一样拖曳一个度量，如图 5-22 所示。

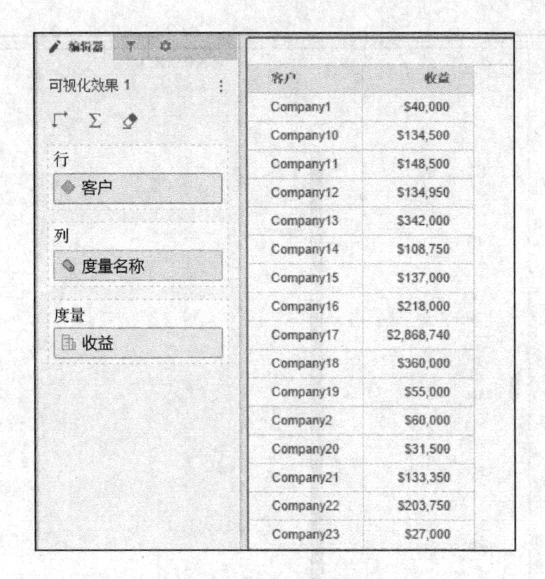

图 5-22　添加度量

这个表格包含了来自数据集的相关数据，但是它不是非常有利于理解数据。为了解决这个问题，可以将表格转换成条形图。

4. 从表格到图形

在可视化效果的右上角，单击下拉箭头，选择【更改可视化效果】|【条形图】，如图 5-23 所示。

图 5-23　从表格到图形

这时，将会出现一个垂直条形图，其中“收益”度量在 Y 轴，“账户”实体在 X 轴。用户也可以将垂直条形图改变成水平条形图，仅需要简单的交换轴就可以操作完成。用户选择可视化效果右上角的下拉箭头，选择【交换】选项来交换轴，如图 5-24 所示。用户将会看到一个水平条形图，如图 5-25 所示。

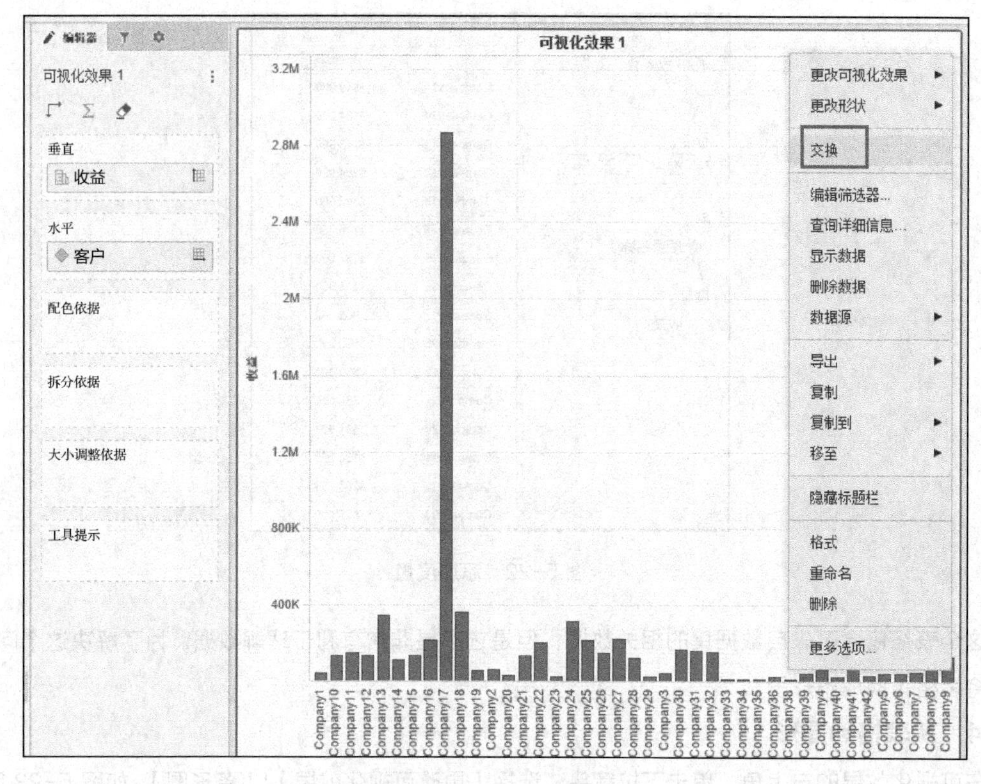

图 5-24　选择交换选项

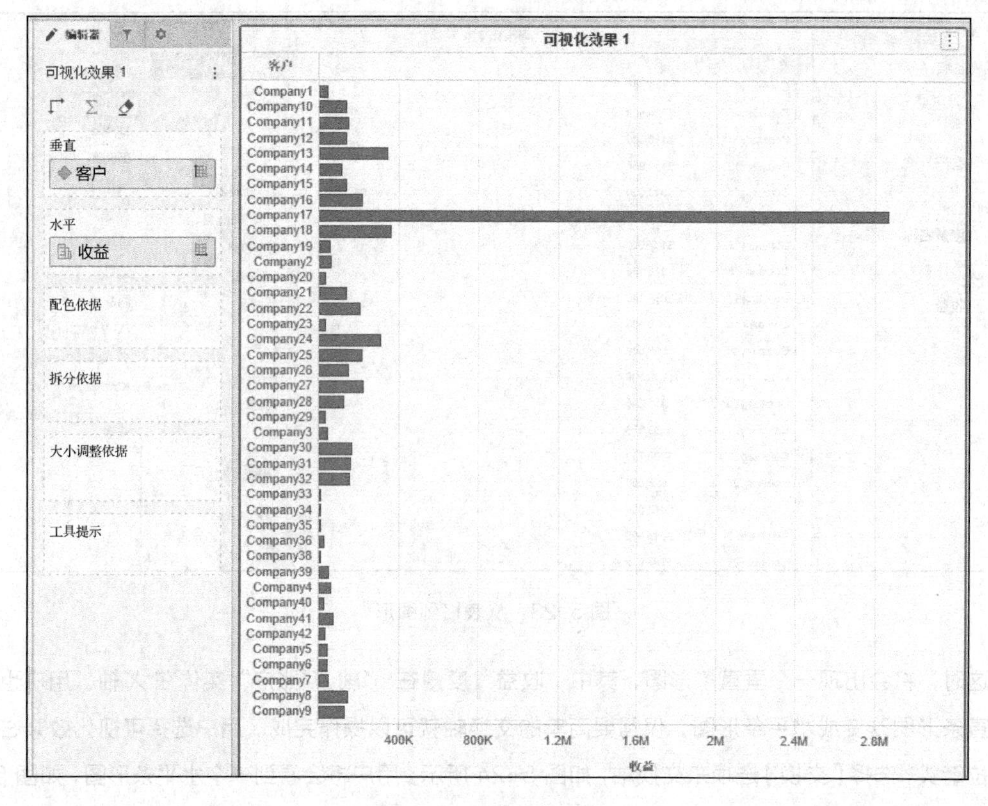

图 5-25　水平条形图

5. 衍生度量

用户创建一个叫“利润”的衍生度量。在仪表盘数据集面板上的“成本”度量上单击鼠标右键，并在弹出的快捷菜单选择【创建度量】，如图 5-26 所示。

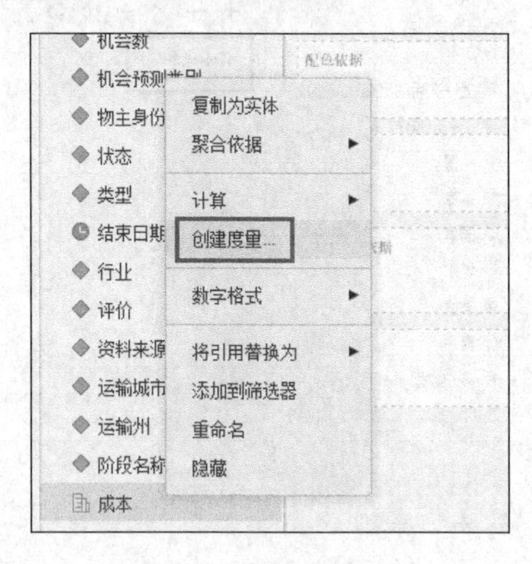

图 5-26 创建衍生度量

系统弹出【度量编辑器-新建度量】窗口，如图 5-27 所示，在【显示名称】文本框中重命名新的度量名称为“利润”，双击【收益】度量来添加它到【公式编辑】窗口，如图 5-27 所示。

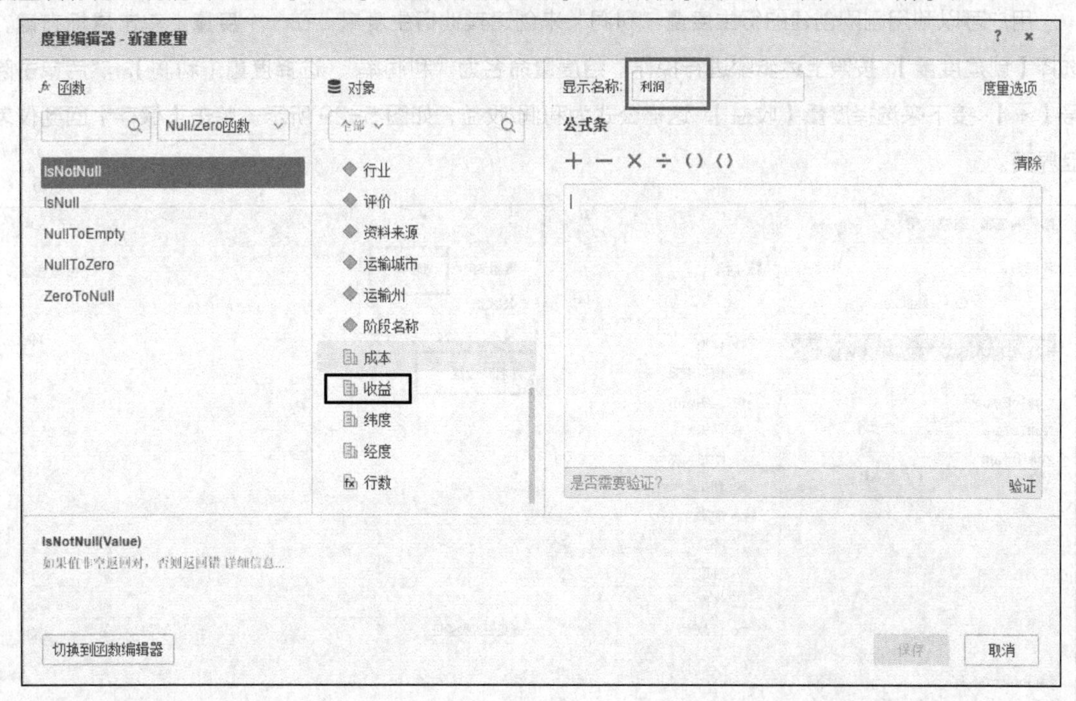

图 5-27 重命名度量名称

选择【减号（-）】，然后双击鼠标添加【成本】度量，这时公式将会是“收益-成本”，单击【保存】按钮来保存“利润”度量，如图 5-28 所示。

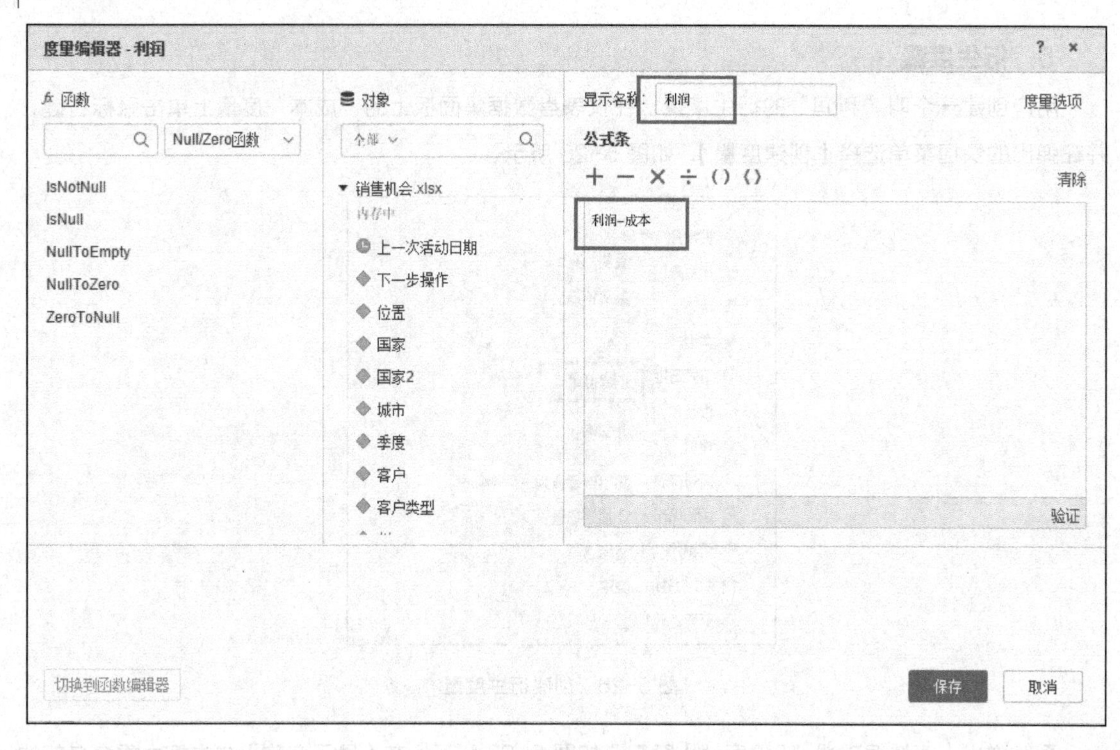

图 5-28 公式编辑

用户可以利用刚刚创建的衍生度量“利润”来创建其他衍生度量。在一个度量上单击鼠标右键，选择【创建度量】，按照上述步骤进行操作。给度量命名为“利润率”，选择度量【利润】，然后单击除号【÷】，接下来选择度量【收益】，这样公式为利润/收益，如图 5-29 所示。单击【保存】回到仪表盘界面。

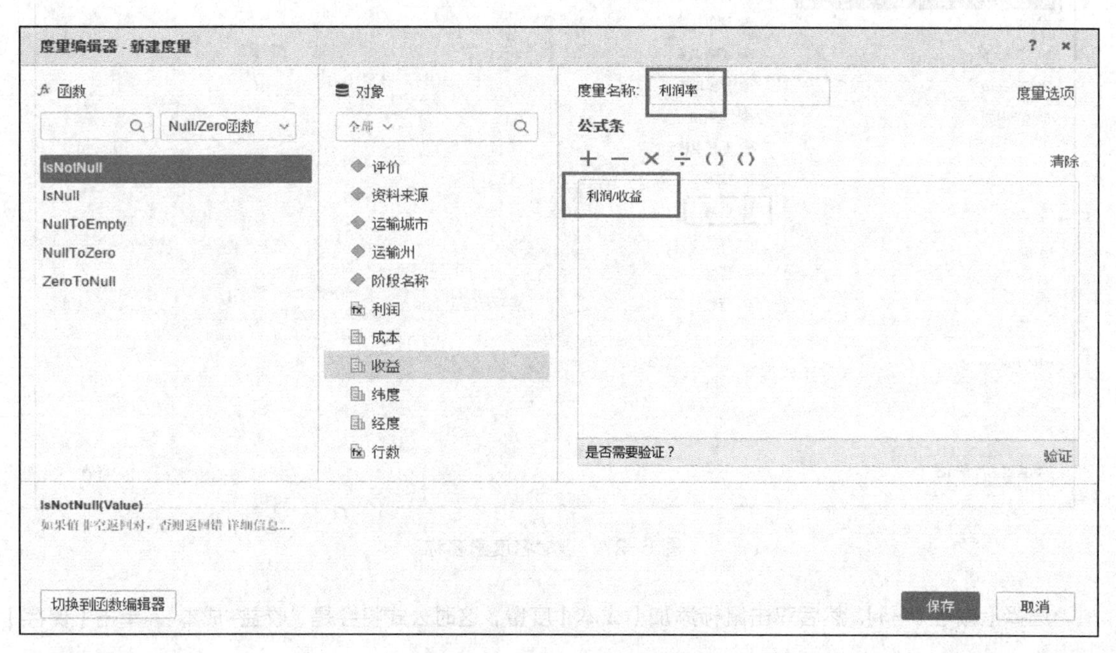

图 5-29 创建其他衍生度量

6. “数字格式”设置

为了让数据正确的显示，用户需要改变度量“利润”和“利润率”的数字格式。用户在仪表盘数据集左侧栏，用鼠标右键单击度量【利润】，在弹出的快捷菜单中选择【数字格式】，如图 5-30 所示。

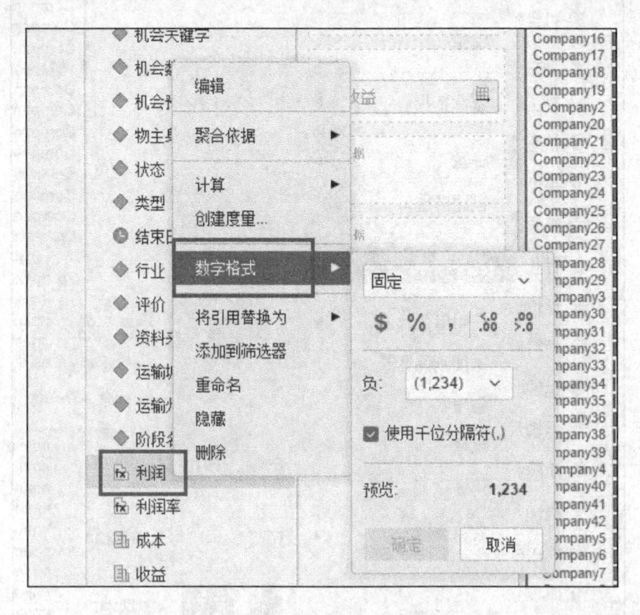

图 5-30　选择数据格式

在弹出框的下拉列表框中选择【货币】，如图 5-31 所示，然后单击【确认】。

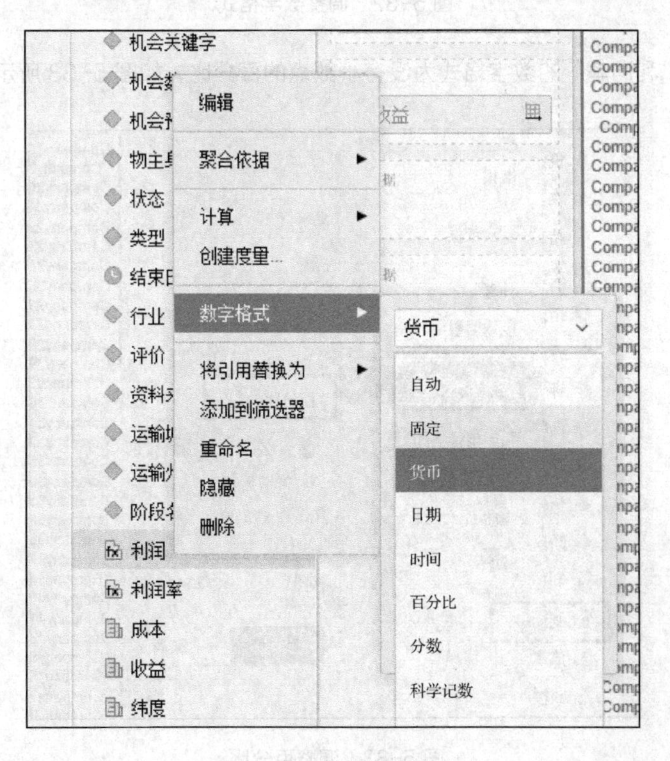

图 5-31　选择数据格式

用户应确保预览数字没有小数显示（“$1,234”是正确的）。如果有出现小数，用户单击【减少小数位数】来减少小数位数，如图 5-32 所示。

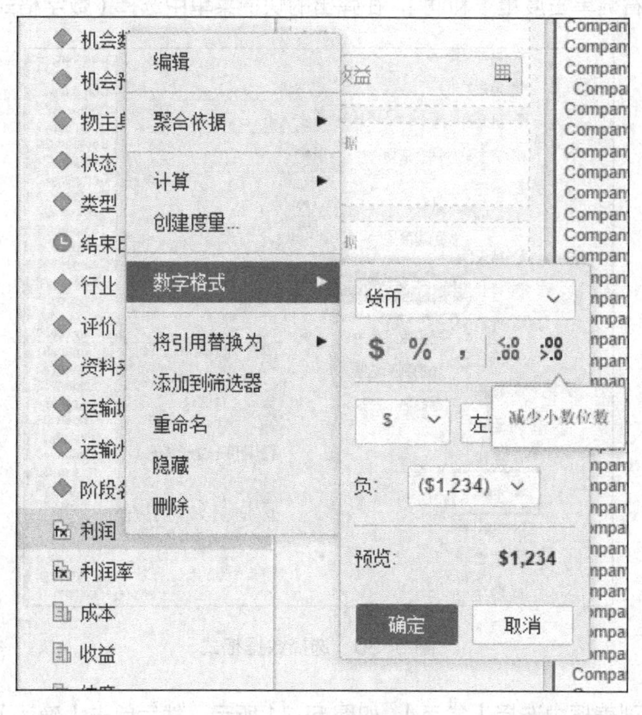

图 5-32　调整数字格式

用户改变度量“利润率”的数字格式为没有小数点的百分比，如图 5-33 所示。

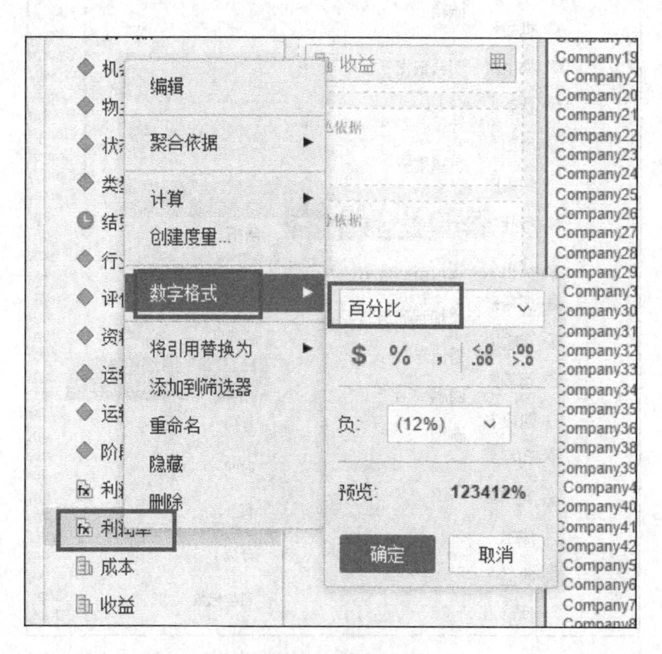

图 5-33　调整百分比

提示

度量“利润率”和“利润”在之后的仪表盘中都将使用。

7. 修改文本头部

用户通过双击【可视化效果】窗口的标题位置（当前显示为“可视化效果 1”）和修改文本来重命名可视化效果为“客户收益”，并按回车键确认操作。可视化效果应该会看起来如图 5-34 所示，包含了普通的企业名称和企业收益。

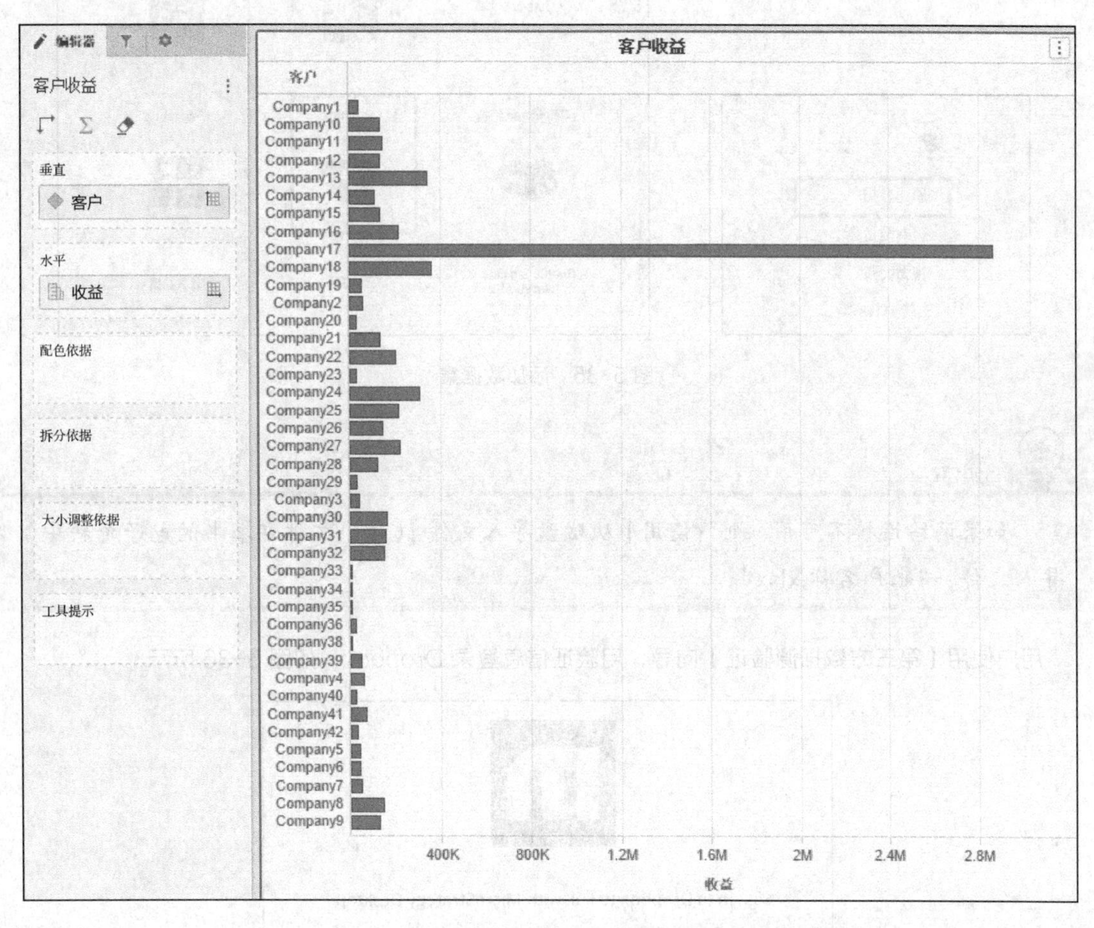

图 5-34 修改文本头部

5.4.2 收益报表细化

收益报表细化的目的：在客户收益报表中能显示客户真正的名字。

BikePort 使用 CRM 工具来管理销售数据；相关的账户信息存储在 DropBox 账户下的一个单独文件中。为了让企业总裁看到用户的真正名字，用户必须添加新的数据集到可视化效果中。

1. 数据集添加

用户通过在工具栏上的【添加数据】按钮下的【新建数据】选项来给仪表盘添加一个新的数据

源。数据源如图 5-35 所示，在这些可选选项中，用户选择【Dropbox】来导入一个 Dropbox 账户中的数据。

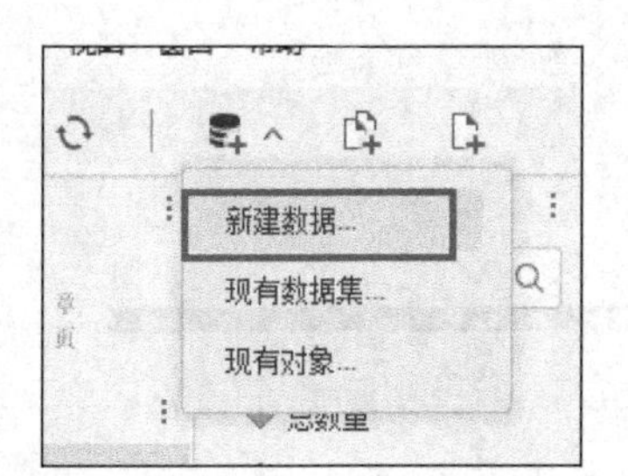

图 5-35　添加数据集

提示

如果网络连接不可用，则请使用【从磁盘导入文件】(这个文件在本书的电子资料中)导入文件：“账户名称.xlsx”。

用户使用【第三方数据源验证】向导，用验证信息登录 Dropbox，如图 5-36 所示。

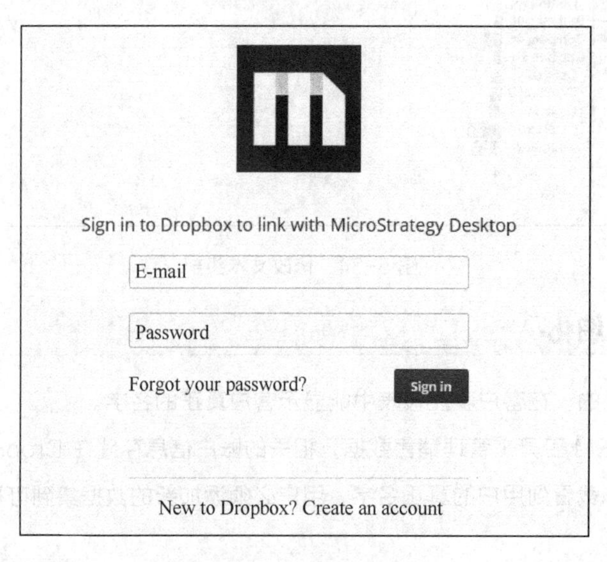

图 5-36　验证信息登录

用户使用下面的验证信息。

用户名：MSTRDataAnalytics@gmail.com。

密码：mstrWorkshop16。

申请 Dropbox 账户需要单击【Allow】来获得 Dropbox 账户下的文件，如图 5-37 所示。

图 5-37　使用验证信息

用户将账户名称的 Excel 文件拖曳至选择窗口，然后单击【Finish】就导入了第 2 个数据集，如图 5-38 所示。

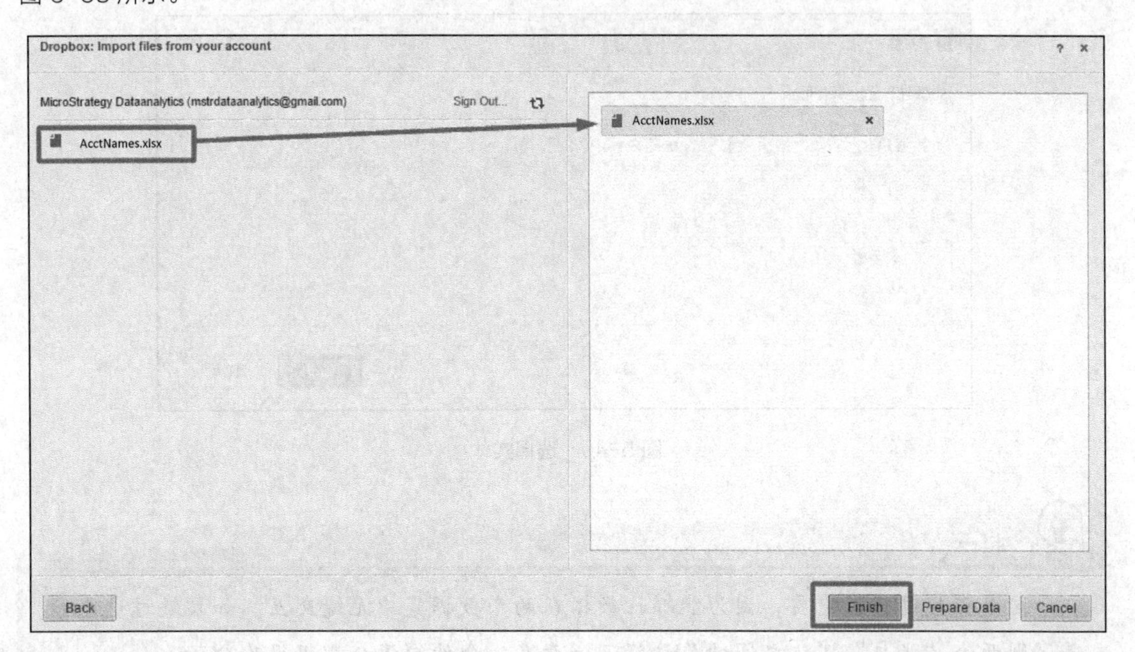

图 5-38　导入数据集

2. 数据集的关联

导入的第 2 个数据集与已添加的数据集有关联性，然而必须在两个数据集中用一个公共的数据元素来创建联系。用鼠标右键单击【账户名称.xlsx】数据集中的【客户】实体，在弹出的快捷菜单中选择【链接到其他数据集】，如图 5-39 所示。

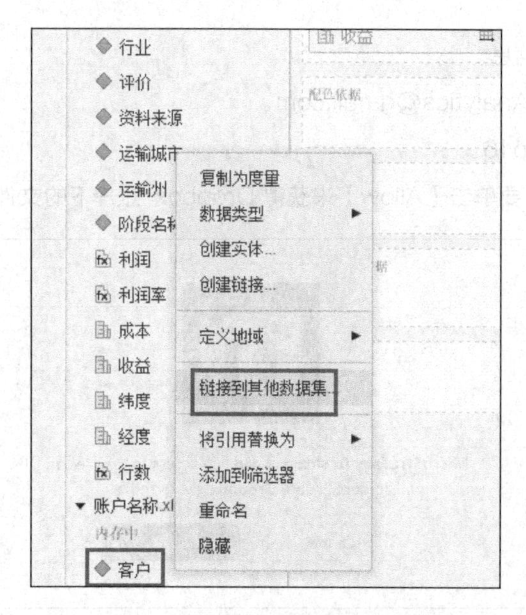

图 5-39　链接到其他数据集

用户在【链接实体】向导中，选择【销售机会】数据集中的【客户】实体，然后单击【确定】。这将会连接两个不同数据集的“客户”实体，如图 5-40 所示。

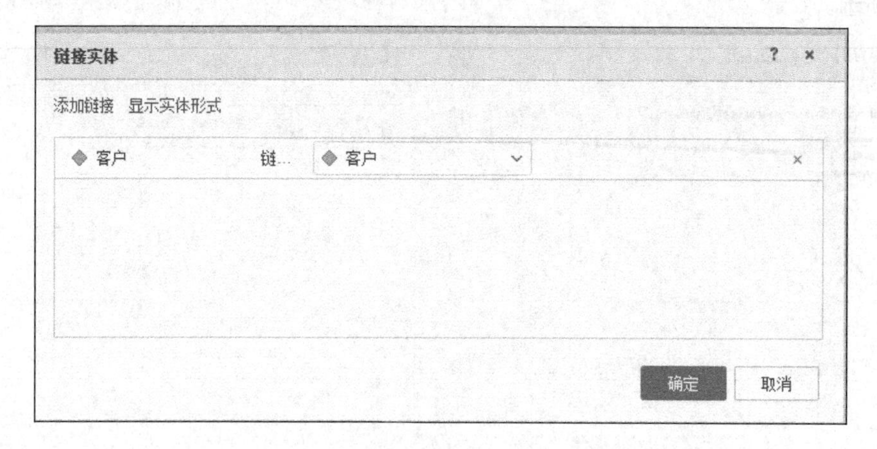

图 5-40　选择实体

提示

这个链接过程很重要，因为能够让数据在两个数据集中无缝交互。如果跳过这个步骤，则两个“账户”实体之间的关系将不会存在，会使得混合数据很难分析。

用户如果想用新的链接过的数据集中的“客户名称”实体来代替表格中的“客户”列，则可直接拖曳【客户名称实体】到【编辑器】窗口页签上的【客户】来替换实体。如果没有用“客户名称”替换“客户”，则看到的就会是一些没有描述意义的账户（例如 Company12、Company13 等），这样会使可视化效果很难理解，如图 5-41 所示。

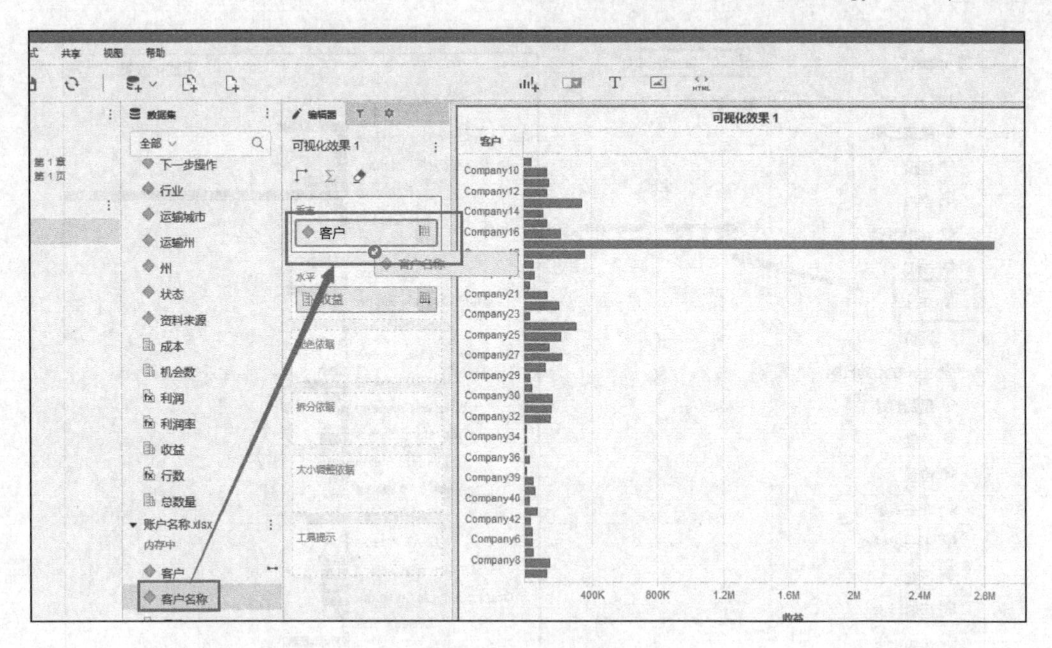

图 5-41　可视化效果

至此，用户应该看到的可视化效果如图 5-42 所示。

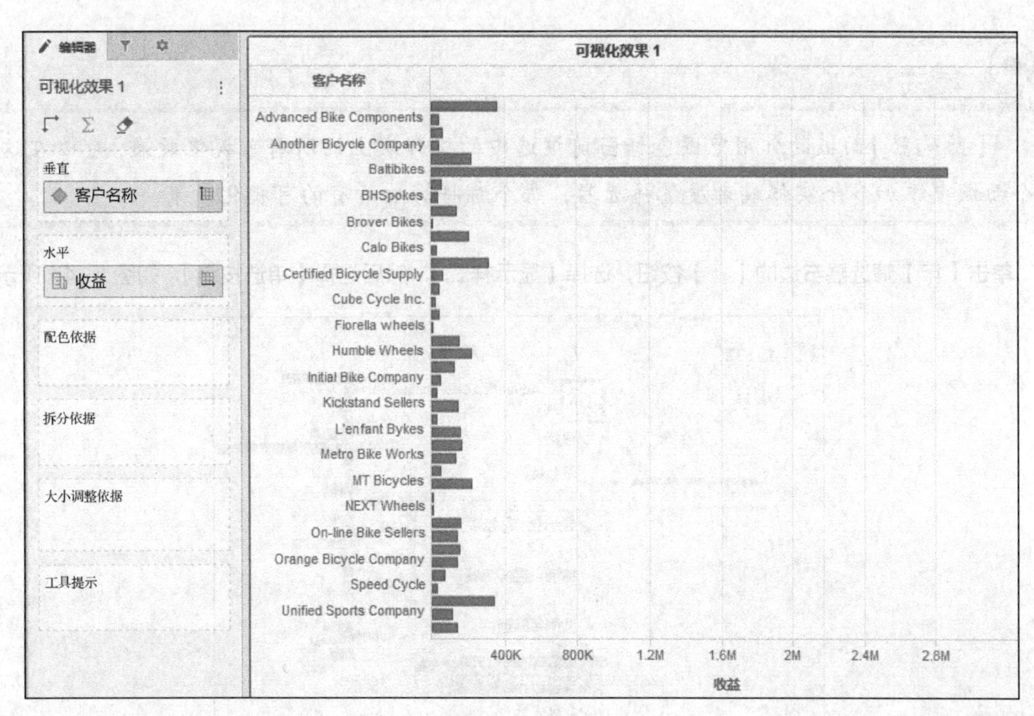

图 5-42　可视化效果

3. 实体与筛选器

如果用户只想看 2015 年的数据，则可以通过使用仪表盘的筛选器来实现。选择【筛选器】页签，并将【年】实体拖曳到【筛选器】面板，如图 5-43 所示。

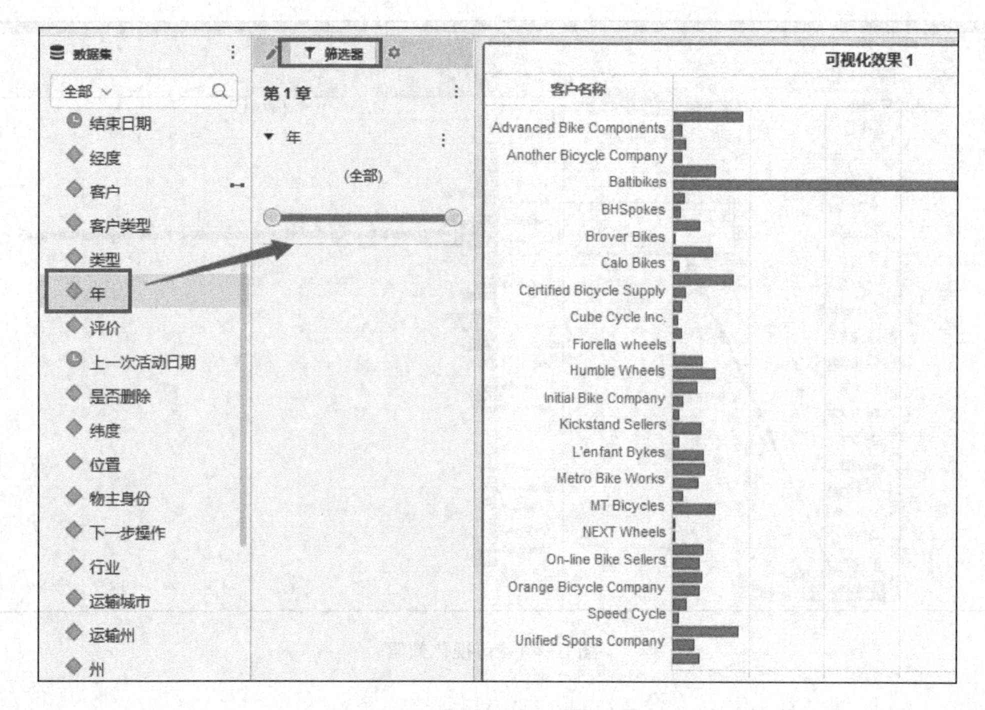

图 5-43　选择筛选器

提示

【筛选器】面板的作用范围包括当前被选中的工作表上的所有可视化效果，可以在这个面板中添加多个实体或者度量筛选器，每个都将影响所有的可视化效果。

单击【年】筛选器右边的【 ⋮ 】按钮，选择【显示样式】，然后选择【单选按钮】，如图 5-44 所示。

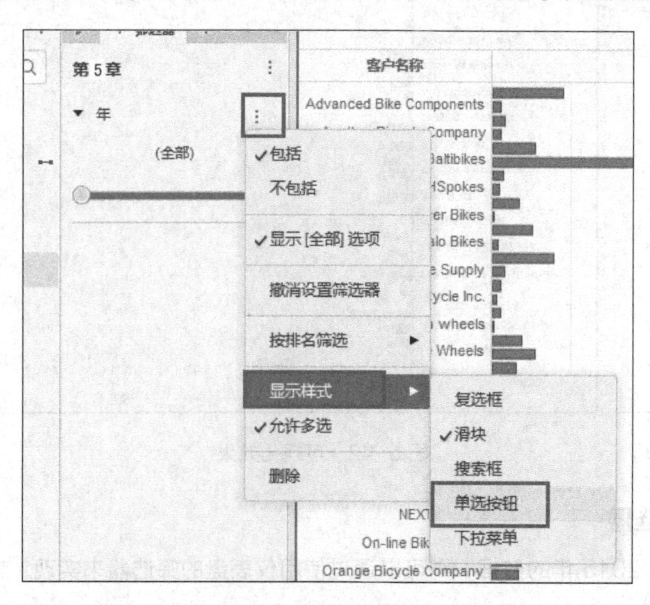

图 5-44　显示样式选择

在筛选器中选择“2015 年”，从而把仪表盘上的数据都过滤成 2015 年的，如图 5-45 所示。

为了显示优质账户，图表中只显示收益最高的 5 个账户。用户可以在特定可视化表格上使用筛选器。选择工具栏上的【插入】按钮下的【筛选器】，如图 5-46（a）所示。

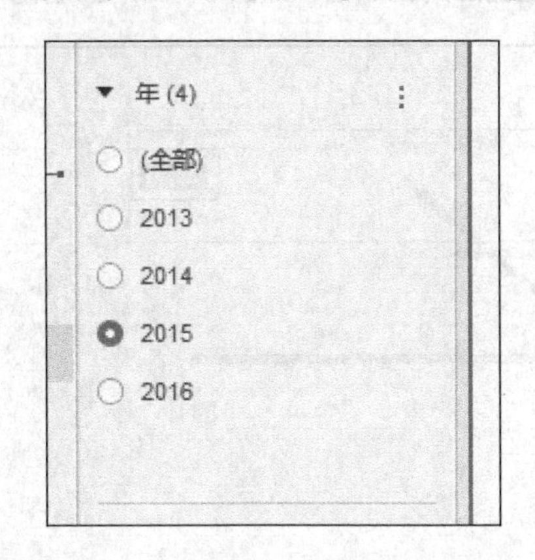

图 5-45　过滤数据

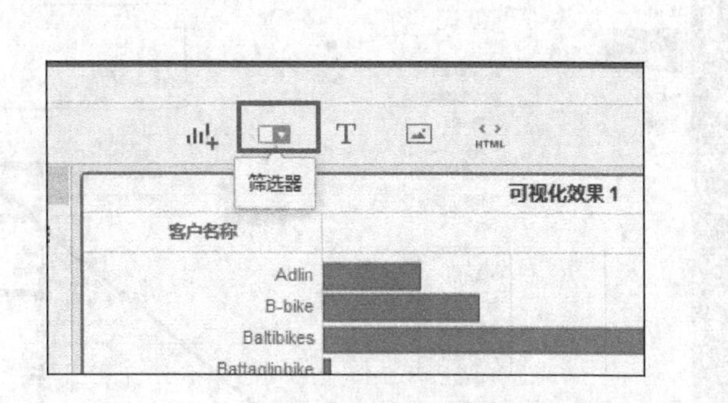

图 5-46（a）　插入筛选器

添加完筛选器的效果，如图 5-46（b）所示。

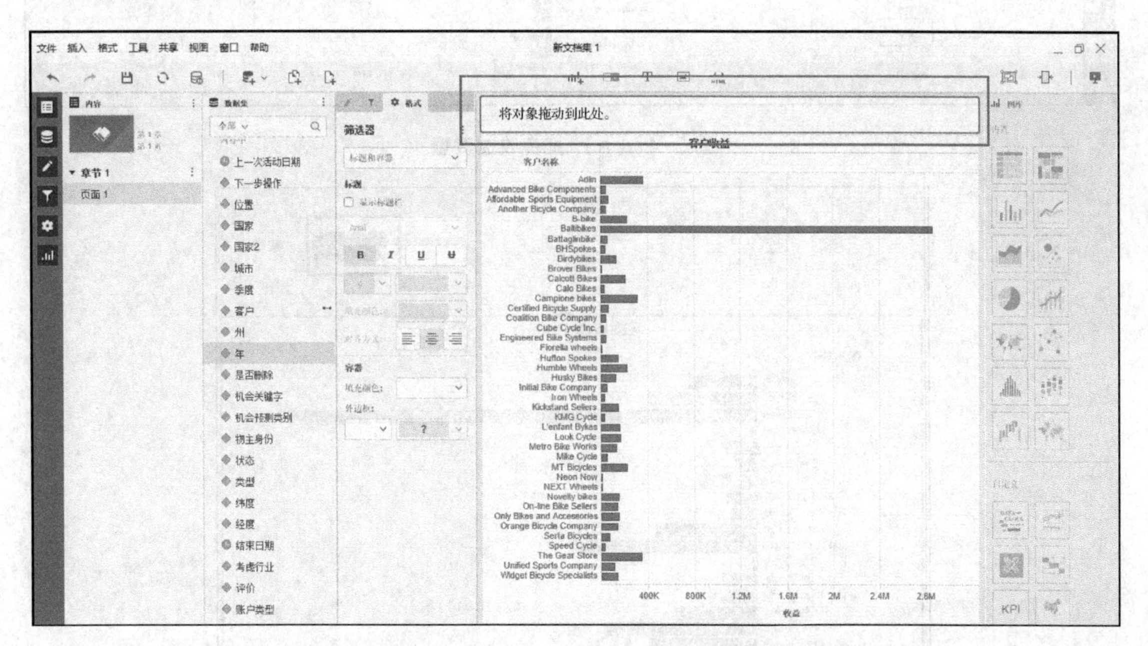

图 5-46（b）　添加完筛选器的效果

提示

使用这种方法在仪表盘上添加一个筛选器，可以更好地掌控展示的数据。这和给整个仪表盘添加实体或者度量筛选器的方法不一样。特定可视化效果筛选器可以进一步筛选目标可视化效果（独立于其他的可视化效果）来定制结果。

4. 度量与筛选器

用户将【收益】度量拖曳到新的【筛选器】面板，如图 5-47（a）所示，单击【选择目标】，再单击【客户收益】可视化效果，然后单击【应用】按钮来将筛选器应用到表格，如图 5-47（b）所示。

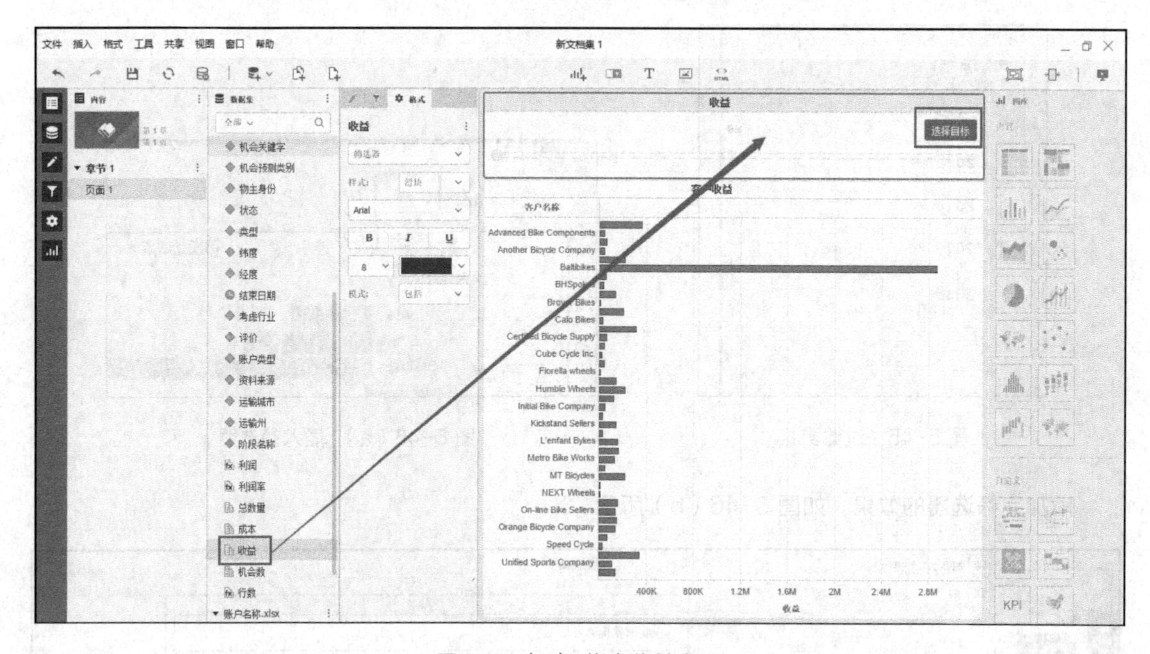

图 5-47（a） 拖曳收益度量

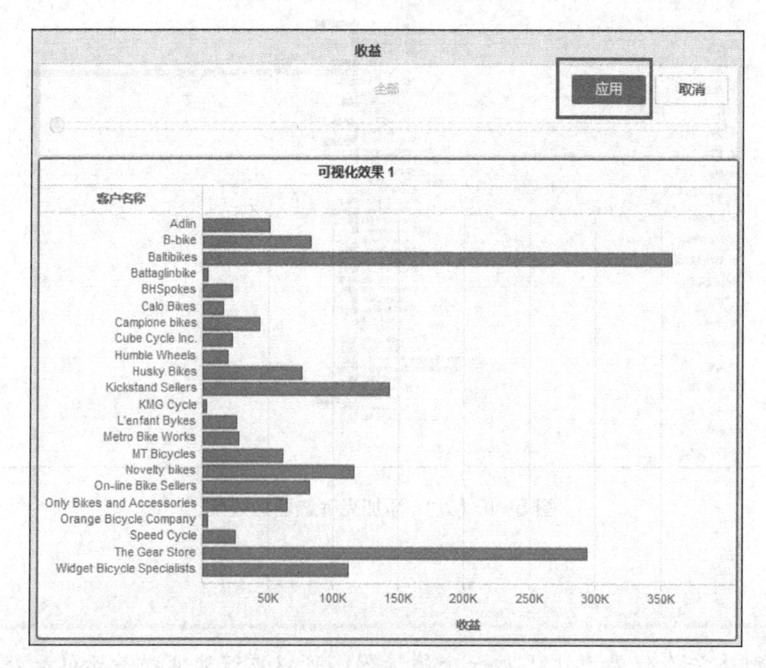

图 5-47（b） 筛选器应用

在【收益筛选器】面板内任意空白位置单击鼠标右键，如图 5-48 所示，选择【格式】打开可视化效果左侧的【属性选项卡】。

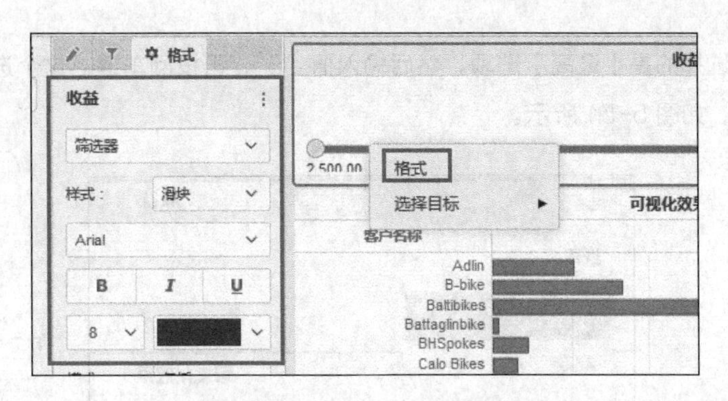

图 5-48　选择可视化效果属性

用户在属性选项卡中，单击【样式】下拉按钮，将选项【滑块】改为【限定条件】，如图 5-49 所示。

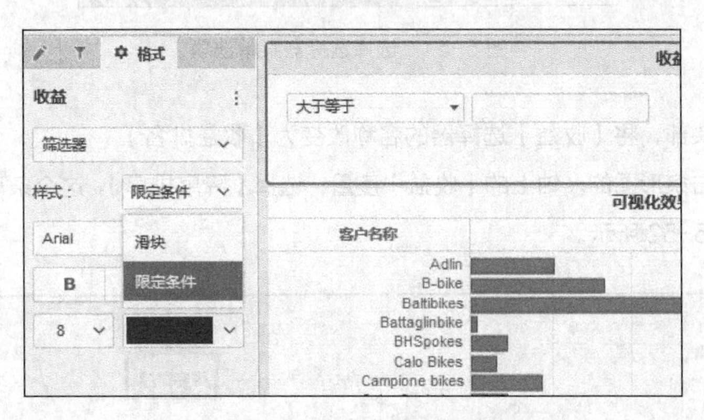

图 5-49　更改可视化效果属性

在【收益筛选器】面板中，单击右上角的【 ⋮ 】按钮，选择【以排名为限定】，如图 5-50 所示。

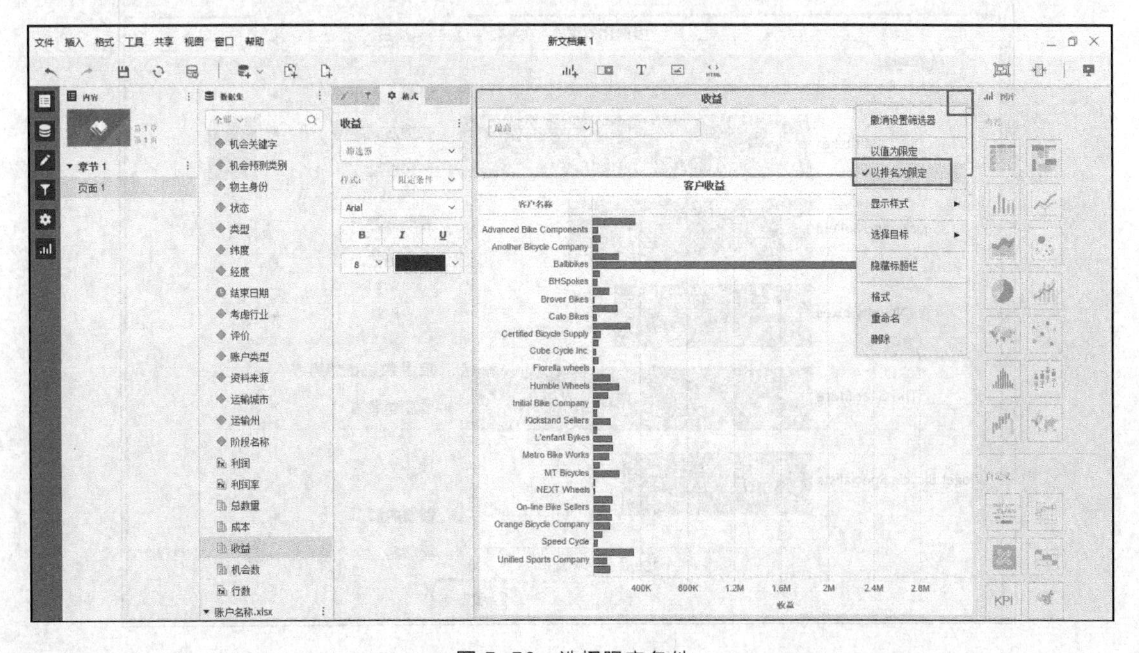

图 5-50　选择限定条件

确保下拉列表选择的是【最高】选项，然后输入值“5”，再按回车键。这个选择器也能灵活地选择表现最差的账户，如图 5-51 所示。

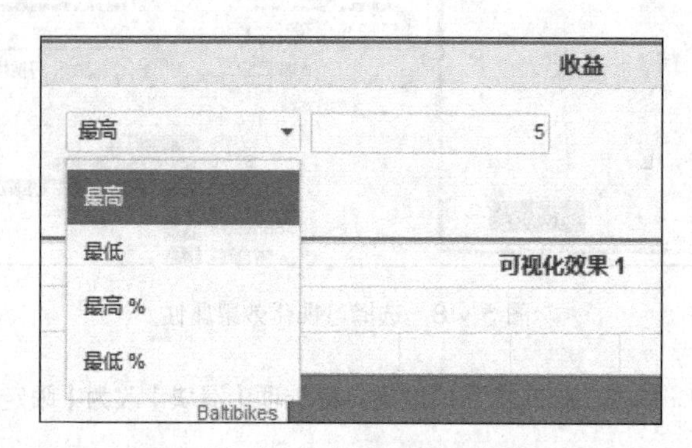

图 5-51　选择选择器菜单选项

双击选择器的头部，将【收益】选择器的名称改变为【收益排名】。

用鼠标右键单击条形图的 X 轴上的【收益】度量，选择【降序排序】。这个条形图将会依据收益从高到低排序，如图 5-52 所示。

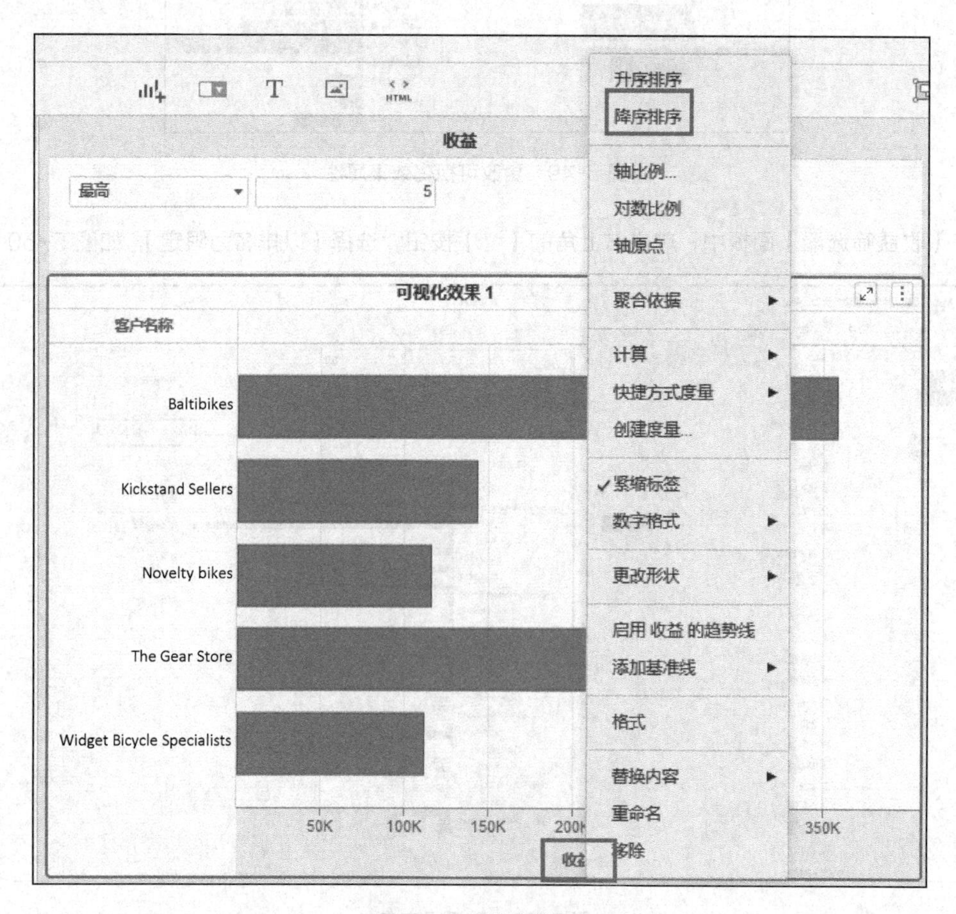

图 5-52　收益排序

5. 筛选“账户收益”图表

基于账户状态（“关闭”或者“沟通”）筛选“账户收益”图表。将【状态】实体拖曳到【筛选器】面板，单击【选择目标】，如图 5-53（a）所示，然后选择【账户收益图表】，单击【应用】。在这个【状态选择器】上，单击【属性】选项卡上的样式下拉按钮，选择【按钮栏】来改变这个筛选器的样式，如图 5-53（b）所示。

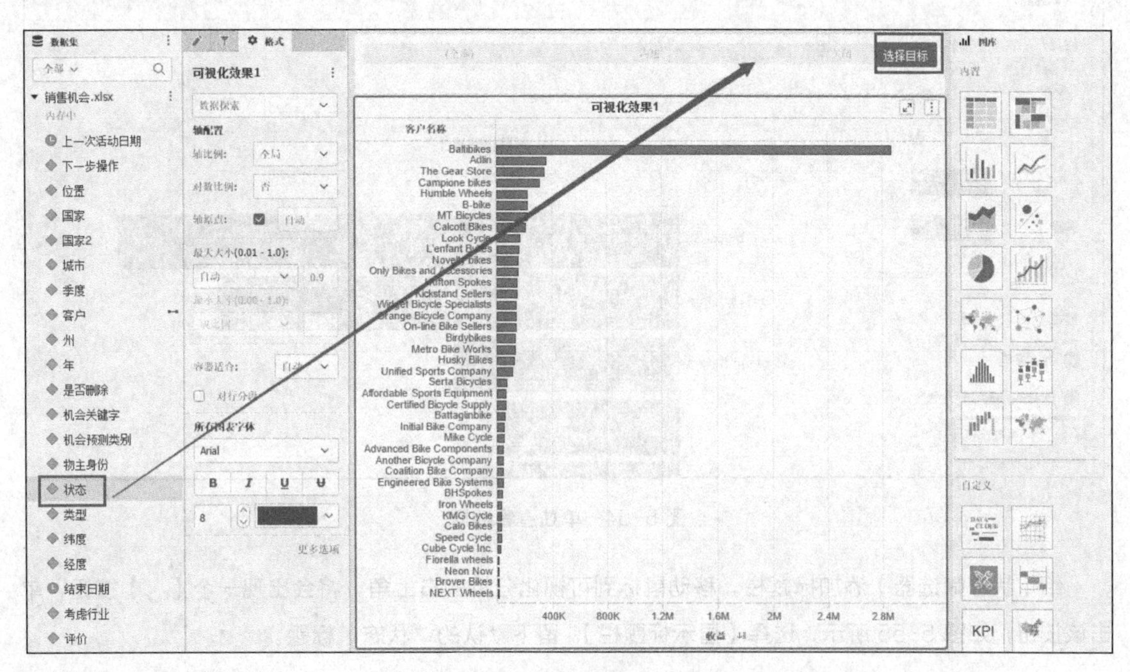

图 5-53（a） 创建选择器

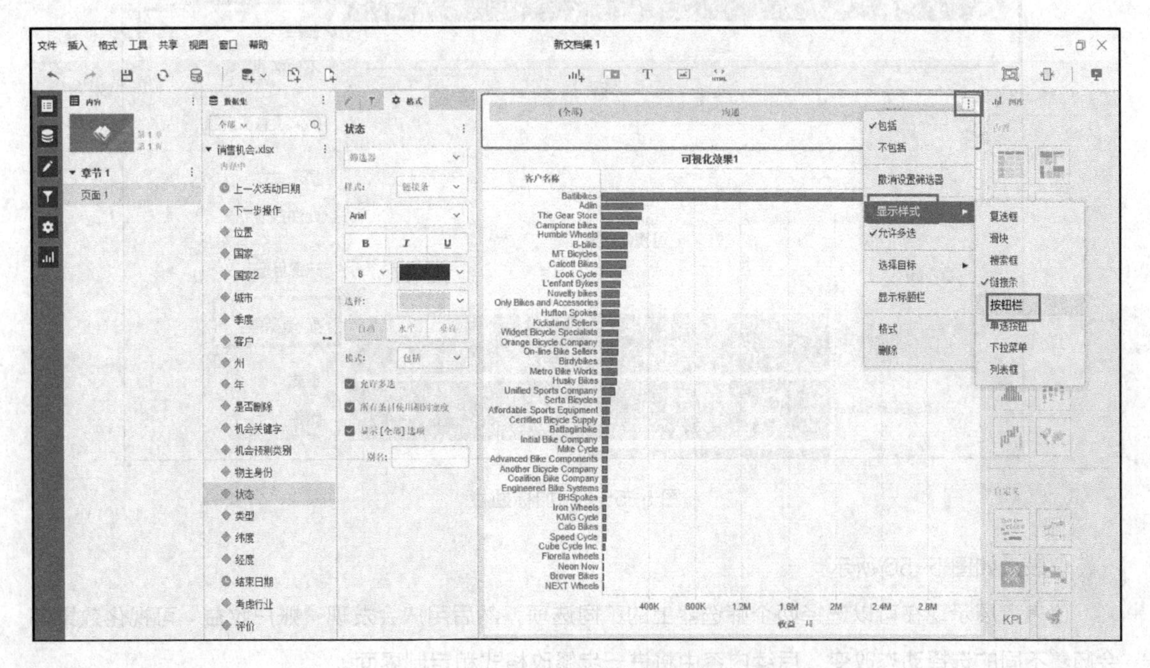

图 5-53（b） 调整筛选器样式

如果用户想单独查看“关闭”和“沟通”状态的数据，则可不勾选【属性】选项卡中的【显示全部选项】。这将会禁用“状态”筛选器在按钮栏上的所有选项，如图 5-54 所示。

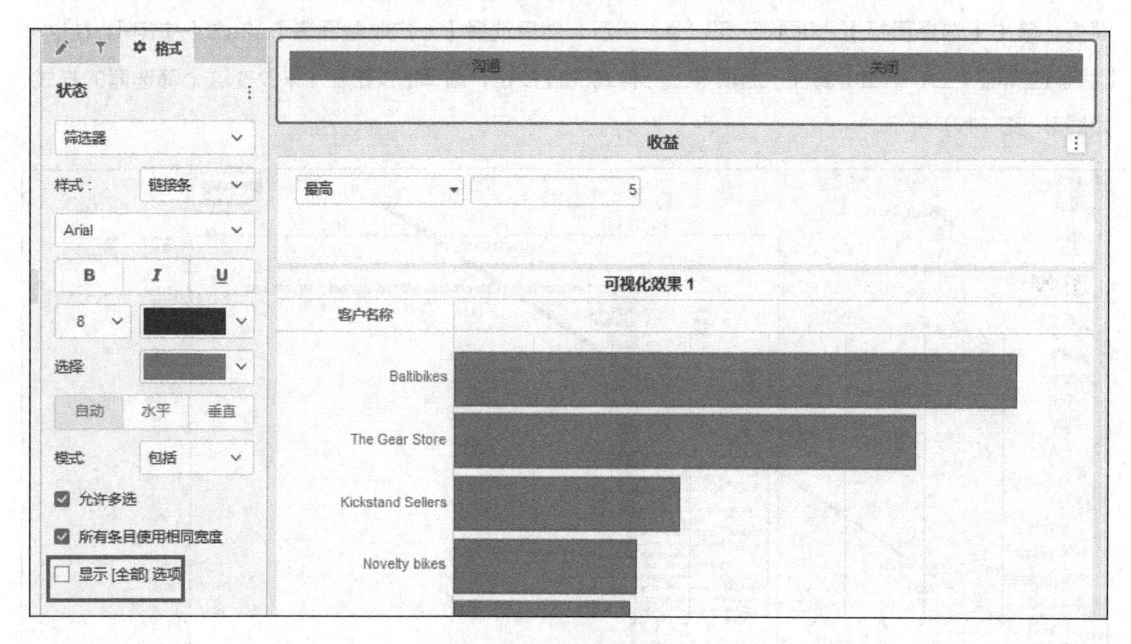

图 5-54　单独查看数据

给【状态筛选器】添加标题栏，移动鼠标到可视化分析的右上角，将会出现一个【 ⋮ 】按钮，单击该按钮，如图 5-55 所示，选择【显示标题栏】，留下默认的“状态”标题。

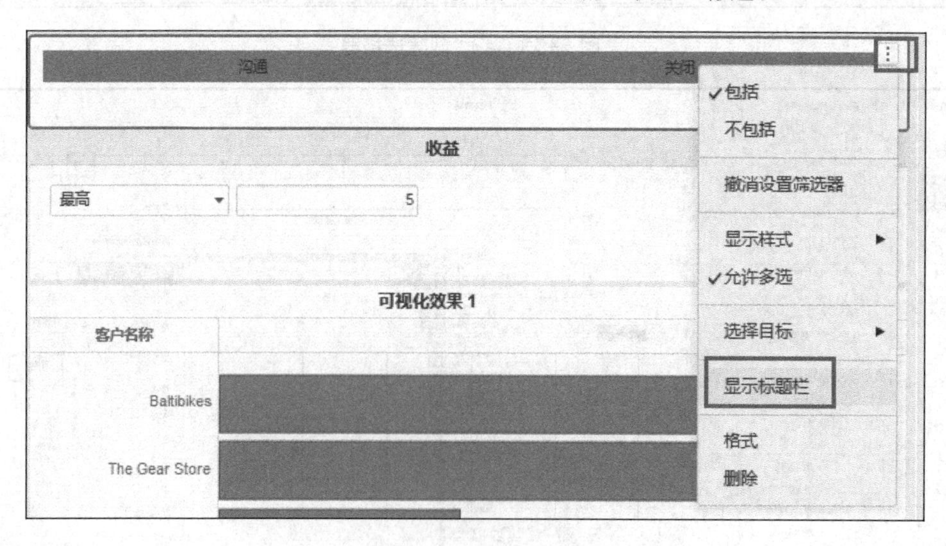

图 5-55　添加标题栏

仪表盘如图 5-56 所示。

仪表盘展示现在可以选择两个筛选器上的不同选项，然后用户会发现“账户收益”可视化效果都会随着不同的选择动态改变。后续内容中将进一步修改格式和定制界面。

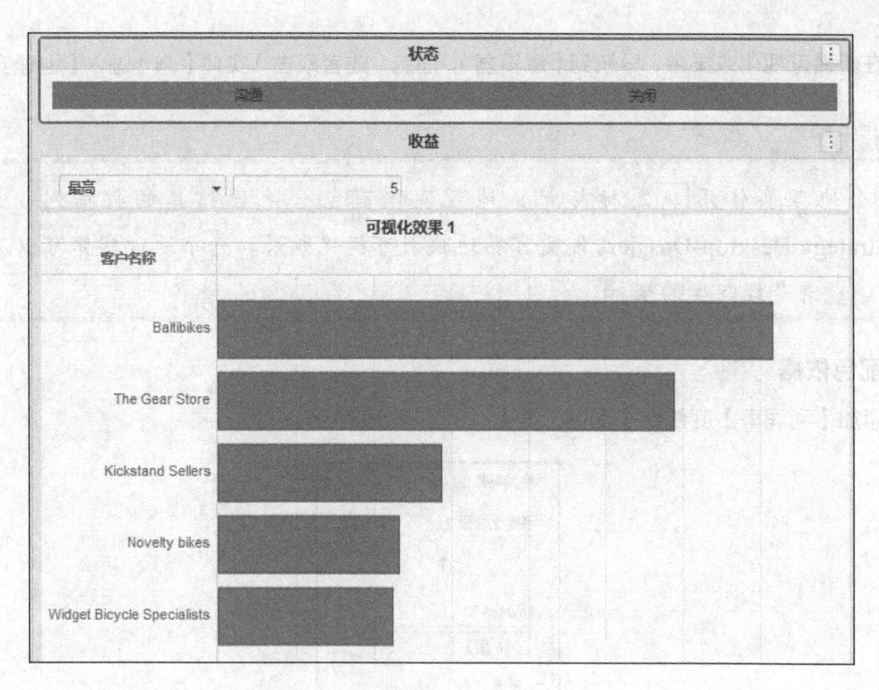

图 5-56 仪表盘

5.4.3 销售业绩和利润率

销售业绩和利润率分析的目的：让针对每个客户的销售业绩和利润率可以通过一张区域地图清晰显示具体数值，方便用户查看。

MicroStrategy Desktop-Dossiers 能使用 ESRI 地图高效地处理地理数据的可视化效果。

1. 添加 ESRI 地图

用户选择工具栏上的【可视化效果】按钮。为了将新的可视化效果改成 ESRI 地图，单击界面右边的【可视化图库】中的【地图】图标，如图 5-57 所示。

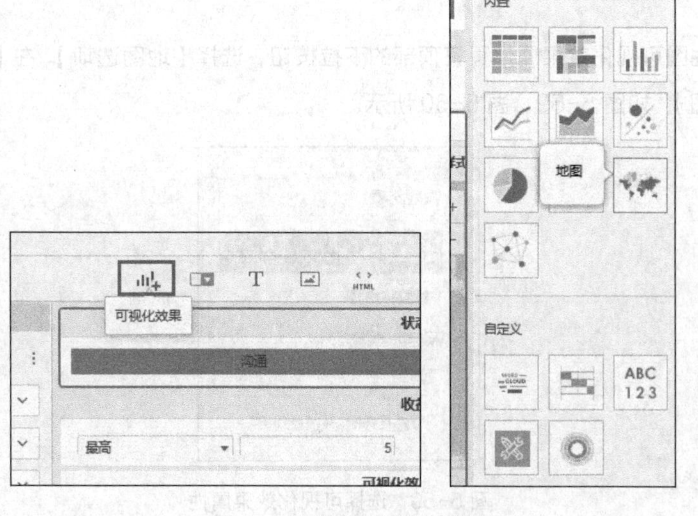

图 5-57 添加 ESRI 地图

用户在新建可视化效果中，导航到【编辑器】，拖曳（或者双击）实体【州】进入【地理实体选项】。

提示

一个地理实体用图标标记，地理实体有包含地理信息的数据列，这能使MicroStrategy Desktop-Dossiers能更容易地映射可视化效果。一个地理实体可以是城市、国家等，或者是经纬度的坐标。

2. 配色依据

用户添加【利润率】度量到【配色依据】，如图5-58所示。

图5-58　添加度量到配色依据

单击ESRI地图可视化效果属性页签顶部的下拉按钮，选择【地图选项】。在【图形类型】下拉列表中选择【气泡图】，如图5-59、图5-60所示。

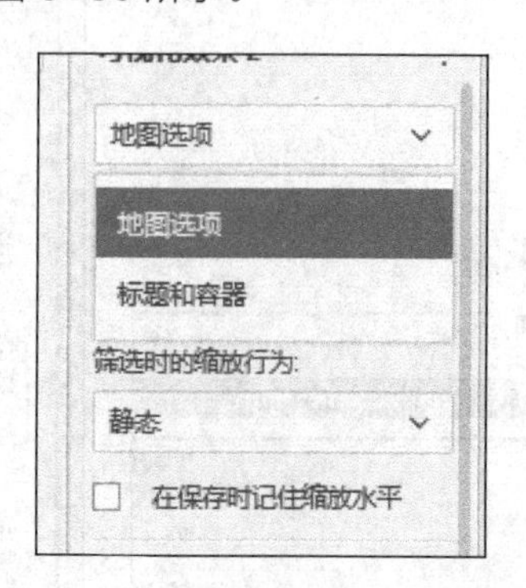

图5-59　选择可视化效果属性

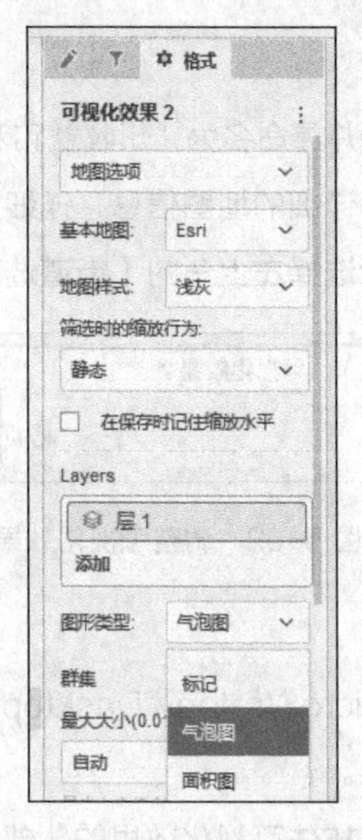

图 5-60　选择可视化效果属性

提示

在一个地图上,【气泡图】选项对同时显示两个度量是非常有用的。一个度量可以影响气泡的大小，另一个度量可以改变气泡的颜色。

3. 大小依据

用户添加【收益】度量到【编辑器】页签的【大小调整依据】中，如图 5-61 所示。

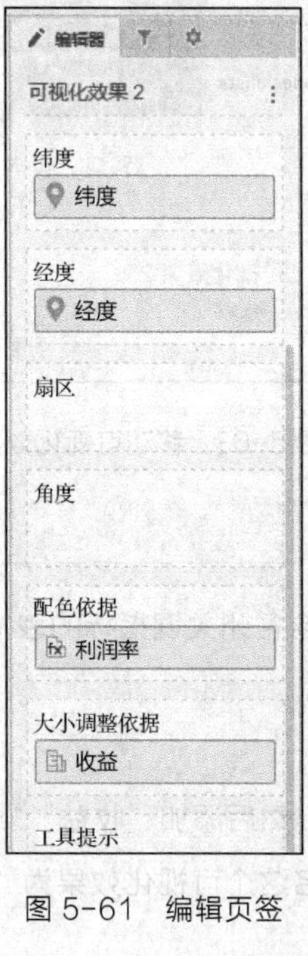

图 5-61　编辑页签

4. 街道风格

用户双击可视化效果窗口的头部，并重命名为“州收益和利润率”。将可视化效果默认的风格从浅灰色改成街道风格。这个风格提供更多详细的地图信息，详细到街道水平。如图 5-62 所示，选择地图可视化效果里的【样式】选项，然后选择左上角的【街道选项】。

图 5-62　调整可视化效果

5. 整理可视化窗口

整理每一个可视化窗口的位置，MicroStrategy Desktop-Dossiers 能动态地移动可视化效果或者调整大小来提高仪表盘中视觉吸引力。

要移动可视化效果，用户需单击并按住可视化效果的头部的名称，然后在一个可用的位置释放鼠标即可。当移动到一个可用的位置时，将会出现一个蓝线。用户尝试将仪表盘变成如图 5-63 所示的样式，并进行保存操作。

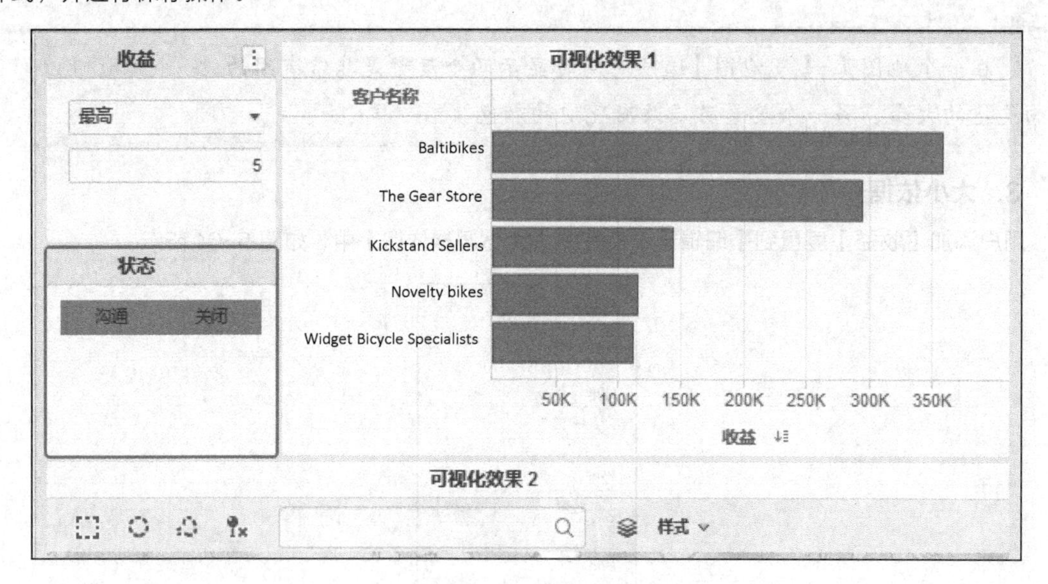

图 5-63　移动可视化效果

5.4.4　关键指标

关键指标分析的目的：创建一个包含各州关键指标的表格。在上一小节创建的地图基础上可以直接筛选这个表格，达到数据下钻的效果。

1. 插入一个新的可视化效果

添加“州”和“客户名称”在行上。然后添加“收益”“成本”“利润”和“利润率”度量在列上。新的可视化效果如图 5-64 所示。重命名这个可视化效果为“州账户”。

可视化效果 3

州	客户名称	收益	成本	利润	利润率
CA	Adlin	$51,000	$33,660	$17,340	34.00%
	Battaglinbike	$3,000	$1,770	$1,230	41.00%
	BHSpokes	$22,500	$12,150	$10,350	46.00%
	Calo Bikes	$15,000	$4,650	$10,350	69.00%
	Husky Bikes	$75,800	$44,266	$31,534	41.60%

图 5-64　插入一个新的可视化效果

2. 筛选器

若想要使用刚创建的 ESRI 地图可视化效果，用户应依据选择的州气泡来筛选“州账户”可视化效果。用户可以在地图可视化效果上快速地筛选数据，从而达到交互效果。单击【州收益和利润率】地图右上角的【 ⋮ 】按钮，选择【选择目标】，如图 5-65 所示。

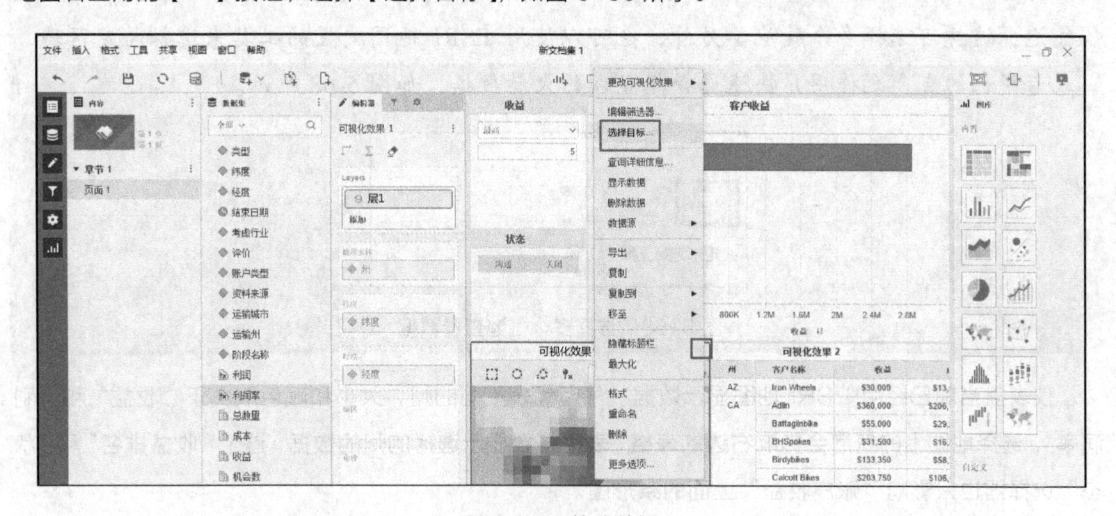

图 5-65　筛选数据

用户在【筛选器】面板中，选择【州账户】，确保在【州账户】中可视化显示【目标】，再单击【应用】，如图 5-66 所示。

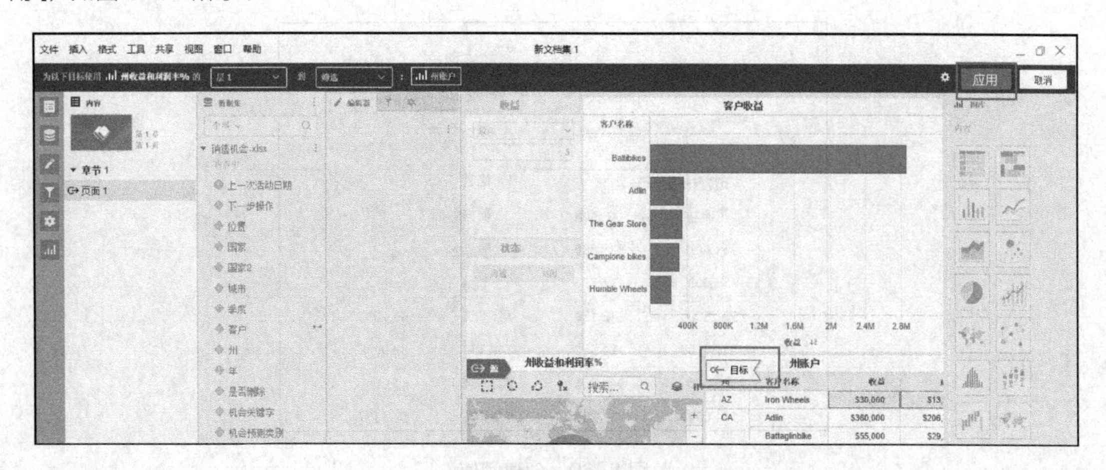

图 5-66　选择筛选选项

用户将“州账户”表格移动到 ESRI 地图的右边。当选择地图上的“加利福尼亚州”（CA）气泡时，仪表盘如图 5-67 所示。

图 5-67　实现筛选

提示

每次选择气泡都会影响到右边的表格。也可以通过按住【Ctrl】键并单击要选择的气泡，这样可选择多个气泡。另外，也可以使用 ESRI 地图内置的工具来选择特定区域或者半径的点，允许用户快速选择想查看的大量数据，如图 5-68 所示。

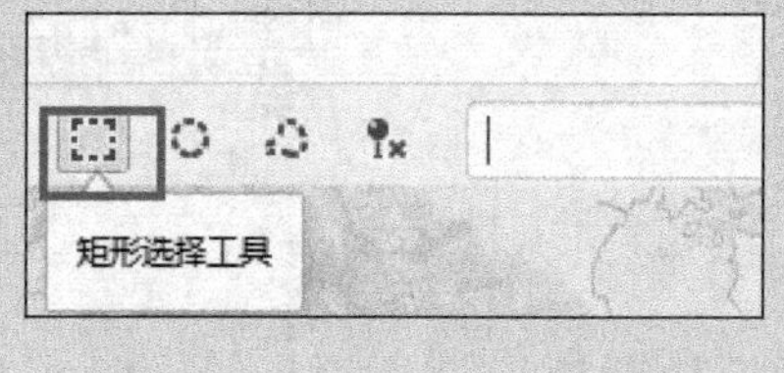

图 5-68　选择多个气泡查看数据

仪表盘当前已经用 ESRI 地图显示数据。气泡代表不同的州，大小和颜色取决于“收益”和“利润率”。选择地图上的气泡会影响右边的表格，表格将会显示选择的州的数据。这个“收益排名”和“状态”选择器也只影响“账户收益”上面的条形图。

3. 阈值的使用

为了让分析结果更容易理解，用户可以为度量“利润率”创建阈值。在“州账户”表格上，用鼠标右键单击【利润率】，然后在弹出的快捷菜单中选择【阈值】，如图 5-69 所示。

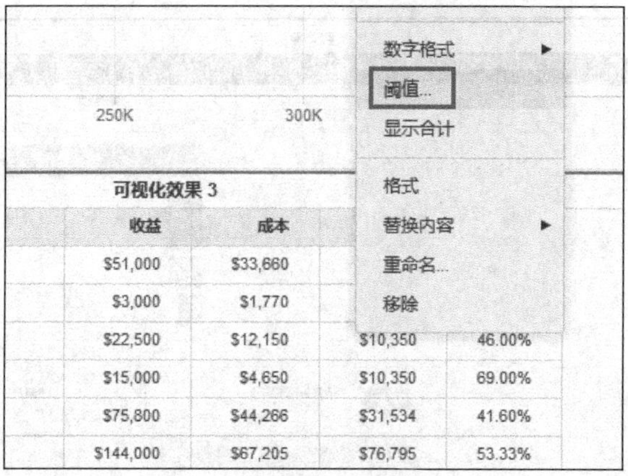

250K　300K

数字格式
阈值...
显示合计
格式
替换内容
重命名...
移除

可视化效果 3

收益	成本		
$51,000	$33,660		
$3,000	$1,770		
$22,500	$12,150	$10,350	46.00%
$15,000	$4,650	$10,350	69.00%
$75,800	$44,266	$31,534	41.60%
$144,000	$67,205	$76,795	53.33%

图 5-69　创建阈值

在【阈值-利润率】窗口中，单击【高级阈值编辑器】超级链接，如图 5-70 所示。

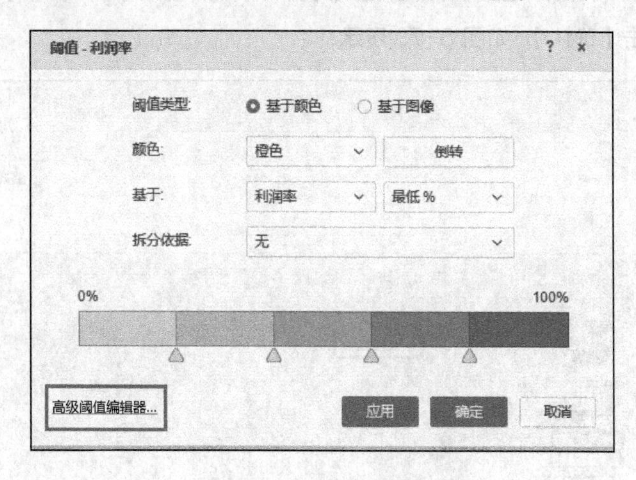

图 5-70　高级阈值编辑器

在弹出的【通知】对话框中单击【清除】，如图 5-71 所示。

图 5-71　清除阈值

在下面的屏幕单击【新阈值】，如图 5-72 所示。

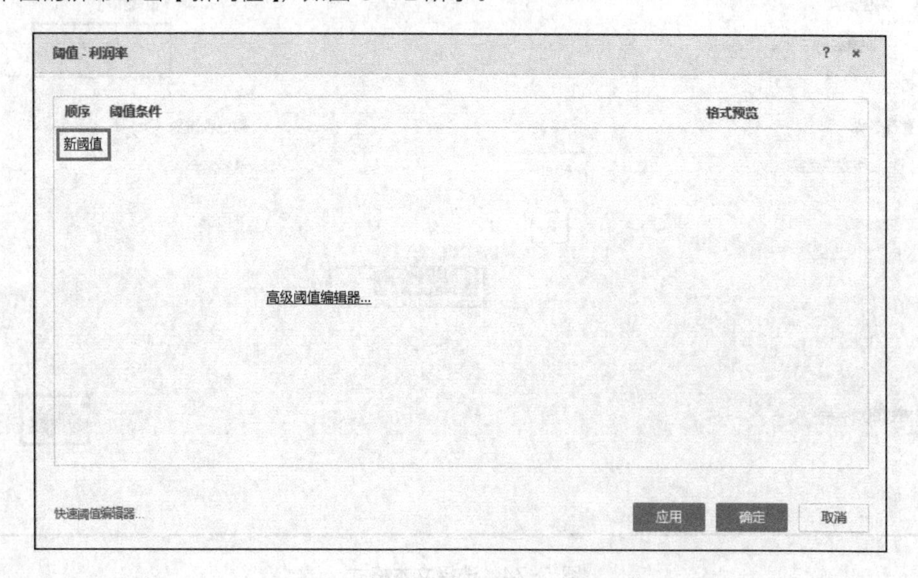

图 5-72　新阈值

在阈值编辑器面板中，用户选择【利润率】、【小于】，然后输入【0.4】来标记所有的利润率小于40%的机会。然后单击【确认】，如图 5-73 所示。

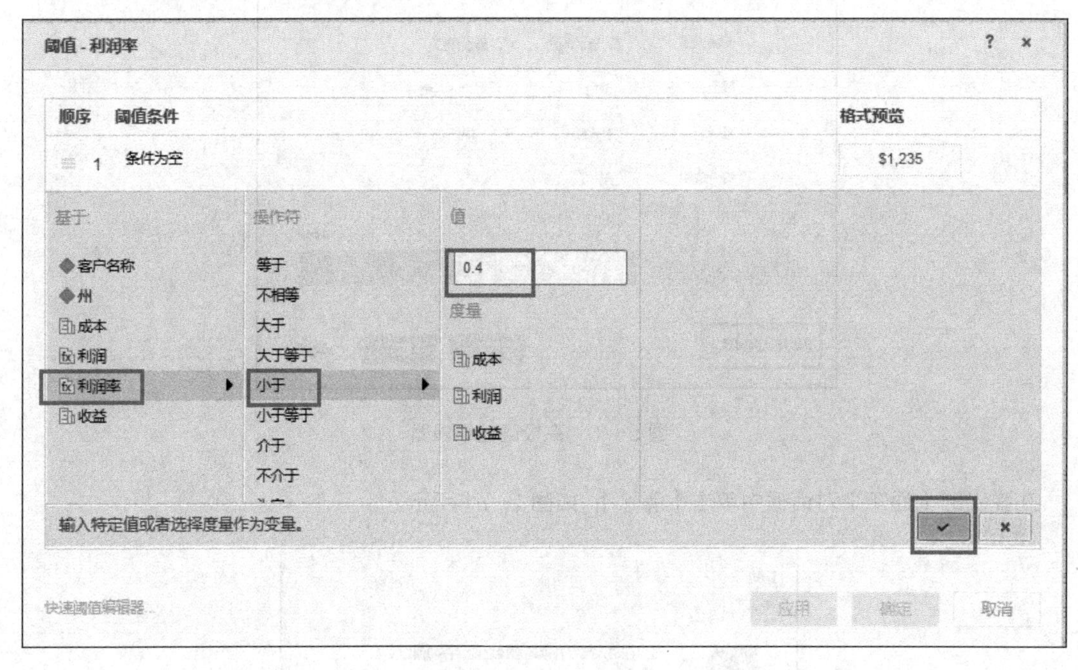

图 5-73 阈值条件

为了让阈值更明显地被用户识别，用户选择【文本格式】区域，然后让字体【加粗】，字体颜色变成【橘色】，单击【确定】。之后将会应用和关闭阈值窗口，如图 5-74 所示。

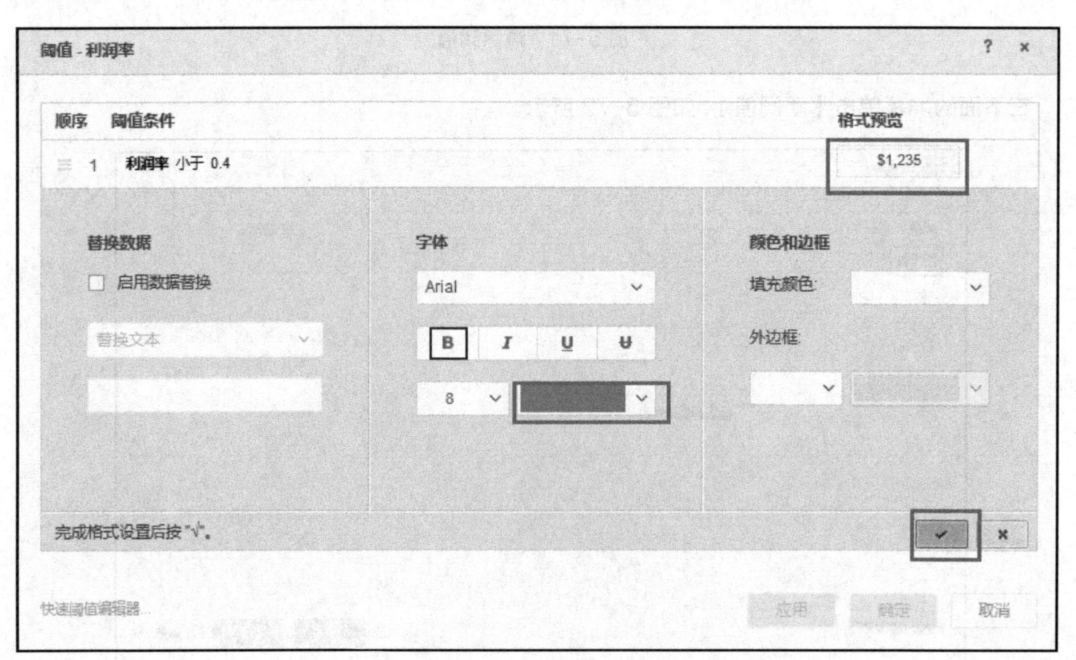

图 5-74 选择文本格式

提示

阈值很容易强调或者标记想给用户看到的特殊信息。用户可以使用不同的颜色和字体来显示某些指标，或者可以用选择的图片来替换整个文本。

5.5 仪表盘美化

美化仪表盘的目的：美化仪表盘，添加企业 LOGO，修改可视化效果。

5.5.1 添加图像

如图 5-75 所示，在工具栏中，用户单击【插入】|【图像】。

图 5-75 添加图像

用户在图像 URL 编辑框中，输入资源位置链接，然后单击【确定】。

用户将图像拖到“账户收益”条形图的右边，拖曳图形的左边来增加宽度。图像需要调整大小才能正确显示，如图 5-76 所示。

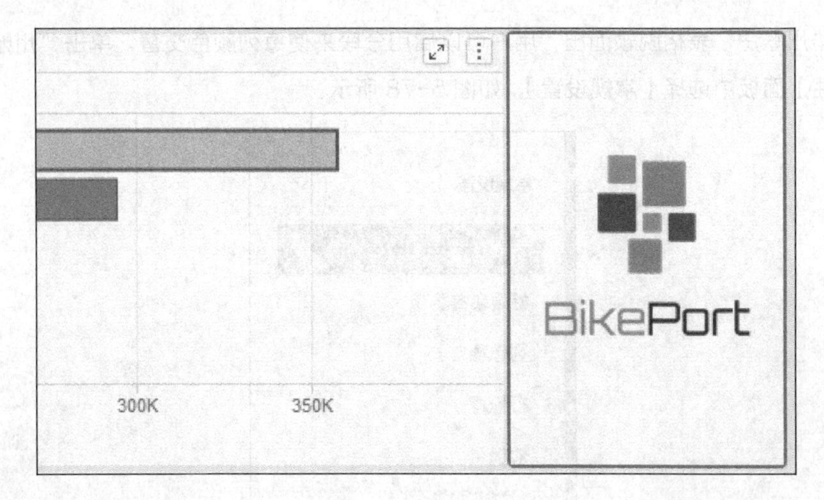

图 5-76 添加图像

用户单击鼠标右键选中图像，然后单击【格式】。在【大小】下拉列表框中选择【适应容器大小】。然后图像的大小将会匹配可视化面板，如图 5-77 所示。

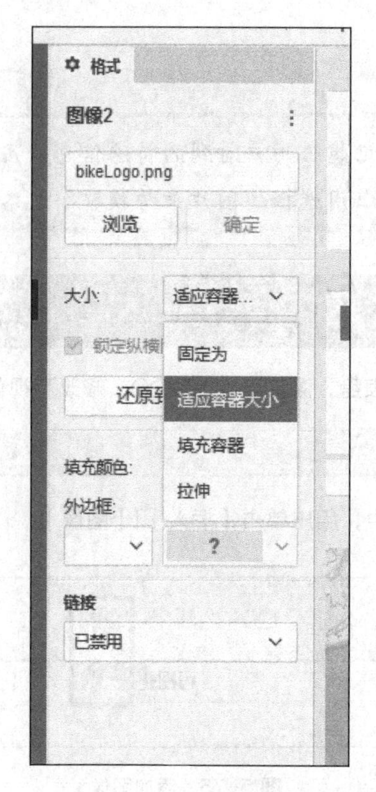

图 5-77　调整图像大小

5.5.2 修改可视化效果

MicroStrategy Desktop-Dossiers 提供了各种各样的可定制化选项，能让用户轻松改变仪表盘的外观。

为了让“州账户”表格脱颖而出，用户可以启用分段来使每列颜色交替。单击“州账户”表格，然后在【属性】面板中选择【常规设置】，如图 5-78 所示。

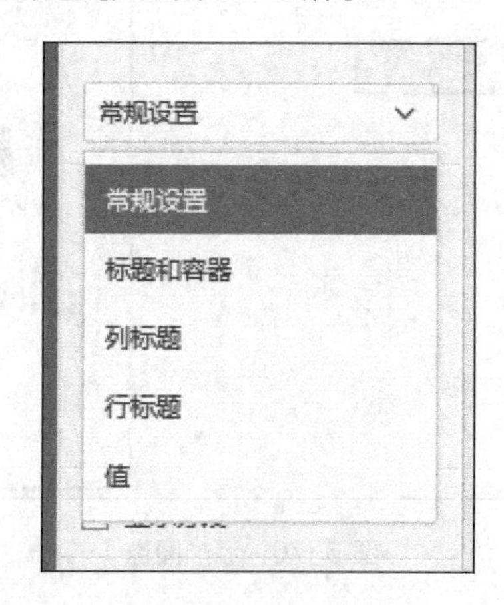

图 5-78　常规设置

用户在【常规设置】下，选择【显示分段】复选框，如图 5-79 所示。

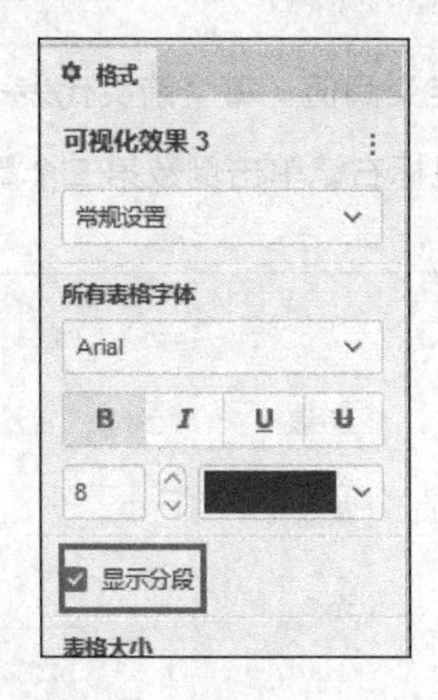

图 5-79　选择显示分段

用户若想要通过改变地图气泡的颜色来显示收益的相对情况，则可以使用阈值。选择“州收益和利润率”地图，然后到【编辑器】，选择【配色依据】下的【利润率】度量，然后在【利润率】上用鼠标右键单击选择【阈值】，如图 5-80 所示。

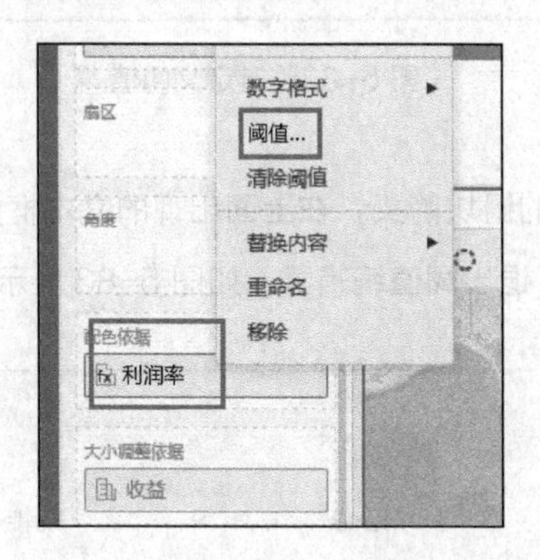

图 5-80　选择阈值

从【颜色】下拉列表框中选择【红-绿】，如图 5-81 所示。

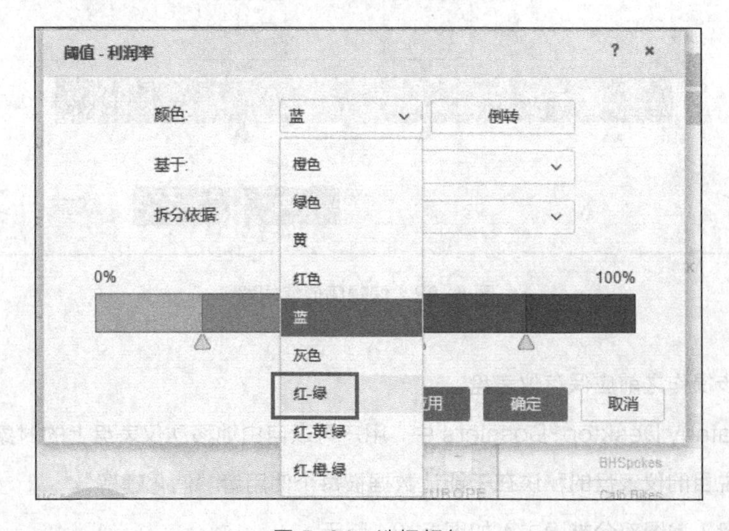

图 5-81　选择颜色

用户在“州账户”表格上设置自定义阈值。每个箭头代表一个比例区间，可以自由地滑动箭头获得想要的颜色，如图 5-82 所示。用鼠标右键单击倒数第二个箭头，选择【删除】。

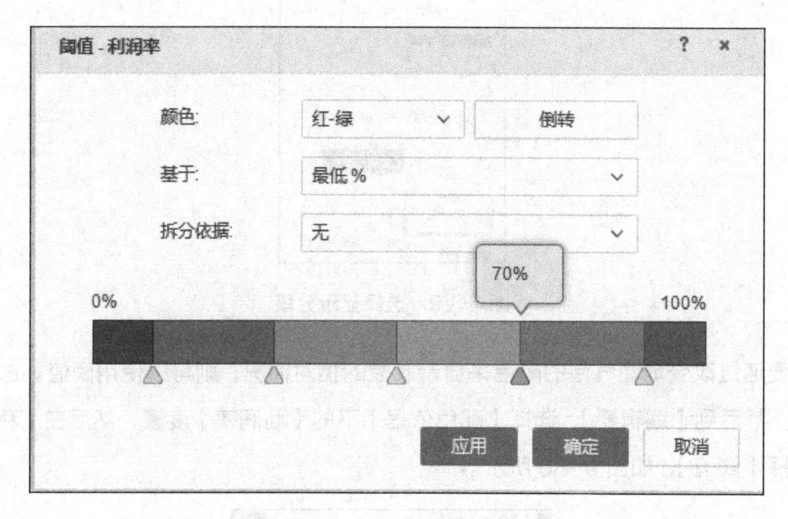

图 5-82　自定义阈值

用户单击红色和绿色交界处的滑块箭头，在上面出现的文本框中输入“40”。在两个绿色交接的箭头处输入“70”，单击【确定】退出阈值编辑器，如图 5-83 所示。

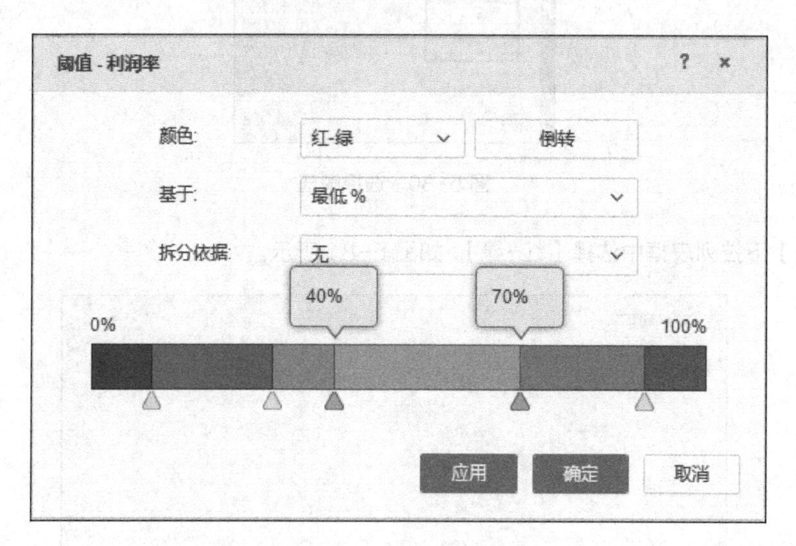

图 5-83　编辑阈值编辑器

用户在进一步操作之前应保存仪表盘。

在 MicroStrategy Desktop-Dossiers 中，用户可以自由地移动仪表盘上的对象并改变它们的尺寸。做一个赏心悦目的仪表盘的秘诀在于能让数据被每个使用者“消化理解”。

最终的仪表盘（地图部分被隐去）如图 5-84 所示。

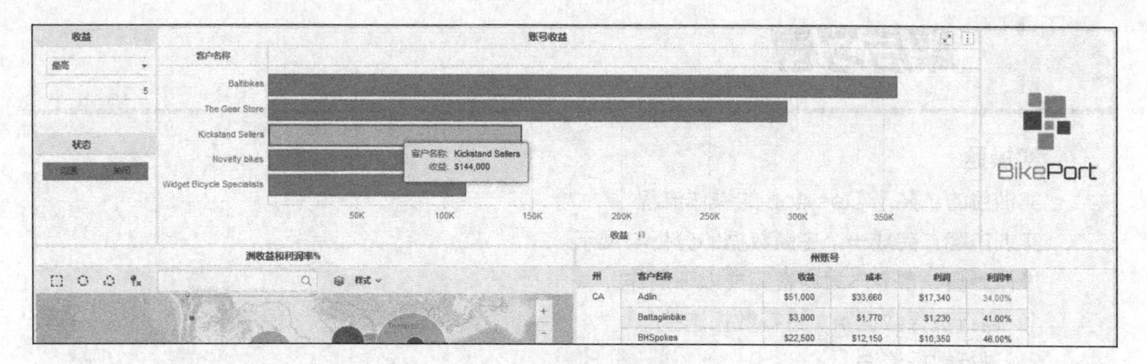

图 5-84　仪表盘展示

5.6 仪表盘分享

分享仪表盘的目的：创建好的仪表盘能以不同的格式被无限制地分享，并能完成注释的功能。

5.6.1 导出成 PDF 格式

要分享仪表盘，需先将仪表盘导出成 PDF 格式。选择【文件】|【导出到 PDF】。可以选择文件路径和给文件命名。然后保存的图片或者 PDF 就可以通过邮件分享了，如图 5-85 所示。

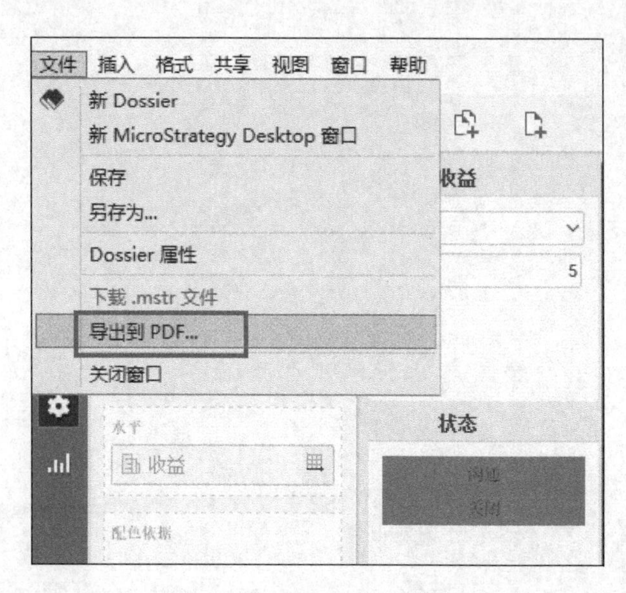

图 5-85　导出成 PDF 格式

5.6.2 Desktop 用户

用户将完成的“可视化分析文件”保存，并保存为.mstr 后缀。用户可以将.mstr 后缀文件分享给其他用户。用户只要安装了 MicroStrategy Desktop，即可打开该文件，查看其可视化效果。

课后习题

实操题

实训目的：熟悉 Desktop 的操作流程。

实训内容：完成一个主题数据的分析与展示。

操作步骤：参考本章内容完成以下操作。

1. 自行选择数据源，进行数据连接。
2. 进行数据清洗。
3. 设计一个仪表盘。
4. 美化仪表盘。
5. 分享仪表盘。

实训考核：完成仪表盘的设计、美化、分享。

第 6 章

商务智能开发工具——MicroStrategy Data Mining Services

数据挖掘的最终目标是从大量数据中查找隐藏的预测信息。数据挖掘过程主要通过应用预测模型，采用回归、分类、群集、关联等分析方式，使用现有信息，获得对商业活动的洞察。本章选取部分典型的企业数据挖掘实例来讲解如何通过 MicroStrategy Data Mining Services 来预测业务活动和交易可能带来的结果。

本章主要通过介绍具体的商务智能工具软件——微策略（MicroStrategy）的 MicroStrategy Developer 来实践数据挖掘。

【学习目标】

1. 了解 MicroStrategy 的数据挖掘工具的特点。
2. 理解数据挖掘的工作流程。
3. 通过案例掌握常用的数据挖掘方法和步骤。

6.1 开发工具概述

在 Windows 环境下安装部署完 MicroStrategy 后，打开 Developer 自带的 MicroStrategy Tutorial 项目。MicroStrategy Tutorial 项目中包含近乎所有的 MicroStrategy 功能案例，其中也包含数据挖掘相关的案例。在【公共对象】|【报表】|【MicroStrategy 平台功能】|【MicroStrategy Data Mining Services】文件夹下存放了关于数据挖掘相关的案例，如图 6-1 所示。

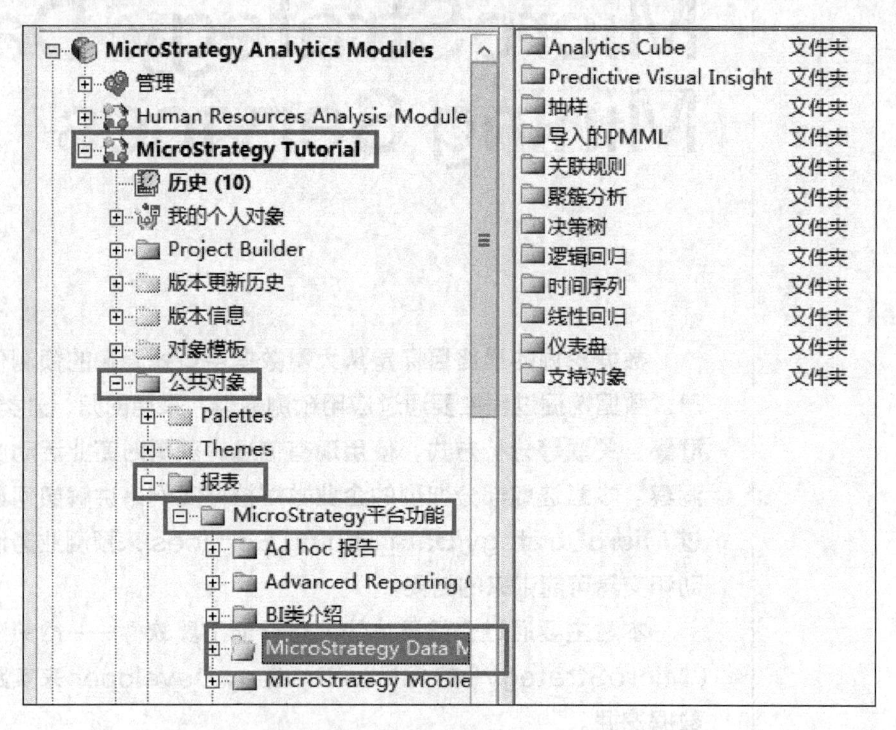

图 6-1　MicroStrategy Data Mining Services 案例

6.1.1 MicroStrategy 的数据挖掘功能

MicroStrategy Data Mining Services 模块包含以下功能：用 MicroStrategy 创建多变量线性回归、多变量指数回归、逻辑回归、决策树、聚类分析、关联规则以及时间序列模型；支持预测模型标记语言（Predictive Model Markup Language，PMML），并使用工业标准导入第三方预测模型；通过“预测模型查看器”来可视化预测模型。

通过扩展 MicroStrategy 的强大分析、查询以及报表制作功能，MicroStrategy Data Mining Services 模块可以帮助组织机构运用其数据来预测未来的结果，客户的行为、分类，并评估风险，能广泛应用于不同的行业和业务领域。

6.1.2 MicroStrategy 的数据挖掘方式

在 MicroStrategy 报表中部署预测度量来预测新的结果（该过程称为计分）。在 MicroStrategy 内进行数据挖掘的最常用方法如下。

1. 数据库中的计分

记录将分批计分并保存为数据表或列。记录将作为新数据或现有数据表内新的列进行计分并插入到数据库中。大多时候，第三方计分引擎将会接收数据集，并对记录进行计分。接着，这些计分将被添加到数据库。这些计分成为数据库的一部分之后，MicroStrategy 实体或度量可以反映出计分，与数据库中其他任何数据一样。

2. 通过数据库进行计分

数据库通过回答查询项来对记录进行计分。数据库系统的数据挖掘功能用于执行计分操作。几乎所有数据库都可以对数据挖掘模型进行计分。最常用的方法是保留数据库中的模型，并通过使用数据库所处理的 SQL 查询的扩展项调用模型以生成计分。此方法的主要特征是其模型可以在不同于开发此模型的数据挖掘工具的系统中进行计分。该模型可以作为预测模型标记语言 PMML 保存在数据库中，也可以作为可执行的代码进行保存。由于创建模型所需要的复杂算法不是计算模型所必需的，所以通过此方式保留模型是可行的。计分所需要做的只是对一系列输入值进行数学运算并生成结果。在模型创建工具之外对其进行计分的功能相对较新，但越来越多的企业开始采用此方法。

3. 通过 MicroStrategy 进行计分

MicroStrategy 使用度量和报表来对记录进行计分。无需数据库以及数据库管理员的支持就能在商务智能平台环境下应用预测模型。这种直接的方法减少了不必要的时间消耗、数据不一致的可能性、多部门之间的依存关系。

6.1.3 PMML 概要

模型标记语言（Predictive Model Markup Lanauage，PMML）是用来表现数据挖掘模型的 XML 标准。它由数据挖掘小组（Data Mining Group，DMG）开发。该小组是一个独立的联合会，由包括 MicroStrategy 在内的超过 20 家企业组成。PMML 透彻地说明了预测模型的应用方法。它允许使用下列各种模型类型：回归、神经网络、群集、树、规则集、支持向量机函数、模型的集合、关联规则、时间序列。它还支持数据的转换以及描述性统计数据。PMML 可以通过多种数据挖掘应用程序来生成。MicroStrategy 可以导入 PMML，也可以生成特定类型的模型。

PMML 是产业的主导优势，因为它允许统计师与分析师把复杂且难解的工作轻松部署到其他环境。PMML 在数据挖掘工具与使用数据挖掘模型的应用程序之间形成了完整的链接。多家数据挖掘服务以及数据库提供商声明已经集成了基于 PMML 的相关服务。MicroStrategy 是第一个支持该标准的商务智能平台。通过对企业的所有用户开放预测度量的访问，MicroStrategy

实现了一般用户使用数据挖掘的可能。更多关于 PMML 的信息，用户可以访问相关网站或查阅相关文档。

6.1.4 应用数据挖掘服务的工作流程

应用数据挖掘服务（Data Mining Services）创建并部署数据挖掘模型的工作流程如下。

（1）定义目标。

（2）创建用于开发预测模型的数据集报表。

（3）使用 MicroStrategy 或第三方应用程序，通过数据集创建并训练预测模型。

（4）使用 MicroStrategy Developer 创建预测度量。

（5）在 MicroStrategy 报表中部署预测度量来预测新的结果（该过程称为计分）。预测度量也可以用于筛选器、自定义组以及使用了 MicroStrategy 度量的位置。创建预测模型后，用户可以用 MicroStrategy 预测模型查看器来查看它。

6.2 线性回归和季节回归

6.2.1 目标

为了有助于设立企业下一年度的收益目标，我们需要在现有趋势的基础上建立一个企业收益的预测，用于预测下一年每个季度的收益及年收益。这需要通过线性回归和季节回归实现。

该案例可在【MicroStrategy Tutorial】|【公共对象】|【报表】|【MicroStrategy 平台功能】|【MicroStrategy Data Mining Services】|【线性回归】|【每季度】路径下查看。

6.2.2 数据准备

本案例将使用 2014 年至 2016 年 MicroStrategy Tutorial 项目中现有可用的收益值来预测 2017 年度的收益值。2017 年度收益的预测将按照季度间隔来判断。2017 年的各个季度已在 MicroStrategy 项目中定义完毕，但是还没有可用的每个季度的收益数字。[①]

模型需要连续的季度输入来确定回归模式。通常情况下，Quarter（季度）实体被格式化后用来代表每年的某一季度（例如“20142”代表 2014 年第 2 季度），因此不能作为连续的索引用于 2014 年到 2016 年的季度。为了对应此要求，请用 Quarter 实体来创建 QuarterIndex（季度指数）度量。该度量将把当前的“Quarter”格式转换为从 1 到 16 的值的索引。

例如：

（1）Quarter 20142（2014 年第 2 季度）包含 2 个索引。

（2）Quarter 20173（2017 年第 3 季度）包含 15 个索引。

（3）QuarterIndex 的度量应如下所示。

① 案例数据非最新数据，仅用于案例的教学说明。

QuarterIndex = ((Max(Quarter@ID) {~ } –(10 * Max (Year@ID)) {~ })
+((Max(Year@ID) {~} -2010) * 4))

说明：20142 季度通过公式的换算=（20142-10*2014）+（2014-2014）*4=2，同理，20173 的换算为 15，实现“Quarter”格式转换为 1 到 16 的值的索引。

{ }在 MicroStrafegy 软件操作环境中，代表度量的定义。

{~}在 MicroStrafegy 软件操作环境中，代表报表的级别，是默认的报表级别。

例如：

Sum(Revenue) {~}表示度量 Revenue（收益）的定义，是默认级别。

需要注意的是，当创建度量时，它的级别默认设为报表级别。度量将在它所在的报表上的实体级别进行计算，请留意避免报表级别被删除。

6.2.3 数据挖掘步骤

1. 创建用于线性回归分析的训练度量

（1）在 MicroStrategy Developer 中，从【工具】菜单中选择【度量训练向导】，如图 6-2 所示。系统将打开【度量训练向导-介绍】对话框，如图 6-3 所示。

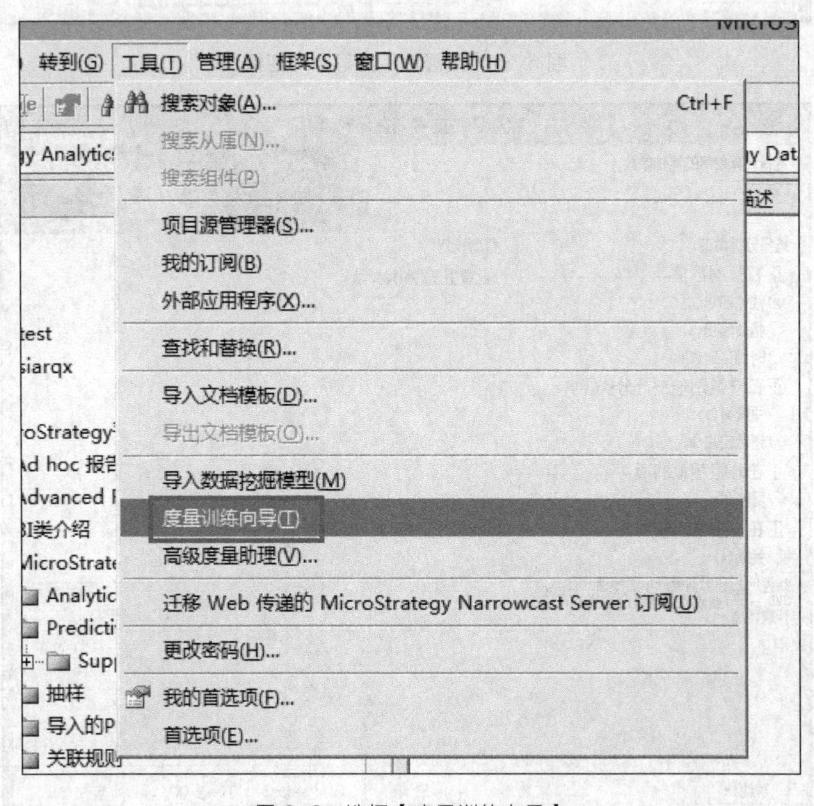

图 6-2 选择【度量训练向导】

（2）单击【下一步】按钮打开【度量训练向导-选择分析类型】对话框。

（3）选择【线性回归】，如图 6-4 所示。

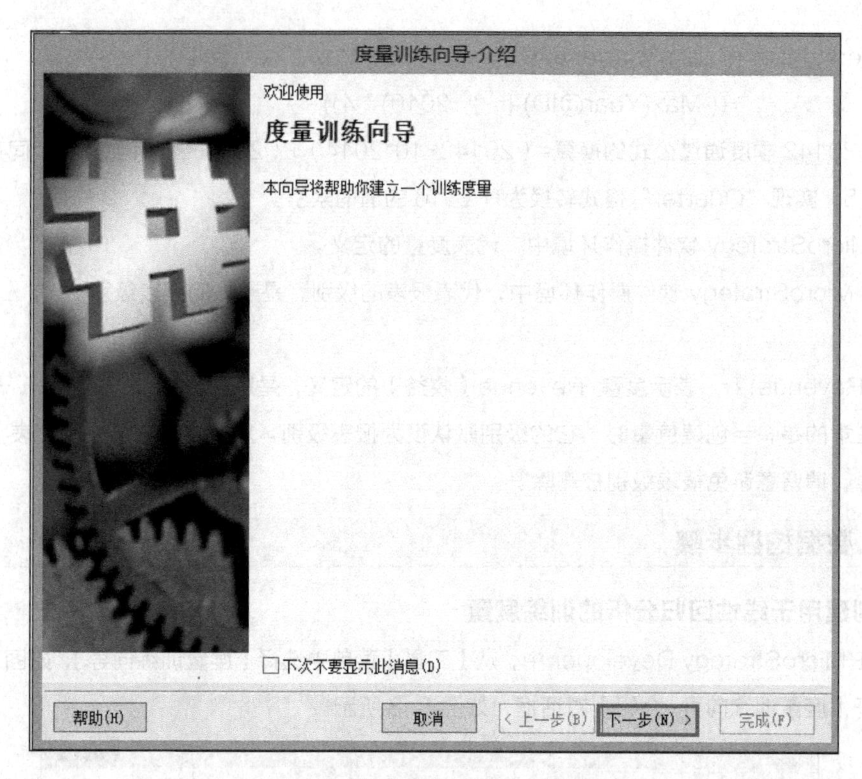

图 6-3 【度量训练向导】对话框

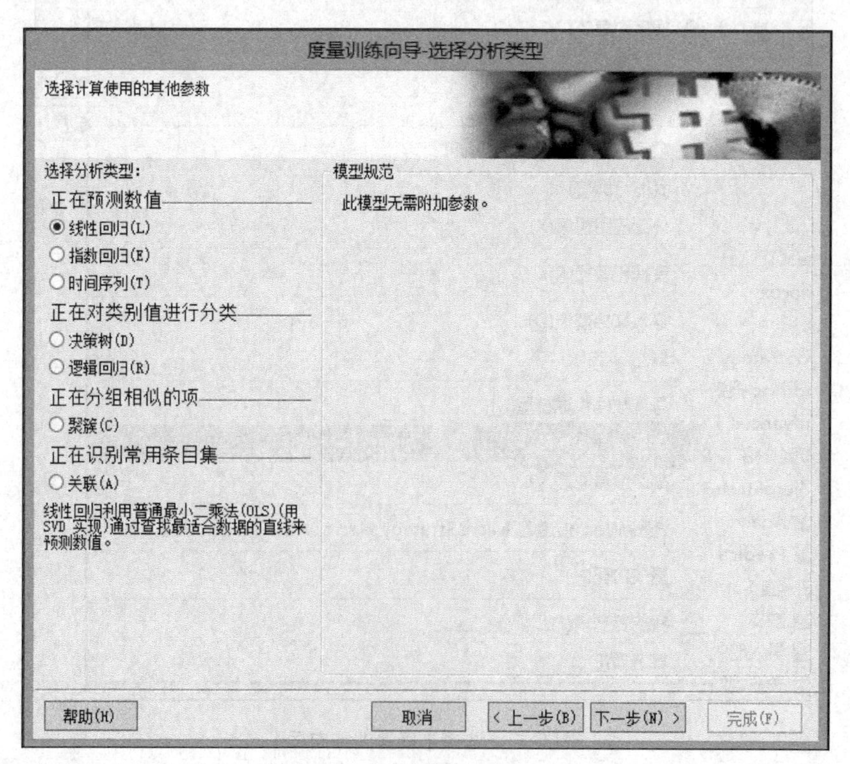

图 6-4 选择【线性回归】

(4)单击【下一步】，打开【度量训练向导-选择度量】页面，如图 6-5 所示。

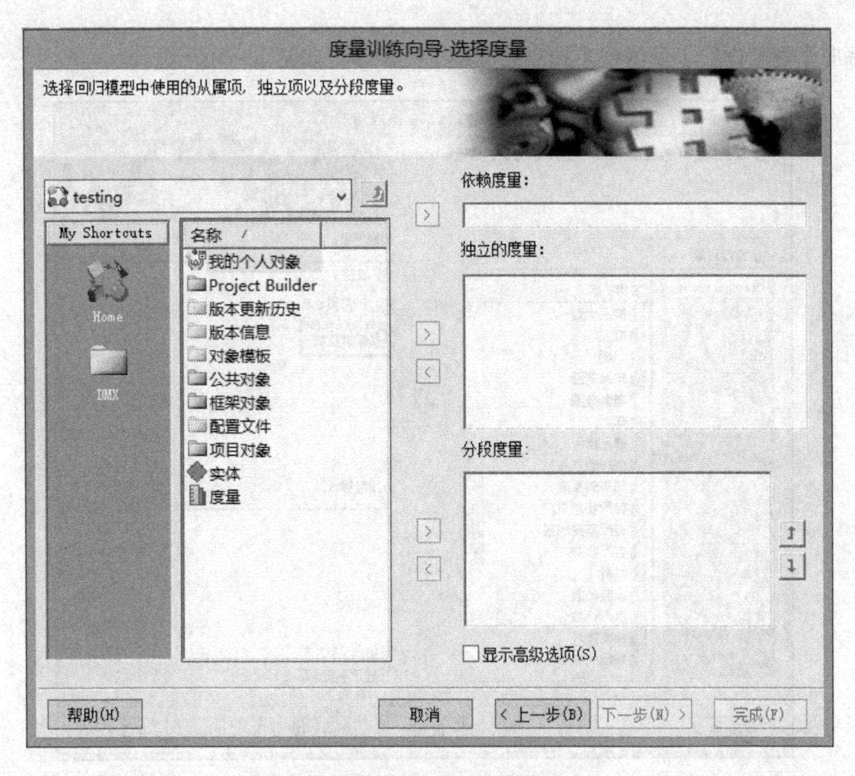

图 6-5 【度量训练向导-选择度量】页面

（5）选择【收益】作为【依赖度量】，如图 6-6 所示。

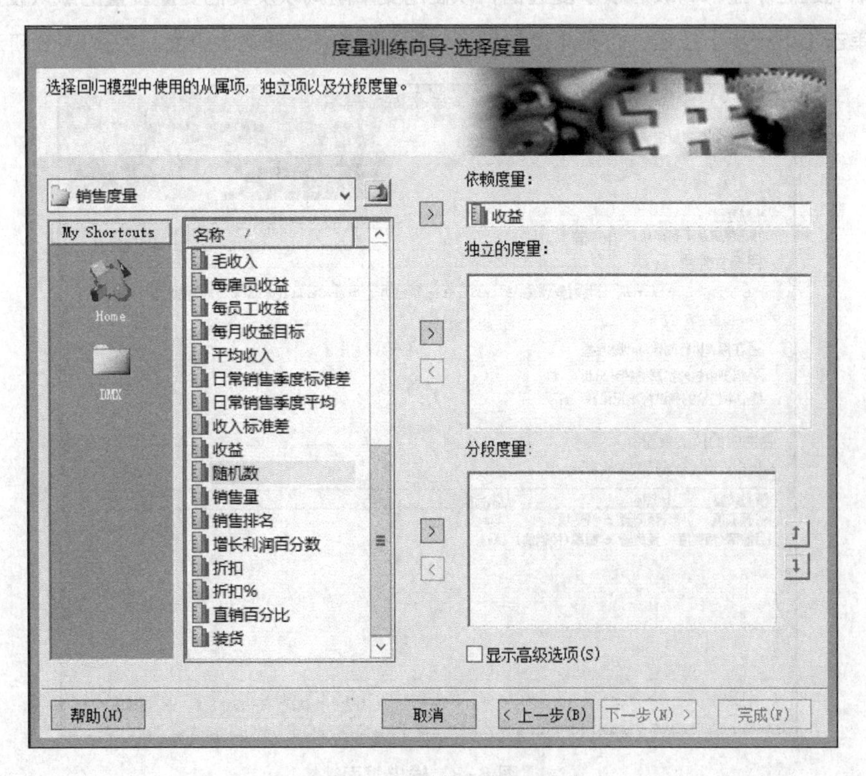

图 6-6 选择【依赖度量】

（6）添加【季度指数】度量到【独立的度量】列表中，如图 6-7 所示。

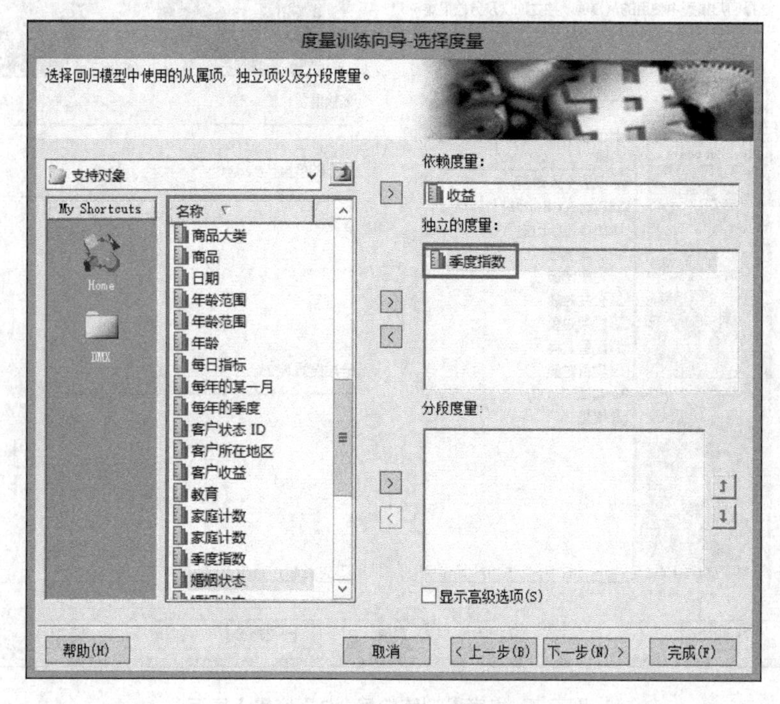

图 6-7　选择【独立的度量】

（7）取消选定【显示高级选项】复选框，以使用变量削减以及其他变量设置的默认设置。

（8）单击【下一步】按钮，打开【度量训练向导-选择输出模式】页面，如图 6-8 所示。

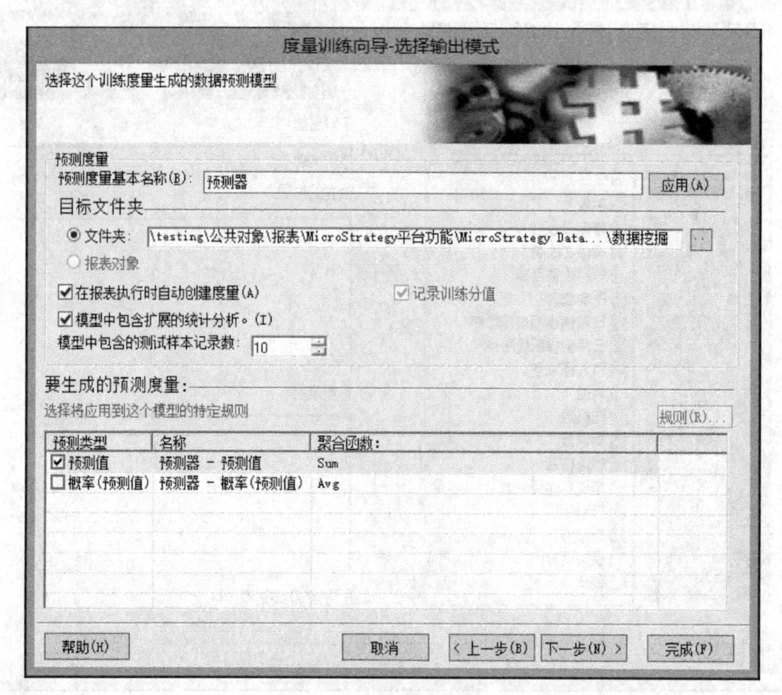

图 6-8　输出界面

选定【报表执行时自动创建度量】复选框，选择【预测值】，单击【完成】，保存设置并创建度量，如图 6-9 所示。

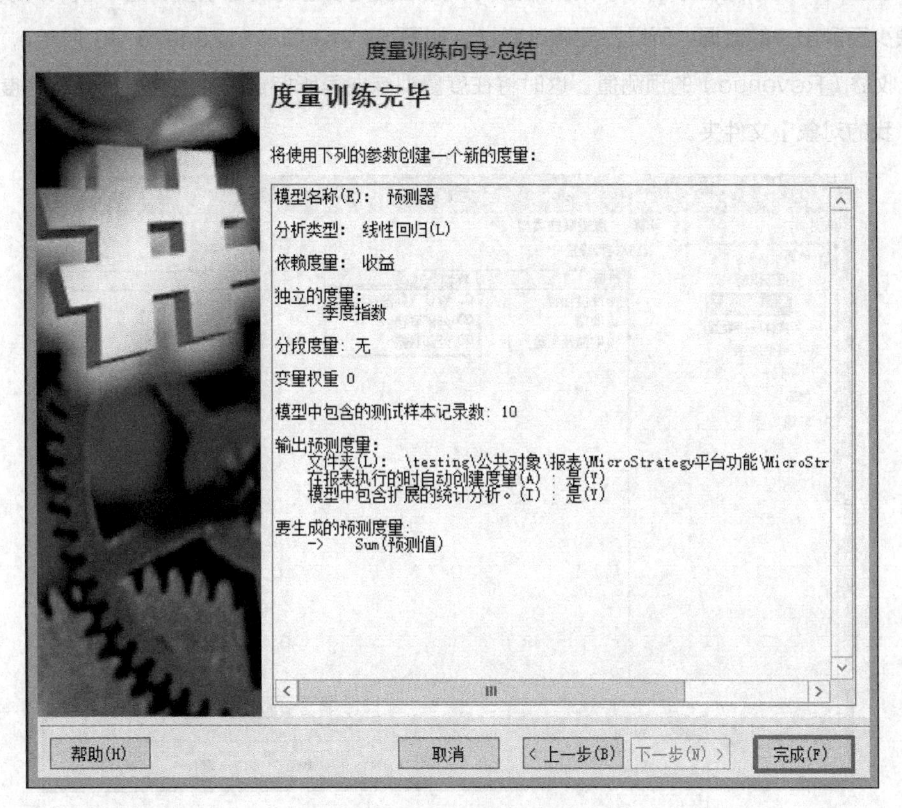

图 6-9 完成创建训练度量

2. 创建报表

用新建的训练度量和【季度】实体创建一份报表。添加【季度指数】度量和【收益】度量来比较训练度量计算的值与原始值。执行该报表，如图 6-10 所示。

季度指数
收益
季度
为'收益预测器 - 预测值'训练度

视图筛选

季度 \ 度量	季度指数	为'收益预测器 - 预测值'训练度量	收益
2014年一季度	17	1,763,218	$1,682,656
2014年二季度	18	1,973,295	$1,985,788
2014年三季度	19	2,183,372	$2,314,295
2014年四季度	20	2,393,449	$2,664,500
2015年一季度	21	2,603,527	$2,498,756
2015年二季度	22	2,813,604	$2,684,764
2015年三季度	23	3,023,681	$3,067,019
2015年四季度	24	3,233,758	$3,267,067
2016年一季度	25	3,443,835	$3,111,989
2016年二季度	26	3,653,912	$3,504,479
2016年三季度	27	3,863,990	$3,729,456
2016年四季度	28	4,074,067	$4,512,940

图 6-10 创建报表

3. 结果查看

训练度量将生成最适合【收益】数据的直线。通过使用度量的外部联接类型（默认内联接，数据展现会缺少预测出来的数据，所以需要修改联接，如图 6-11、图 6-12、图 6-13 所示），以查看到 2017 年收益（Revenue）的预测值。这时将在度量训练向导所指定的文件夹中创建预测度量。默认位置是【我的对象】文件夹。

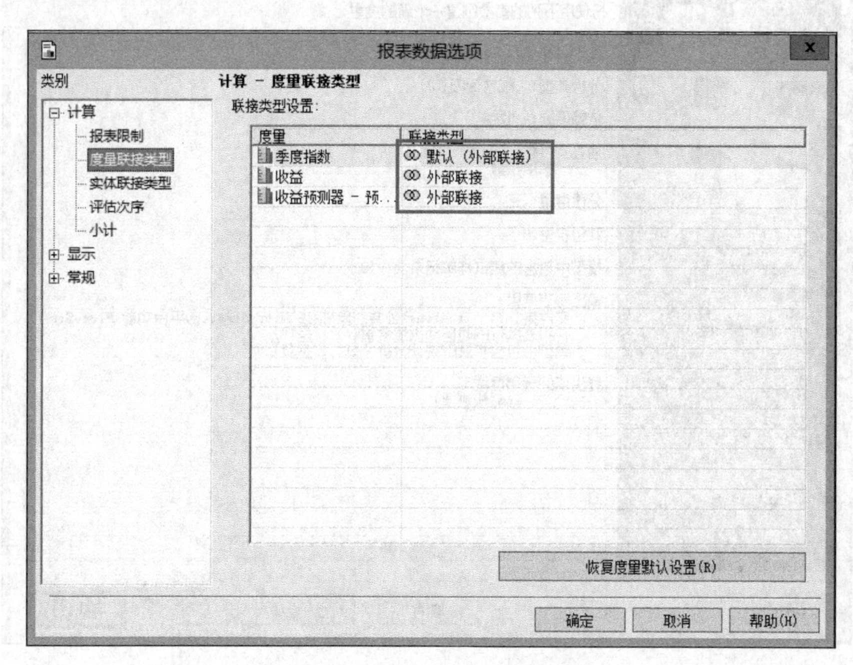

图 6-11 修改度量外部联接

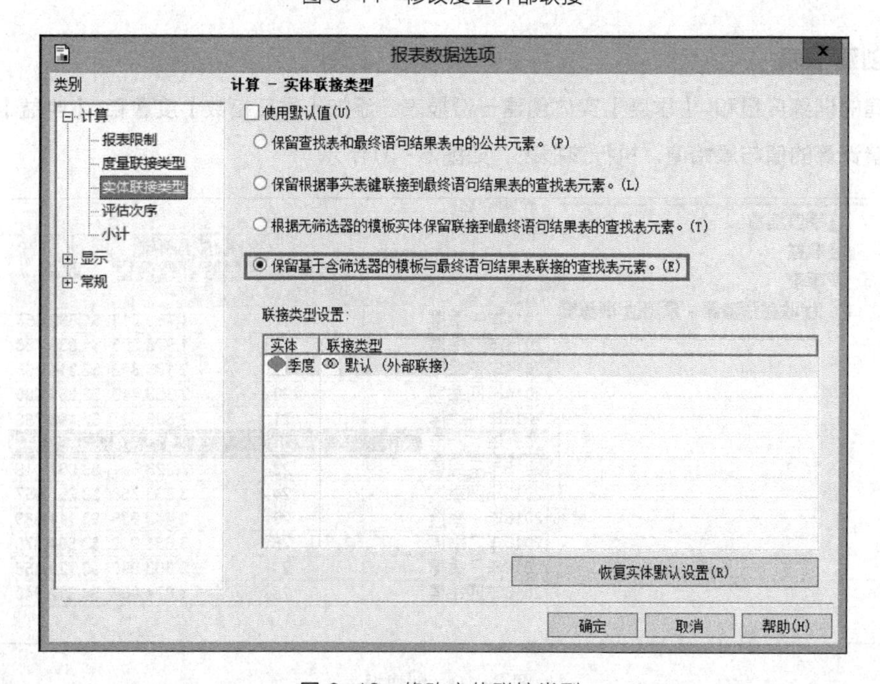

图 6-12 修改实体联接类型

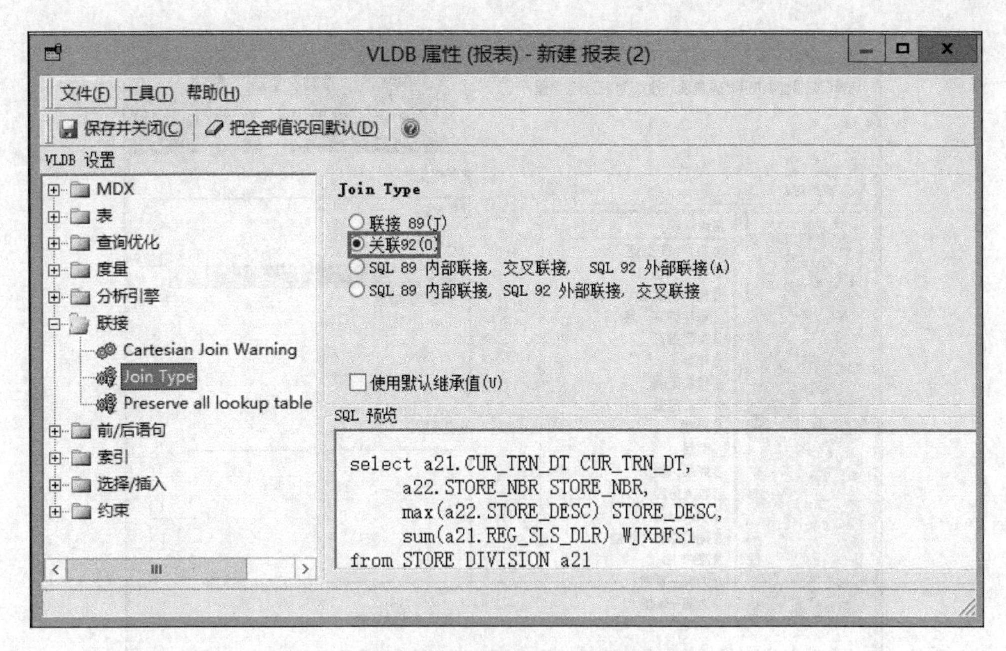

图 6-13 修改 VLDB 属性

预测度量通过收益（Revenue）数据精确地描述了折线型图表，但这未能满足预期效果。

4. 创建用于季节性回归分析的训练度量

假设数据是每个季节的相关数据，并且需要预测 2017 年全年的起伏变化。

季节性是通过添加另一个独立度量到训练度量来确定的。这个附加的度量指定了与各季度指数（QuarterIndex）值关联的年份内的季度。

例如：季度指数（Quarter Index）值 1、5、9 和 13 全部来自第一季度。

每年的季度（Quarter of Year）度量类似于季度指数（Quarter Index），计算公式为：

Quarter of Year = (Max(Quarter@ID) {~} -(10 * Max(Year@ID)) {~})。

具体步骤如下。

（1）在 MicroStrategy Developer 中，双击【训练度量】，打开【度量训练向导】。

（2）单击【下一步】按钮，打开【度量训练向导-选择分析类型】页面。请不要更改此页面上的任何值。

（3）单击【下一步】按钮，打开【度量训练向导-选择度量】页面。添加 【每年的季度】度量到独立度量的列表，如图 6-14 所示。

（4）单击【下一步】，打开【度量训练解-选择输出模式】页面。重命名预测度量以避免覆盖现有的线性预测度量。用新名称保存训练度量，以区别其季节的不同。

5. 创建报表

用户通过添加新建的训练度量到报表来比较预测数据与【季度】度量（Quarter）。在报表中添加【每年的季度】度量（Quarter of Year）、【季度指数】度量（QuarterIndex）以及【收益】度量（Revenue）。执行该报表。

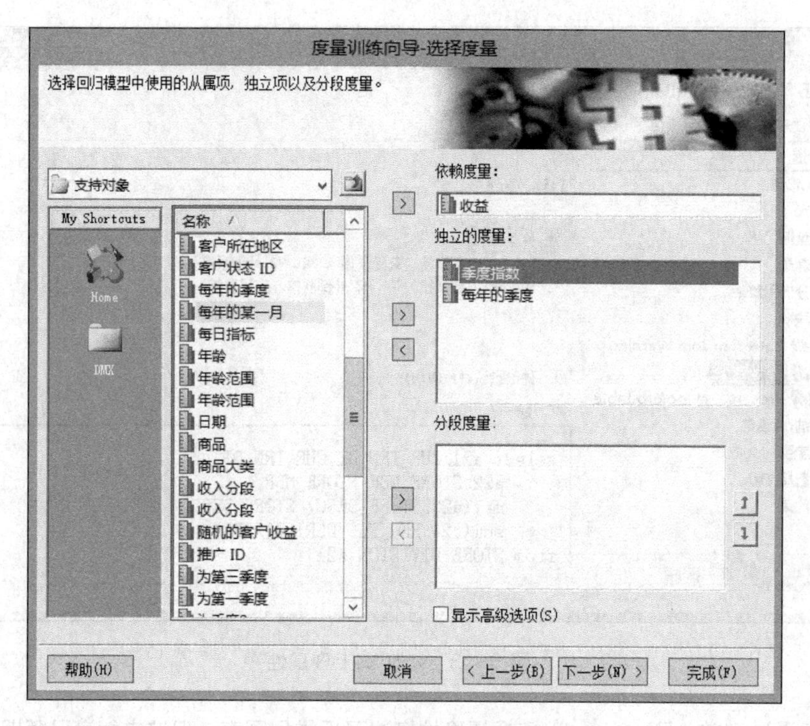

图 6-14　添加【每年的季度】度量

6. 结果查看

用户可以确定 2017 年全年及各季度收益数值。这时将在度量训练向导所指定的文件夹中创建预测度量。默认位置是【我的对象】文件夹。预测度量满足了预期效果，包含预测每个季度的相关数据及 2017 年全年的变化，如图 6-15 和图 6-16 所示。

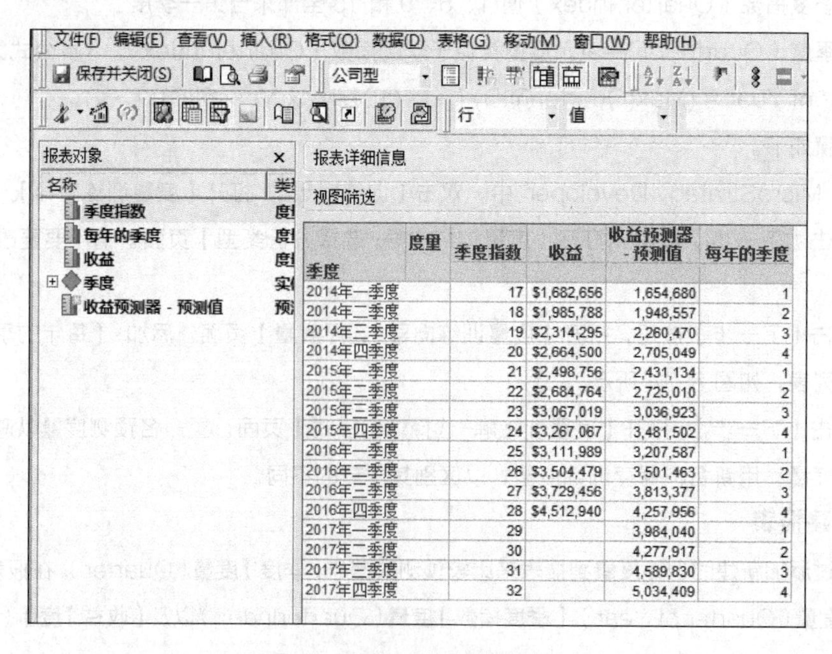

季度 \ 度量	季度指数	收益	收益预测器 - 预测值	每年的季度
2014年一季度	17	$1,682,656	1,654,680	1
2014年二季度	18	$1,985,788	1,948,557	2
2014年三季度	19	$2,314,295	2,260,470	3
2014年四季度	20	$2,664,500	2,705,049	4
2015年一季度	21	$2,498,756	2,431,134	1
2015年二季度	22	$2,684,764	2,725,010	2
2015年三季度	23	$3,067,019	3,036,923	3
2015年四季度	24	$3,267,067	3,481,502	4
2016年一季度	25	$3,111,989	3,207,587	1
2016年二季度	26	$3,504,479	3,501,463	2
2016年三季度	27	$3,729,456	3,813,377	3
2016年四季度	28	$4,512,940	4,257,956	4
2017年一季度	29		3,984,040	1
2017年二季度	30		4,277,917	2
2017年三季度	31		4,589,830	3
2017年四季度	32		5,034,409	4

图 6-15　季度收益预测报表

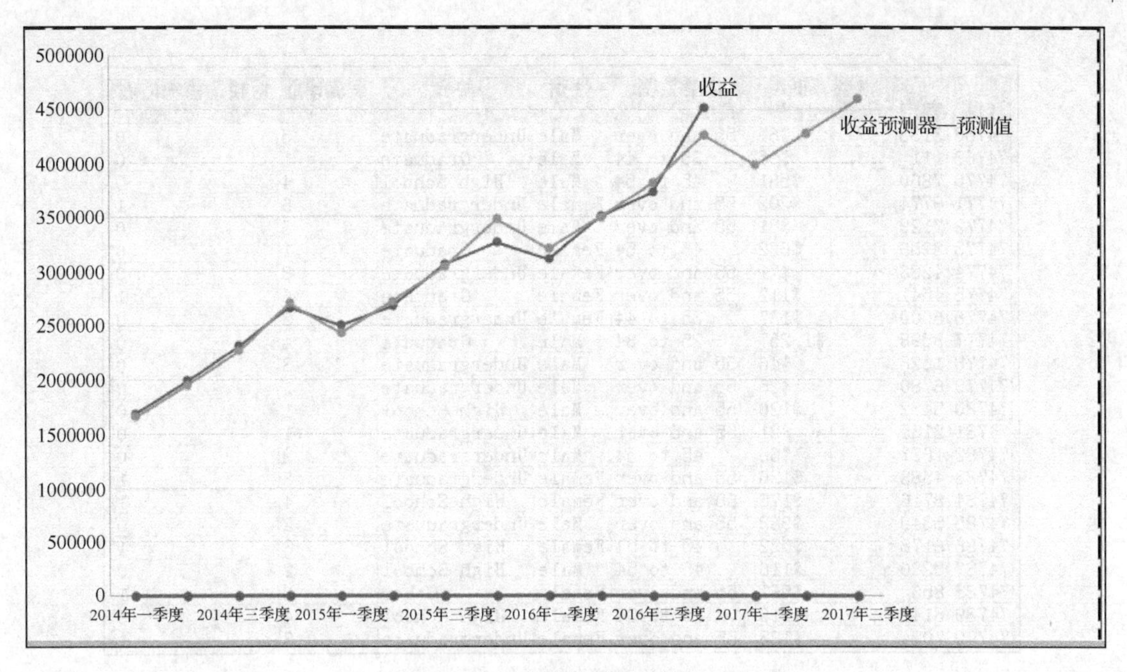

图 6-16 季度收益预测折线图

6.3 逻辑回归

6.3.1 目标

企业要想提高市场推广的有效性，削减成本，并在数据分析中展现积极响应的比例，可以通过逻辑回归实现。

该案例可在【MicroStrategy Tutorial】|【公共对象】|【报表】|【MicroStrategy 平台功能】|【MicroStrategy Data Mining Services】|【逻辑回归】|【推广活动管理】路径下查看。

6.3.2 数据准备

企业以前推广活动的结果将用来分析与判断是否存在相关因素可用来预测未来类似推广活动的执行情况。最近一次的开学特卖推广活动的 5 258 位受访客户中产生了 947 位回应者。该推广活动建立在以下基础之上。数据如图 6-17 所示。

- 年龄范围（Age Range）。
- 性别（Gender）。
- 家庭计数（Household Count）。
- 收入（Income）。

为了在开学特卖推广活动的基础上预测未来的推广活动，分析者可能需要在预测模型中使用 3 个上述实体（年龄范围、性别、家庭计数）。因此，分析者必须为每个实体形式创建相应的度量。以下是此报表所使用的度量的部分示例。

订单	客户 度量	收入	年龄范围	性别	教育	家庭计数	返校销售响应者
74768	3133	$61	55 and over	Male	Undergraduate	5	0
74769	111	$95	35 to 44	Male	Graduate	1	0
74770	7860	$581	45 to 54	Male	High School	4	0
74771	9774	$202	55 and over	Female	Undergraduate	6	1
74772	7129	$31	55 and over	Male	Undergraduate	6	0
74773	3256	$632	45 to 54	Female	Graduate	1	0
74774	4233	$71	55 and over	Female	Undergraduate	3	0
74775	4541	$112	55 and over	Female	Graduate	6	1
74776	5000	$137	35 to 44	Female	Undergraduate	2	0
74777	8598	$1,257	25 to 34	Male	Graduate	4	0
74778	1628	$46	55 and over	Male	Undergraduate	3	0
74779	6780	$25	55 and over	Male	Undergraduate	1	0
74780	3432	$120	55 and over	Male	High School	1	0
74781	2135	$81	55 and over	Male	Undergraduate	1	0
74782	1627	$66	45 to 54	Male	Undergraduate	2	0
74783	4588	$126	55 and over	Female	Undergraduate	3	1
74784	8716	$178	55 and over	Female	High School	4	1
74785	5340	$988	55 and over	Male	Undergraduate	2	0
74786	6178	$522	45 to 54	Female	High School	3	1
74787	5280	$116	45 to 54	Male	High School	2	0
74788	856	$561	55 and over	Female	Other	3	1
74789	8146	$110	25 to 34	Female	High School	4	0
74790	7024	$123	55 and over	Female	Undergraduate	3	1

图 6-17　数据展现

- Max（[Customer Age Range]@ID） {Customer}。
- Max（[Customer Gender]@DESC） {Customer}。
- Max（[Customer Household Count]@DESC）{Customer}。

分析者使用逻辑回归分析来生成一个预测模型。逻辑回归将从一系列不同的可能性中选择最有可能实现的结果。

6.3.3 数据挖掘步骤

1. 创建用于逻辑回归分析的训练度量

此操作流程假设已经创建【返校销售响应者】(Back-to-School Sale Responder）度量。

（1）在 MicroStrategy Developer 中，从工具菜单中选择【度量训练向导】，如图 6-18 所示。系统将打开【度量训练向导-介绍】对话框。

（2）单击【下一步】，打开【度量训练向导-选择分析类型】页面。选择【逻辑回归】作为分析类型，如图 6-19 所示。

（3）单击【下一步】，打开【度量训练向导-选择度量】页面。选择【返校销售响应者】(Back-to-School Sale）作为从属度量。添加【年龄范围】、【性别】和【家庭计数】度量到独立度量的列表中，如图 6-20 所示。

（4）单击【下一步】，打开【度量训练向导-选择输出】页面；选定【报表执行时自动创建度量】复选框；选择【预测值】；单击【完成】保存设置，并创建度量。用户现在可以在训练度量中加入相应的度量来创建一个预测度量。

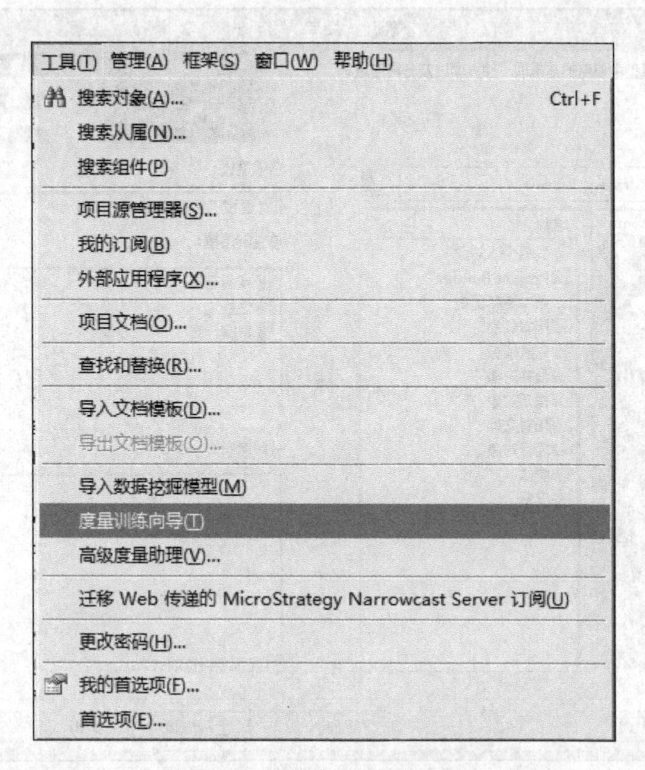

图 6-18 选择【度量训练向导】

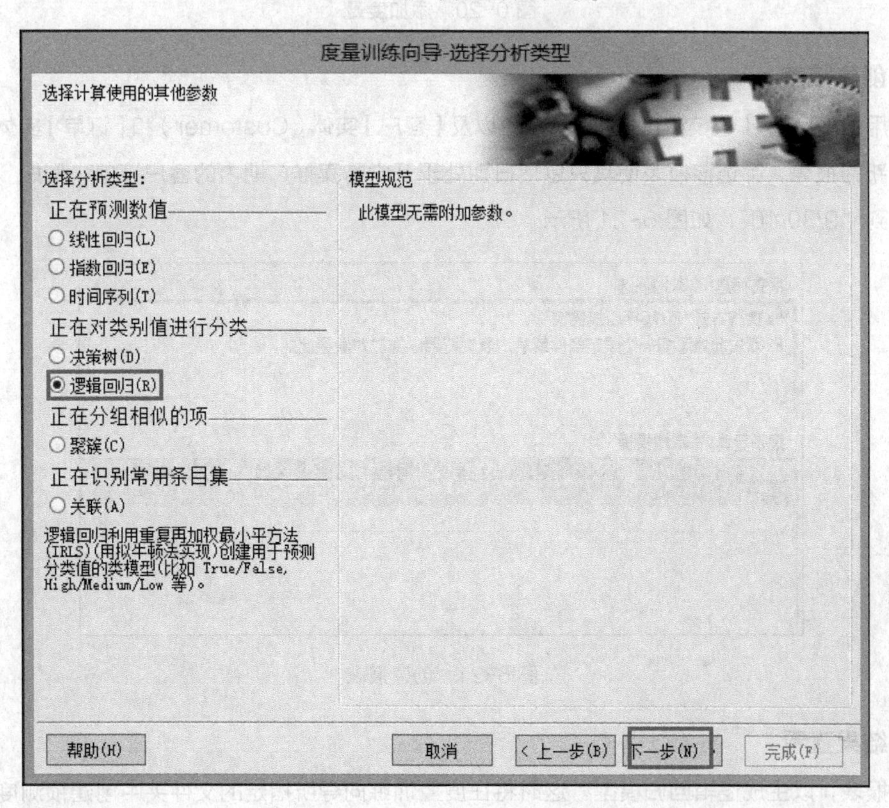

图 6-19 选中【逻辑回归】

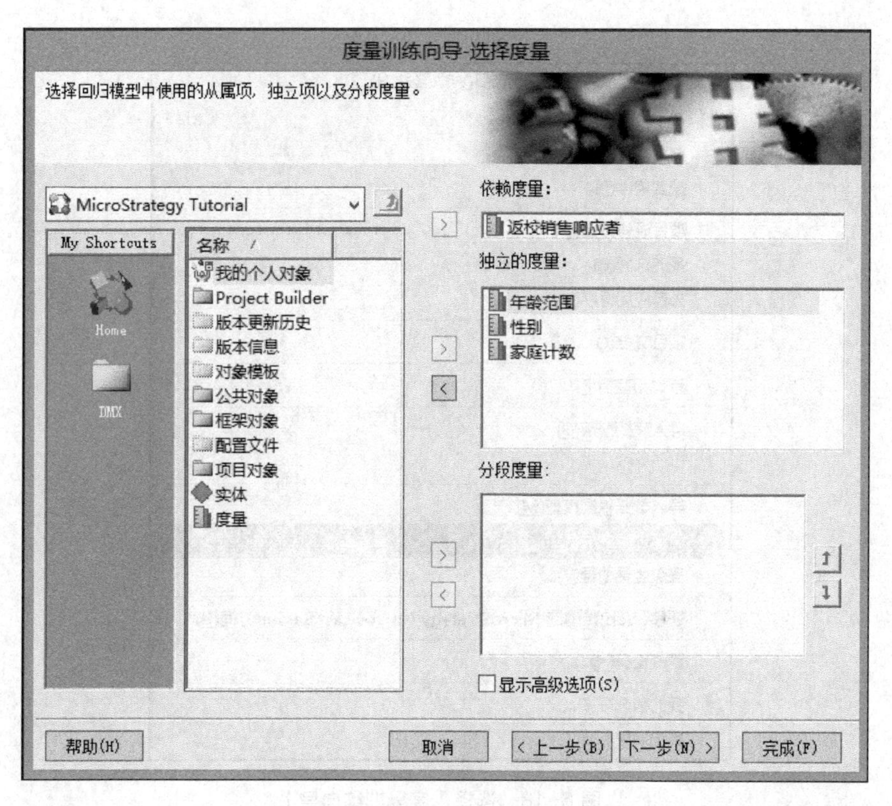

图 6-20 添加度量

2. 创建报表

用户用训练度量、【返校销售响应者】度量以及【客户】实体（Customer）和【订单】实体（Order）创建一份新的报表，筛选该报表使其只包括日期处于开学特卖推广期内的客户订单，例如“8/1/16”起，截止到“9/30/16”，如图 6-21 所示。

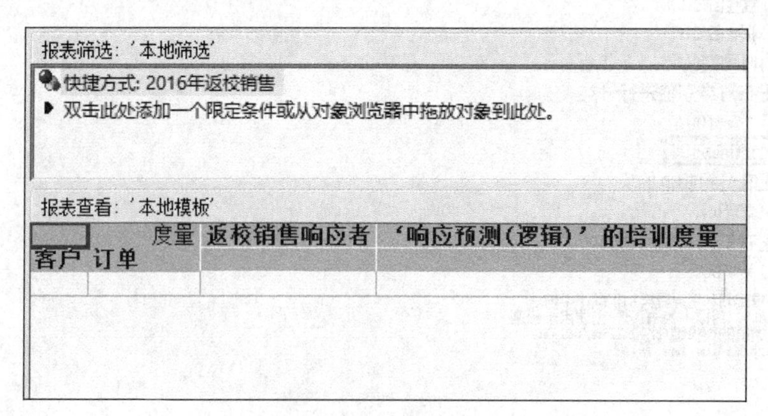

图 6-21 创建报表

3. 结果查看

执行报表，以生成逻辑回归模型。这时将在度量训练向导所指定的文件夹中创建预测度量。默认位置是【我的对象】文件夹。

用户通过添加预测度量以及【客户】实体和【返校销售回应者】度量到报表，所显示的预测准确率为95.7%。也就是说，在共计5 258名客户中，对5 245人的回应的预测是正确的。预测度量已经具备锁定有可能对未来的推广活动有所回应的目标客户的功能，如图6-22所示。

客户	订单 (度量)	年龄范围	性别	家庭计数	返校销售响应者	'响应预测(逻辑)'的培训度量
总数		--	--	--	1,683	1,764
1	141241	45 to 54	Male	2	0	0
2	142275	55 and over	Male	1	0	0
3	136881	55 and over	Female	1	0	0
	139568	55 and over	Female	1	0	0
	138633	55 and over	Female	3	1	1
4	140642	55 and over	Female	3	1	1
	141099	55 and over	Female	3	1	1
7	134919	55 and over	Male	3	0	0
	142430	55 and over	Male	3	0	0
9	139407	35 to 44	Male	1	0	0
	133249	35 to 44	Male	5	0	0
10	135022	35 to 44	Male	5	0	0
	142325	35 to 44	Male	5	0	0
11	134072	55 and over	Female	4	1	1
12	138420	55 and over	Male	3	0	0
14	135046	35 to 44	Female	3	1	1
	140211	35 to 44	Female	3	1	1
15	133011	35 to 44	Female	2	0	0
	140460	35 to 44	Female	2	0	0

图6-22　结果查看

6.4 决策树分析

6.4.1 目标

本例基于消费心理和通信习惯对电信客户的影响，来研究电信客户的发展趋势，并通过决策树分析实现。

该案例可在【MicroStrategy Tutorial】|【公共对象】|【报表】|【MicroStrategy 平台功能】|【MicroStrategy Data Mining Services】|【决策树】|【推广活动管理】路径下查看。

6.4.2 数据准备

使用决策树来分析下列输入值。

- 闲时平均分钟数（Average Minutes during Off-Peak Times）。
- 忙时平均分钟数（Average Minutes during Peak Times）。
- 中断的通话数（Dropped Calls）。
- 咨询台通话数（Helpdesk Calls）。
- 更新（Renewals）。
- 年龄范围（Age Range）。
- 性别（Gender）。
- 家庭人数（Household Count）。

- 婚姻状况（Marital Status）。
- 收入阶层（Income Bracket）。

用户需要为每个实体形式创建相应的度量。这些度量将被用作训练度量的输入值。示例如下。

- Max（[Customer Age Range]@ID） {Customer}。
- Max（[Customer Gender]@DESC） {Customer}。
- Max（[Household Count]@DESC） {Customer}。

6.4.3 数据挖掘步骤

1. 创建用于决策树分析的训练度量

假设此操作流程已创建从属度量【电信企业变动】(简写为 Telco 变动)。

（1）在 MicroStrategy Developer 中，从【工具】菜单中选择【度量训练向导】，如图 6-23 所示。系统将打开【度量训练向导-介绍】对话框。

图 6-23 选择【度量训练向导】

（2）用户单击【下一步】，打开【度量训练向导-选择分析类型】页面。选择【决策树】作为分析类型，如图 6-24 所示。用户指定【*K*-值系数交叉验证 *k* 值】为“3”。

（3）用户单击【下一步】，打开【度量训练向导-选择度量】页面，选择 【Telco 变动】度量作为依赖度量。添加下列度量到独立度量的列表，如图 6-25 所示。

- 闲时平均分钟数（Average Minutes during Off-Peak Times，简写为 AvgMinOffPeak）。
- 平均最低峰值（Average Minutes Peak，简写为 AvgMinPeak）。
- 中断的通话数（Dropped Calls）。
- 咨询台通话数（Helpdesk Calls）。
- 更新（Renewals）。
- 年龄范围（Age Range）。
- 性别（Gender）。
- 家庭人数（Household Count）。
- 婚姻状况（Marital Status）。
- 收入阶层（Income Bracket）。

（4）用户单击【下一步】，打开【度量训练向导-选择输出】页面。选中【报表执行时自动创建度量】复选框，选择【预测值】。单击【完成】保存设置，并创建度量。现在用户可以在训练度量中加入相应的度量来创建一个预测度量。

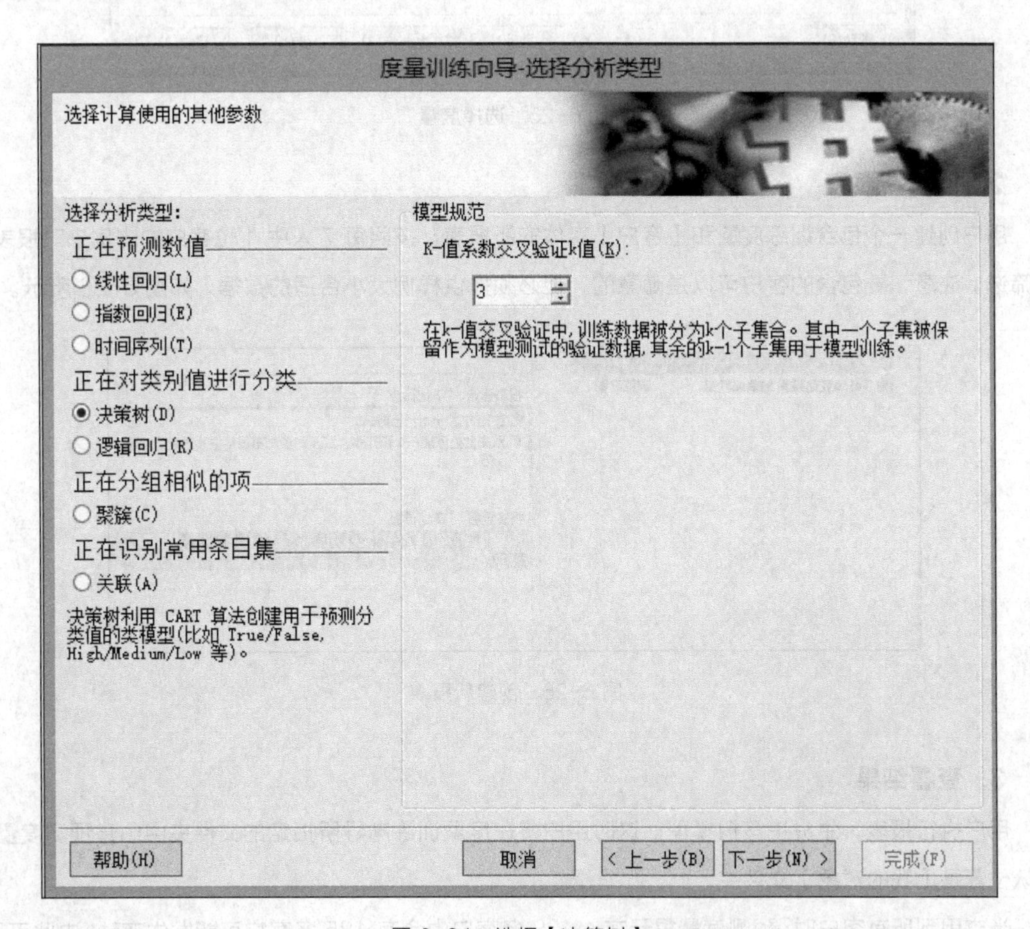

图 6-24　选择【决策树】

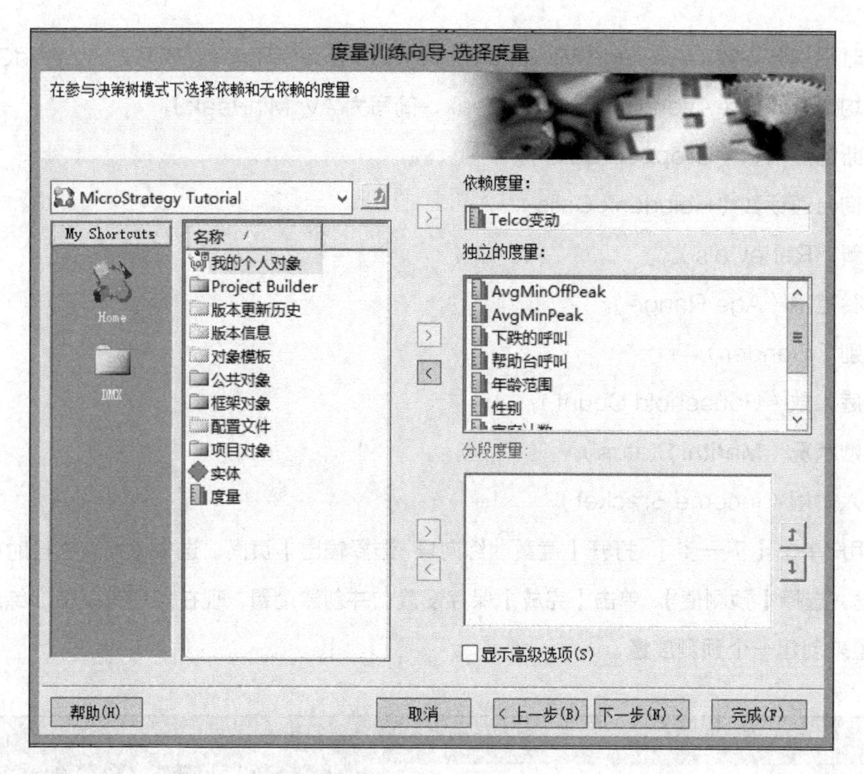

图 6-25　选择度量

2. 创建新报表

用户创建一个包含训练度量和【客户】实体的新报表。按照每 7 人中 1 位客户的比例来对报表进行筛选。注意，要包含的客户可以是随意的，但必须提供样例大小合适的数据，如图 6-26 所示。

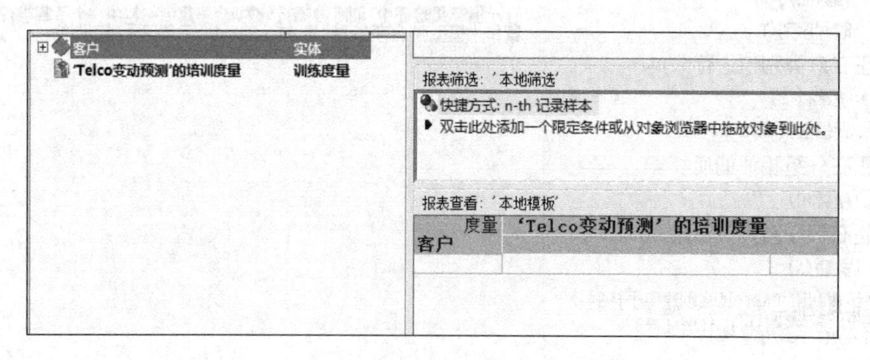

图 6-26　创建新报表

3. 查看结果

用户执行报表，生成决策树模型。这时用户将在度量训练向导所指定的文件夹中创建预测度量。默认位置是【我的对象】文件夹。

当应用到所有客户时，预测度量揭示在 1 428 名客户中会有 185 名客户可能发生变动。由此可见，可以通过附加协议或价值分析来针对这些客户采取适当措施，如图 6-27 所示。

客户
'Telco变动预测'的培训度量

客户		度量	'Telco变动预测'的培训度量
总数			185
个数			1428
7	Addison	Don	0
14	Alcaraz	Dorthy	0
21	Alyea-Burkell	Xavier	0
28	Ardini	Laurell	0
35	Astorino	Gilbert	0
42	Bakhitari	Dolly	0
49	Barcani	Luther	1
56	Baruffi	Barry	0
63	Bazzoni	Randolph	0
70	Benbaum	Trent	0
77	Berkenhiemer	Christie	0
84	Biley	Zabrina	1
91	Blackard	Amber	0
98	Bloomgarden	Jed	0
105	Bowden	Fernanda	0
112	Brown	Rita	0

图 6-27　查看结果

6.5 关联规则

6.5.1 目标

购物篮分析是零售业采购中经常要做的工作，用来判断哪些商品同时出现在每一次交易中的可能性最大。零售商使用购物篮分析方式对其贸易网站进行分析，以便在客户完成订单之前建议其购买更多产品。购物篮分析需要通过关联规则实现。

该案例可在【MicroStrategy Tutorial】|【公共对象】|【报表】|【MicroStrategy 平台功能】|【MicroStrategy Data Mining Services】|【关联规则】路径下查看。

6.5.2 数据准备

MicroStrategy Tutorial 项目中包括了购物篮分析场景的示例。该示例分析的是客户购买影片的情况，并在客户所选影片的基础上推荐其他影片。这些推荐信息基于其他客户的订单，目的是提升客户加入订单的影片的选择空间，如图 6-28 所示。

订单	商品 度量	商品统计	商品	订
10013	Ghost Of Tom Joad	1	Ghost Of Tom Joad	1
	Al Green最好的点击数	1	Al Green's Greatest Hits	1
10030	自我管理和效率	1	Self-Management and Efficiency	1
10047	记忆树	1	The Memory Of Trees	1
	贝多芬催眠曲	1	Beethoven for Babies	1
	力量的航程	1	Voyaging Under Power	1
	Sony录像机	1	Sony VCR	1
10064	佐罗的面具	1	The Mask of Zorro	1

图 6-28　数据准备

6.5.3 数据挖掘步骤

1. 创建用于购物篮分析的训练度量

以下步骤用于创建 Tutorial 项目中自带的训练度量【Training Metric for "Movie Recommendation"】（"影片推荐" 的训练度量）。

（1）用户在 MicroStrategy Developer 的【工具】菜单中选择【度量训练向导】，如图 6-29 所示。系统将打开【度量训练向导-介绍】。

图 6-29　选择【度量训练向导】

（2）用户单击【下一步】。这时将打开【度量训练向导-选择分析类型】页面，选择【关联】作为分析类型，如图 6-30 所示。操作过程中将显示以下附加选项，按图 6-30 所示输入相应值。

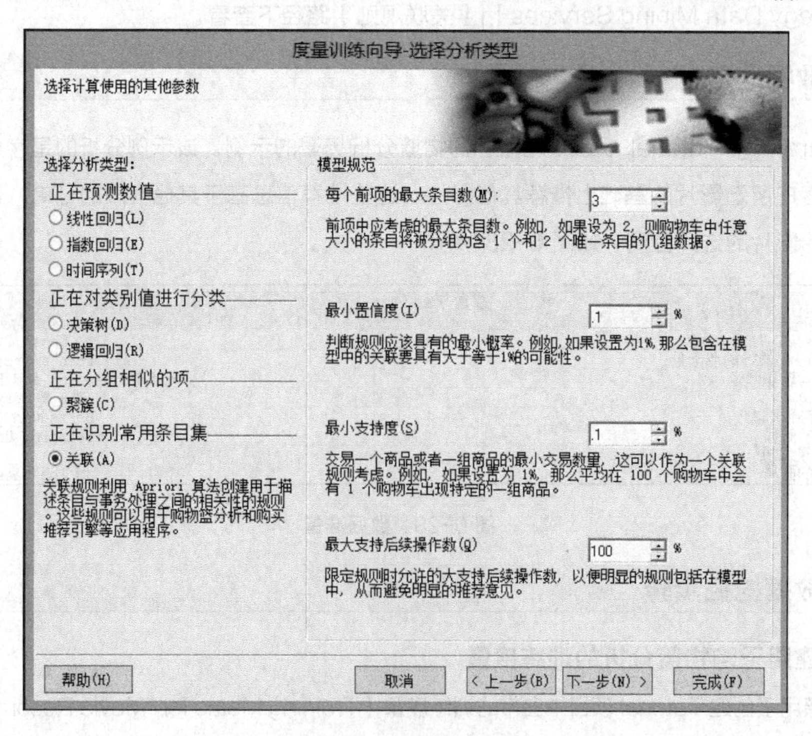

图 6-30　关联分析设置

（3）用户单击【下一步】；这时【度量训练向导-选择度量】页面将打开。浏览并找到位于【MicroStrategy Tutorial】|【公共对象】|【报表】|【MicroStrategy 平台功能】|【MicroStrategy Data Mining Services】|【支持对象】中的【订单】(Order)度量，如图 6-31 所示。选中【订单】度量并单击【事务处理】度量（用于商品分组），如图 6-31 所示。【订单】度量的定义：

Max<FactID=Revenue>（Order）{~}。

其中，包含的参数<FactID=Revenue>用于确保实体信息的可合并性并能显示在报表上。

（4）在同一个文件夹中，选择【商品】度量（Item），并单击【商品】度量旁边的箭头。

【商品】度量的定义：Max<FactID=Revenue>（Item@DESC）{~}。

其中，包含的参数<FactID=Revenue>用于确保实体信息的可合并性，并能显示在报表上。

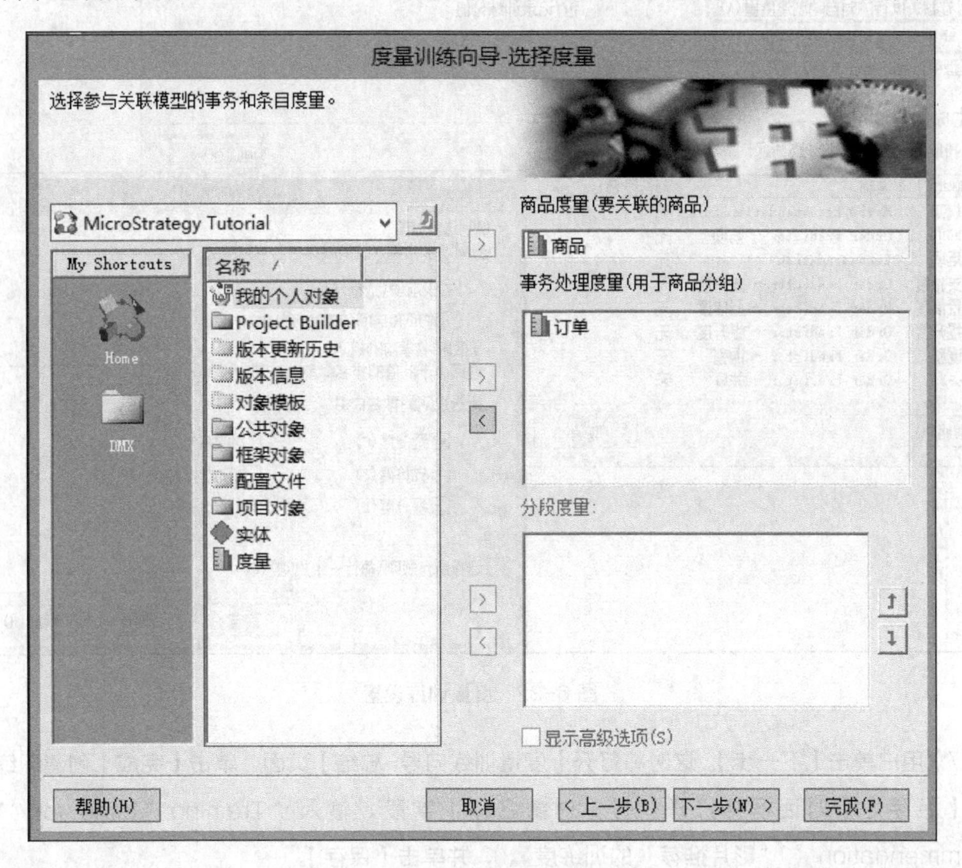

图 6-31　选择度量

（5）用户单击【下一步】。这时【选择输出模式】页面将打开，如图 6-32 所示。单击文件夹选项的【浏览按钮】以选择用于保存训练度量的目标文件夹。取消选定模型中【模型中包含扩展的统计分析】复选框。单击【规则】。这时【返回的规则】对话框将打开。在【返回小于此值的排名靠前的规则】选项中，将值更改为“3”，从而返回基于某客户订单的前 3 项影片推荐。单击【确定】以返回【度量训练向导-选择输出模式】页面。

（6）用户在要生成的预测度量区域，进行以下更改：保持【规则】预测类型处于选中的状态，在

【名称】字段，输入“Movie Recommendation Rule”（影片推荐规则）；选中【后项】预测类型，在【名称】字段，输入“Recommendation”（推荐）。

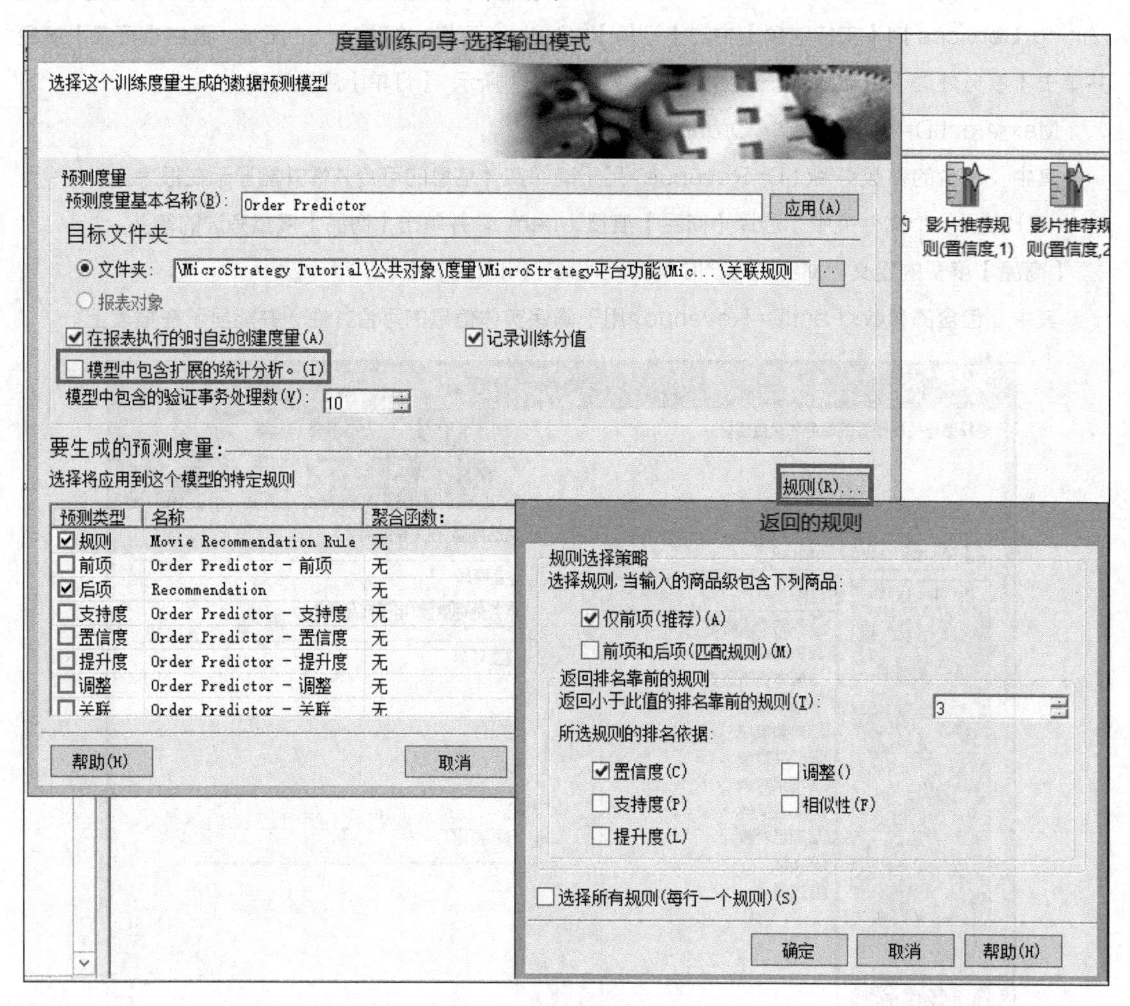

图 6-32　度量训练设置

（7）用户单击【下一步】。这时将打开【度量训练向导-总结】页面。单击【完成】创建训练度量。这时【另存为】对话框将打开。在【对象名称】字段，输入“Training Metric for ‘Movie Recommendation’”（“影片推荐”的训练度量），并单击【保存】。

2. 创建报表

用户创建完训练度量后，将创建一个包含该新建训练度量的报表。此报表的要求为：必须包含【订单】实体（Order）和【商品】实体（Item），从而显示包含在各个订单内的商品。需要新增一个简单的筛选器 Category = Movies，以确保报表中只包含影片。由于订单数量较大，还需要一个筛选器来减少结果集。这样可以保证报表在合理的时间内执行完毕，同时提供足够数据用于订单信息的相关购物篮分析。MicroStrategy Tutorial 项目中自带的报表 2——影片购物篮分析训练中包含了一个可以提示用户输入所返回订单的筛选器。具体操作步骤如下。

（1）在 MicroStrategy Developer 中，选择【文件】|【新建】，然后选择【报表】。这时【新建表格】对话框将打开。

（2）从【常规】选项卡上，选择【空白报表】，然后单击【确定】。这时将打开【报表编辑器】。添加【订单】（Order）和【商品】（Item）实体到报表的行；添加用于购物篮分析的训练度量。

（3）在【报表筛选器】窗格中，拖曳【商品大类】实体以创建新的筛选器，出现创建实体限定所需的选项。（Category = Movies）

（4）单击【添加】，将打开【选择对象】对话框；在可用的对象窗格中选择【电影】并单击箭头图标将其移至选择的对象窗格中。

（5）单击【确定】；返回到【实体限定】选项；单击【确定】；给创建筛选器限定条件；在【报表筛选器】窗格中，拖曳【订单】实体，开始创建新的筛选器。这时将出现创建实体限定所需的选项；单击【添加】，将打开【选择对象】对话框。在可用的对象窗格中选择 ID 在 10 000 到 12 000 之间的订单（Order）元素，并单击【箭头】图标将该元素移至选择的对象窗格中。一次只能选择 1 000 个元素，因此需要多选操作才能在选择的对象窗格中加入所有这些元素。

（6）单击【确定】，返回到【实体限定】选项。

（7）选择【文件】|【另存为】，在【对象名称】字段下面输入“Market Basket Analysis Report”（购物篮分析报表），并单击【保存】，返回至报表。

（8）单击工具栏中的【运行报表】图标。这时将开始执行报表。

系统资源的情况不同，执行报表的时间不同，因为需要执行各种数据挖掘计算过程才能返回购物篮分析。报表执行完成后，将会显示一条表示预测度量已创建的消息。

3. 查看结果

用户在报表执行过程中创建以下预测度量。

（1）要解释购物篮分析规则就需要创建 3 个预测度量。这些度量将显示包含在订单中的影片商品，以及根据订单商品推荐的其他关联影片商品。这些度量将按照置信度从高到低的顺序显示前 3 项推荐影片。

① 影片推荐规则（置信度排名为 1）。

② 影片推荐规则（置信度排名为 2）。

③ 影片推荐规则（置信度排名为 3）。

（2）根据订单中所包含的影片商品而创建的预测度量，以便只显示推荐的影片。这些度量将按照置信度从高到低的顺序显示前 3 项推荐影片。

① 推荐（置信度排名为 1）。

② 推荐（置信度排名为 2）。

③ 推荐（置信度排名为 3）。

要查看这些购物篮分析推荐，可以将其添加到报表，如图 6-33 所示。

订单	商品	度量：“影片推荐”的训练度量
10003	杜立特博士	Manhunter
	[illegible]	Manhunter
	华尔街	Manhunter
	让我们来玩足球	Manhunter
10010	惊声尖叫2	Everest
	预兆	Everest
	闪灵	Everest
	克里斯廷	Everest
10024	肥斐色的紫繁篓	Sesame Street
10031	惊声尖叫2	
	预兆	
	闪灵	
10038	疯狂高尔夫	Sense and Sensibility
	[illegible]	Sense and Sensibility
	木偶电影	Sense and Sensibility
10045	[illegible]	Christine
10052	华尔街	My Cousin Vinny
	102斑点狗	My Cousin Vinny
10066	在榆树街道上的梦魇	Sesame Street
	夏洛的网	Sesame Street
10073	时髦的人	Dracula
	小美人鱼	Dracula
10080	肥斐色的紫繁篓	Vanishing Point
	我知道你去年夏天做了的什么	Vanishing Point
10087	能多好就多好	The Wedding Singer
	应招男	The Wedding Singer
10094	疯狂高尔夫	Nightmare on Elm Street
	天使之城	Nightmare on Elm Street
	芝麻街	Nightmare on Elm Street

图 6-33　查看结果

6.6 聚类分析

6.6.1 目标

本例基于客户的特征，并寻找最佳方式来按相似度对客户特性进行分组：依据人口统计以及消费心理使用聚类分析把客户分为 5 类。这通过聚类分析实现。

该案例可在【MicroStrategy Tutorial】|【公共对象】|【报表】|【MicroStrategy 平台功能】|【MicroStrategy Data Mining Services】|【聚簇分析】|路径下查看。

6.6.2 数据准备

下列各项将被用作训练度量的输入值，如图 6-34 所示。

- 年龄范围（Age Range）。
- 教育（Education）。
- 性别（Gender）。
- 住宅类型（Housing Type）。
- 婚姻状况（Marital Status）。

为每个实体形式创建一个度量，从而用于创建一个预测度量。示例如下。

- Max（[Customer Age Range]@ID） {Customer}。
- Max（[Customer Gender]@DESC） {Customer}。
- Max（[Housing Type]@DESC）{Customer}。

客户	年龄范围	教育	客户	住宅类型	婚姻状况	客户段	段吸引力
1	45-54岁	高中	男	房主	单身	Cluster 2	1.80
2	55和55岁以上	其它	男	租赁	已婚	Cluster 4	1.68
3	55和55岁以上	高中	女	受赡养者	单身	Cluster 2	2.22
4	55和55岁以上	高中	女	房主	已婚	Cluster 5	1.70
5	55和55岁以上	研究生	男	受赡养者	已婚	Cluster 5	2.46
6	35-44岁	大学	男	租赁	已婚	Cluster 4	1.71
7	55和55岁以上	大学	男	租赁	单身	Cluster 3	1.35
8	55和55岁以上	研究生	男	房主	已婚	Cluster 5	1.89
9	35-44岁	其它	男	房主	单身	Cluster 2	2.42
10	35-44岁	大学	男	租赁	已婚	Cluster 4	1.71
11	55和55岁以上	高中	女	房主	已婚	Cluster 5	1.70
12	55和55岁以上	研究生	男	租赁	单身	Cluster 3	1.52
13	55和55岁以上	高中	男	房主	已婚	Cluster 5	1.58
14	35-44岁	大学	女	房主	已婚	Cluster 5	2.13
15	35-44岁	大学	女	房主	单身	Cluster 2	2.13
16	55和55岁以上	高中	女	租赁	再婚	Cluster 1	1.63
17	55和55岁以上	高中	男	租赁	单身	Cluster 3	1.09
18	35-44岁	高中	女	租赁	单身	Cluster 3	1.67
19	35-44岁	其它	男	受赡养者	已婚	Cluster 5	2.99

图 6-34　数据准备

6.6.3 数据挖掘步骤

1. 创建用于聚类分析的训练度量

（1）在 MicroStrategy Developer 中，选择【工具】|【度量训练向导】，如图 6-35 所示。系统将打开【度量训练向导-介绍】对话框。

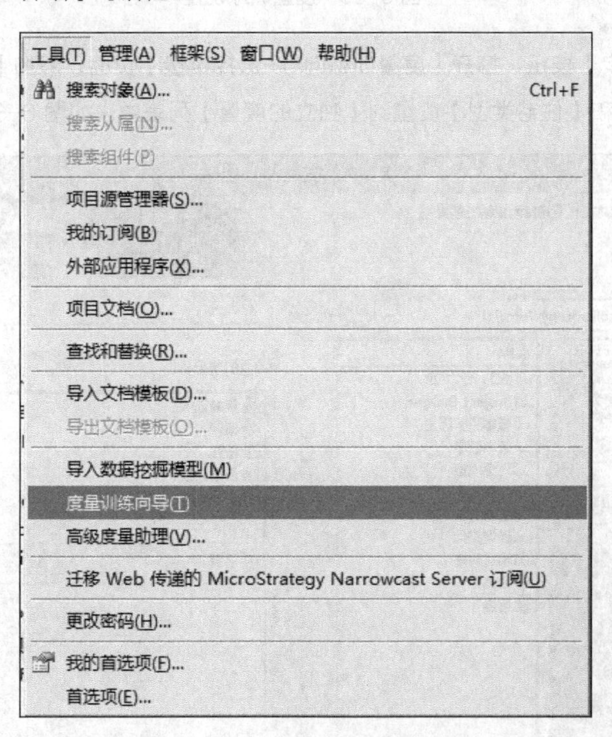

图 6-35　选择【度量训练向导】

（2）单击【下一步】按钮，打开【度量训练向导-选择分析类型】页面。选择【聚簇】作为分析类型。将【特定群集数字】设置为 5，如图 6-36 所示。

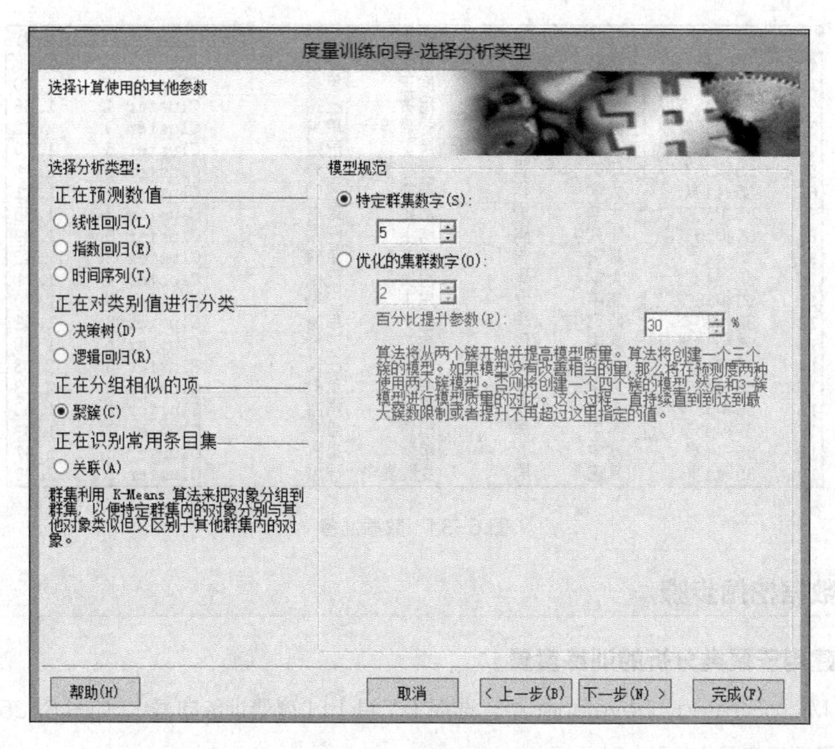

图 6-36　度量训练设置

（3）单击【下一步】按钮，打开【度量训练向导-选择度量】页面。添加【年龄范围】、【教育】、【性别】、【婚姻状态】和【住宅类型】度量到【独立的度量】列表中，如图 6-37 所示。

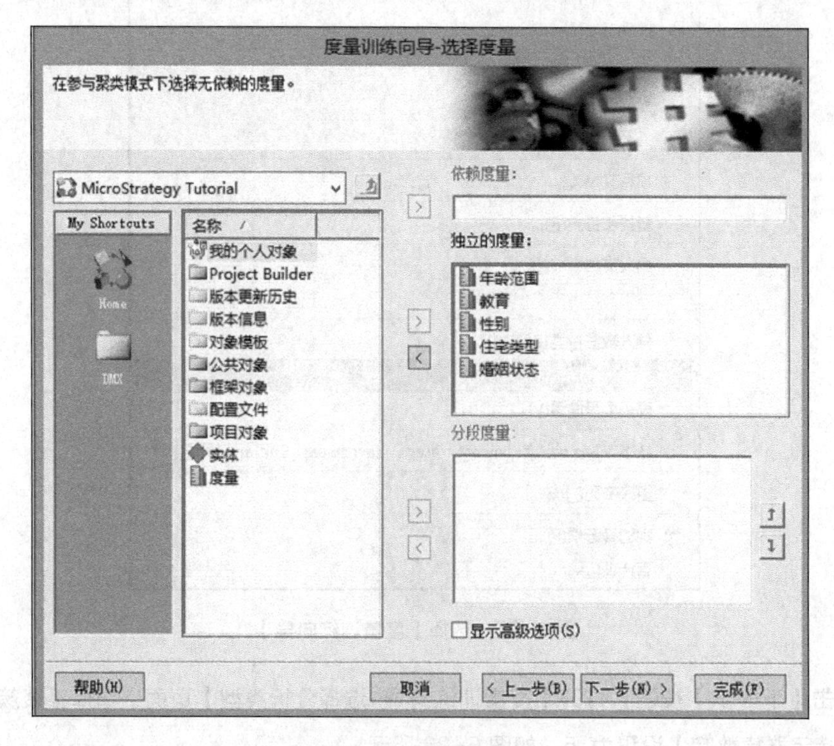

图 6-37　选择度量

（4）单击【下一步】按钮，打开【度量训练向导-选择输出】页面。选定【报表执行时自动创建】度量复选框。选择【预测值】。

（5）单击【完成】保存设置，并创建度量。现在可以在训练度量中加入相应的度量来创建一个预测度量。通常，训练报表不需要大量数据行来表述可接受的结果。可以将需要通过数据采样来减少训练报表中的行数。可以设置样例包括一组随机的 20%的客户，并创建一个筛选器来定义这组随机的数据。在报表中与上述步骤中创建的【客户】实体和训练度量一起使用筛选器。

（6）执行该报表。这时将在【度量训练向导】所指定的文件夹中创建预测度量。默认位置是【我的对象】文件夹。

2. 创建报表

添加预测度量到含有【客户】(Customer)、【年龄范围】(Age Range)、【性别】(Gender)、【教育】(Education)、【住宅类型】(Housing Type)和【婚姻状况】(Marital Status)的新报表。

3. 结果查看

如图 6-38 所示，自定义组可以根据各分类来进行创建以进一步对分组进行细分。

客户		年龄范围	教育	性别	住宅类型	婚姻状况	度量 “客户段”的培训度量
Aagesen	Bink	24和24岁以下	大学	男	受赡养者	已婚	Cluster 5
Aalgaard	Kenney	55和55岁以上	研究生	男	房主	单身	Cluster 2
Aarnink	Marlan	55和55岁以上	研究生	男	房主	单身	Cluster 2
Aaron	Ferrell	25-34岁	其它	男	受赡养者	已婚	Cluster 5
Aba-Bulgu	Leslie	55和55岁以上	研究生	女	租赁	单身	Cluster 3
Abarbanel	Hassam	55和55岁以上	高中	男	受赡养者	再婚	Cluster 1
Abbasi	Dwayne	55和55岁以上	研究生	男	房主	已婚	Cluster 5
Abbott	Delores	55和55岁以上	大学	女	房主	已婚	Cluster 5
Abdallah	Erling	25-34岁	高中	男	租赁	单身	Cluster 3
Abdullah	Clarkelle	55和55岁以上	高中	女	租赁	单身	Cluster 3
Abeles	Doyle	24和24岁以下	大学	男	房主	已婚	Cluster 5
Abernathy-Lear	Viginia	55和55岁以上	大学	女	租赁	单身	Cluster 3
Aberson	Gray	55和55岁以上	高中	男	房主	单身	Cluster 2
Aberson	Percy	55和55岁以上	研究生	男	受赡养者	单身	Cluster 2
Ables	Trevor	55和55岁以上	其它	男	房主	再婚	Cluster 1
Abram	Ross	55和55岁以上	研究生	男	受赡养者	已婚	Cluster 5
Abramowicz	Ferdinand	55和55岁以上	大学	男	租赁	再婚	Cluster 1
Abrams	Dargie	55和55岁以上	大学	女	租赁	已婚	Cluster 4
Abrego	Debbi	55和55岁以上	研究生	女	受赡养者	已婚	Cluster 5
Abrica	Evelyn	25-34岁	其它	女	房主	单身	Cluster 2
Abrica	Leesa	45-54岁	研究生	女	租赁	已婚	Cluster 4
Abril	Corey	55和55岁以上	高中	男	房主	已婚	Cluster 5
Abstender	Gaetan	55和55岁以上	大学	男	房主	单身	Cluster 2
Acedo	Orval	55和55岁以上	研究生	男	租赁	单身	Cluster 3
Achmoody	Lois	55和55岁以上	其它	女	租赁	单身	Cluster 3

图 6-38　聚类分析图

课后习题

实操题

实训目的：熟悉 MircroStrategy Data Mining Services 的操作流程。

实训内容：完成一个数据挖掘案例。

操作步骤：参考本章内容完成以下操作。

（1）自行选择一种数据挖掘方法（教材中用到的）。

（2）数据准备。

（3）创建训练度量。

（4）创建报表。

（5）结果查看。

实训考核：查看数据挖掘的结果，并解释其含义。

第 7 章

展望商务智能的未来

商务智能的应用范围非常广泛，已经在金融、电信、医疗、制造、电子商务等多个行业取得了成功的经验。商务智能作为企业信息化的高端产品，已经被越来越多的企业管理者所接受。据统计，全球商务智能收入逐渐增加，在这其中，中国市场所占的比重也逐年增加。未来几年，中国将成为全球商务智能发展的重要引擎。本章作为全书的收尾部分，主要介绍商务智能的应用和发展趋势，期望能起到开阔读者思路之效。

【学习目标】

1. 了解商务智能的应用范围。
2. 理解商务智能的应用价值。
3. 了解商务智能的发展趋势。

7.1 商务智能的应用

7.1.1 商务智能的应用范围

商务智能目前的市场价位还处在高端层次，在中小企业领域尚未达到普及的程度。所以商务智能业务大多集中在对商务智能需求比较迫切的中高端或大型企业。这些企业大多数已经具备了数据积累的基础。

1. 银行业

金融是较早引入商务智能的行业之一，很多金融企业拥有较完整的业务处理系统，并实现了业务数据的大集中，为实施商务智能项目提供了基础。在中国，主要应用商务智能的企业是银行企业。中国银行业面临着全球化、网络化、同质化、多样化的竞争形势，与业务相结合的商务智能解决方案的需求将快速增长，如风险数据分析、客户价值分析、综合绩效分析等。另外，商务智能应用的会展行业相关咨询服务市场也将形成新的商业增长点。因此，银行需要借助商务智能应用，挖掘数据价值，实现科学决策。

银行要建立以客户为中心的决策支持系统，就必须对收集到的海量数据进行有效的发掘和利用，以深入了解以客户为应用核心的商务智能技术。具体来说，应用层的银行商务智能系统应包括以下几个部分：客户关系管理系统（Customer Relationship Management，CRM）、企业绩效管理系统（Enterprise Performance Management，EPM）、人力资源管理系统（Human Resource Management，HRM）、供应链管理系统（Supply Chain Management，SCM）、电子银行（Electronic Bank，E-Bank）。在宏观意义上，所有商务智能应用系统要为商务智能战略应用提供决策依据，此种自下而上的反馈模式是建立“用数据说话”的实时企业的基础。银行业商务智能应用系统的操作、分析和战略应用及目的如表 7-1 所示。

表 7-1　　银行业商务智能应用系统

商务智能应用系统	操作	分析	战略应用及目的
CRM	了解客户需求、行为特征、盈利能力，市场状况	需求分析，行为特征分析，盈利能力分析，市场环境分析	业务活动监控，保留有价值客户，挖掘潜在客户，赢得客户忠诚
EPM	平衡计分卡，企业绩效分配与考评	企业绩效评估，绩效指标分析	企业战略执行监控，制订计划，调整战略

续表

商务智能应用系统	操作	分析	战略应用及目的
HRM	招聘、选拔、任免记录，人事档案管理，薪酬、激励分配	人力资源需求预测，员工职业生涯规划，组织行为分析	建立完善的激励机制，降低人资成本，提高人事效率
SCM	集中采购，固定资产管理，存量管理，金库调度	原料需求预测，成本分析，存量分析，关键路径分析	成本和物流控制，降低采购成本，提高源材料利用率和调度能力
E-Bank	电子银行金融业务，电子商务	网上银行客户需求、行为、盈利能力分析，产品关联分析	网银活动记录监控，针对网上客户调整电子产品，挖掘新的利润增长点

2. 电信行业

随着电信行业计算机业务系统的广泛使用，电信运营商已拥有大量的客户和业务数据。电信市场的竞争日益加剧，为了保住客户资源，运营商需要一套业务分析支持系统，以从自身市场数据中获得能够真正反映企业运营状况的有效信息，从而为市场经营决策提供科学支持。只有那些利用先进的技术成功地收集、分析、理解信息，并依据信息进行决策的企业，才能获得竞争优势。这就使得商务智能应用有了用武之地。电信运营商的管理者需要借助商务智能技术来发现商务运营过程中存在的问题，找到有利的解决方案。

电信业务通常存在以下分析需求。

（1）客户分析：客户组成分析、客户价值分析、客户流失分析、客户稳定度分析。

（2）业务分析：业务分布分析、业务收益分析、业务服务分析（业务服务质量分析、业务服务成本分析）、业务趋势分析。

（3）经营分析：竞争对手分析、成本分析、收益分析。

（4）综合管理分析：单位考核分析、个人考核分析。通过为下属各个部门制订一整套考核指标体系，对部门及个人的工作情况进行量化，考核其部门及个人的工作业绩。

（5）市场分析：市场经济指标分析、市场需求分析、营销活动分析、市场调查结果分析。

（6）客户服务分析：客户服务分析、服务质量分析。

（7）网络分析：网络运行分析、网络容量分析、网络负载分析、网络收益分析、网络发展趋势分析、网络优化、错单分析。

（8）资源情况分析：资源状况分析、资源使用分析、资源发展趋势分析、资源优化。

（9）财务分析：财务状况分析、资金流动情况分析、投资情况分析、项目财务分析。

商务智能电信应用解决方案主要包括四大方面：一是基础设施，包括数据仓库、OLAP、ETL；二是基本应用，主要有客户分析、收入分析、产品和服务分析、市场份额分析、服务质量分析以及市场促销分析等；三是高级应用，在这一级别，主要建立一些应用分析模型，如客户流失模型、客户价值模型、客户信用模型、价格敏感度模型、产品亲和度模型等；四是增值应用服务，在这一层主要是建立一些管理模块，如有关欺诈管理、CRM 等。

国内电信运营商已经启动应用商务智能解决方案的规划和实施。比如，中国移动的业务分析支持系统，建立在 NCR Teradata（全球著名的数据仓库厂商）提供的数据仓库解决方案的基础之上。NCR Teradata 先后赢得了中国移动山西、陕西、河北、内蒙古、云南、广西、贵州、福建 8 个省级企业的经营分析管理项目的订单。在这些已实施了商务智能应用的企业中，山西移动在实施客户流失模型的第一个月，在预测的 5 789 名流失客户群体中，通过市场活动保留了 3 345 人，而这些客户的人均话单费用在 150 元以上。中国电信从 2003 年下半年就已同 NCR Teradata 合作，最开始在全国两个省级企业进行试点。中国联通一些省级企业已建成了相关系统。由此可见，商务智能应用越来越受到电信运营商的关注。

3. 零售行业

在国外，商务智能分析系统作为经营和竞争的有效工具在零售行业中的应用已颇为成熟。使用商务智能分析系统，能更好地分析零售经营的各种数据，透析零售业经营中的内在规律，使企业的经营管理真正上档次、上台阶。

零售企业在经营过程中产生了海量的信息，这些信息蕴藏了丰富的经营技巧和市场规律，怎样有效地利用这些宝贵的信息，使之为企业经营服务，成为了零售企业的一个迫切愿望和现实难点。普通的零售业信息系统只能够提供一般的分析数据，不能提供立体化的、多视角的、有渗透力的数据，更不能提供更多潜在的、预测性的经营建议。商务智能系统恰恰弥补了一般零售业系统在分析上的先天不足。

商务智能在零售行业的应用中，常见的分析包括以下几个方面。

（1）销售分析：主要用于分析各项销售指标（如毛利、毛利率、交叉比、进销比、盈利能力、周转率、同比、环比等），并且可从管理架构、类别、品牌、日期、时段等角度观察。这些分析维度又可采用多级钻取，从而获得相当透彻的分析思路。用户可以根据海量数据产生预测信息、告警信息等分析数据；还可根据各种销售指标产生新的透视表（如最常见的 ABC 分类表、商品敏感分类表、商品盈利分类表等）。

（2）商品分析：商品分析的主要数据来自销售数据和商品基础数据，据此产生以分析结构为主线的分析思路。主要的分析数据有：商品的类别结构、品牌结构、价格结构、毛利结构、结算方式结构、产地结构等。用户从对这些数据的分析中得到商品广度、商品深度、商品淘汰率、商品引进率、商品置换率、重点商品、畅销商品、滞销商品、季节商品等多种指标。用户通过对这些指标的分析来指导企业调整商品结构，加强商品的竞争能力，优化配置。

（3）顾客分析：顾客分析主要是指对顾客群体的购买行为的分析。例如，将顾客分成“富人”和“穷人”。那么，什么人是“富人”，什么人是“穷人”呢？如果有会员卡，可以通过会员登记的月收入来区分，但如果没有会员卡呢？这时可以通过小票每单金额来假设。比如，每单金额大于 100 元的顾客，认为是“富人”；每单金额小于 100 元的顾客，认为是“穷人”。据此，又可派生出很多其他分析思路。比如，“富人”喜欢什么样的商品，“穷人”喜欢什么样的商品；“富人”的购物时间和“穷人”的购物时间；本企业商圈里是“富人”多还是“穷人”多；“富人”给商场做出的贡献大还是“穷人”做出的贡献大；“富人”喜欢用什么方式来支付，“穷人”喜欢用什么方式来支付等。此外，还有商圈的客单量分析、商圈里的购物高峰分析、假日经济对企业的影响分析等分析思路。

（4）供应商分析：通过对供应商在选定的时间段内的各项指标（订货量、订货额、进货量、进货额、到货时间、库存量、库存额、退换量、退换额、销售量、销售额、所供商品毛利率、周转率、交叉比率等）进行分析，为供应商的引进、储备及淘汰（或淘汰其部分品种）及供应商库存商品的处理提供依据。主要分析的主题有供应商的组成结构、供应商的送货情况、供应商所供商品情况（比如销售贡献、利润贡献等）、供应商的结算情况等。比如，发现有些供应商所提供的商品销售一直不错，其在某个时间段里的结款非常稳定，而这个供应商的结算方式是代销，那么如果资金不紧张，且这个供应商所供商品销售风险又小，则企业可以考虑将他改为购销。

（5）人员分析：通过对企业的人员指标进行分析，特别是对销售人员指标（着重销售指标，毛利指标为辅）和采购员指标（销售额、毛利、供应商更换、购销商品数、代销商品数、资金占用、资金周转等）的分析，达到考核员工业绩、提高员工积极性、为人力资源的合理利用提供科学依据的目的。主要分析主题有员工的人员构成情况、销售人员的人均销售情况、开单销售、个人的销售业绩情况、各管理架构的人均销售情况、毛利贡献情况、采购员分管商品的进货情况、购销代销比例情况、引进的商品销售情况如何等。

商务智能对零售业的分析远不止以上所述，至少还有资金运转分析、库存分析和结算分析、库存分析、门店分析、调拨优化、采购优化。

4．制造行业

伴随着全球信息化的深入，越来越多的制造企业实施了企业资源计划（ERP）、客户关系管理（CRM）、人力资源管理（HRM）、企业信息门户（Enterprise Information Portal，EIP）等应用系统，并逐步形成了自己的基础数据库。用户如何对这些基础数据进行整合、挖掘和提炼，供企业管理层进行商业分析和决策，已成为企业信息化发展的趋势。

由于市场全球化和自由化带来了更加激烈的竞争和复杂性，亚太地区的许多制造商继续对 IT 行业进行投资，以提高运营效率，更好地控制不断增长的业务成本。随着越来越多的制造商在中国建立了生产基地，这些制造商需要对主要的 IT 基础架构、应用和服务进行投资，以使其运营能够健康平稳地发展，并获得领先优势。这将继续促进中国和海外制造商的制造业 IT 投资。在对基础架构投入大量资金的同时，在中国和印度这样的新兴大型市场的许多制造商将继续对企业资源管理和商务智能解决方案进行投资，从而为更好的内部协作和决策制订提供基础平台。

商务智能可以让制造业的各个部门的数据得到充分的利用。比如，财务部门可以牵头建立成本控制体系，生产部门可以牵头建立 KPI 体系，以及信息管理部门牵头建立数据仓库，支持 KPI 体系和成本控制体系等的平台，还有人力资源、供应链等各个部门都可以在已有的数据上做出更多的业务创新。

制造业企业决策分析基本应用功能如图 7-1 所示。

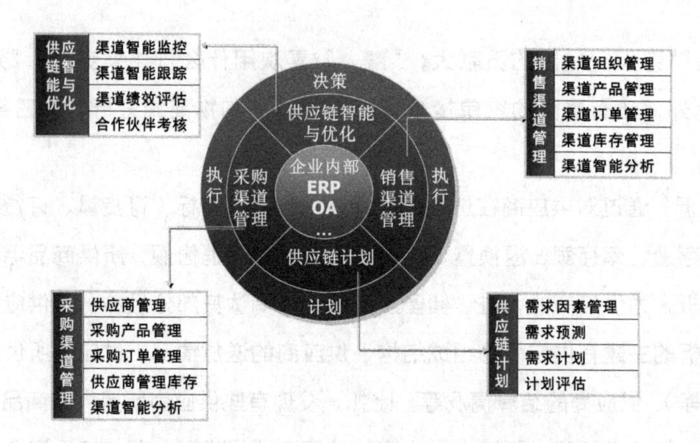

图 7-1　制造业企业决策分析基本应用功能

5. 保险行业

随着中国社会经济的快速发展，保险行业收入在国民生产总值中的占比稳步提高，成为推动国民经济持续发展的新生力量之一。保险业作为经营风险、提供保障的特殊行业，在国民经济中不仅发挥着社会稳定器的作用，还发挥着社会助推器的作用，为资本投资、社会生产和物资流通保驾护航。保险企业本质上在运营一种风险汇集与分散的机制。正是由于保险企业的这种本质特征，导致了保险企业在治理结构方面与其他行业的企业相比较存在不同。

面对激烈的外部竞争环境和复杂的内部管理环境，保险企业的经营决策者最迫切的需求在于更加准确、快速地把握整个企业的相关信息，主要包括保险合同信息、收付费信息、理赔信息、再保险信息、财务信息和人事信息，以提高企业经营管理水平。但是，在获取各种支持经营服务与决策数据时，保险企业的决策者们遇到了一系列难题。

（1）统计口径的不一致。目前，绝大多数保险企业已经实现了保险业务的信息化建设，建立了个人保险业务系统、银保业务系统、团险业务系统等核心系统，覆盖了从核保、承保到保全、续期收费、理赔等完整的保险业务流程，并且积累了多年的保险历史业务数据。但是，这些海量的业务数据分散在各个不同的部门，而每个业务部门对信息的收集方式、分析方法、统计口径、报表输出等形式都有各自的处理，管理层难以及时获得统一的数据。例如，从各业务部门提供的报表数据，营运主管无法有效地控制包括产品开发、销售、承保、理赔、保全、再保险等业务活动，影响了企业营运的效率和效果，也无法顺利实现保险的保障功能，从而降低了企业的核心竞争力量。又如，分支机构对某些关键指标的定义和理解与总企业的定义和解读不一致，使得双方的沟通出现障碍，进而影响了整个企业的经营管理与决策。

（2）数据提供的延时性。对于企业一线服务人员，由于各个业务系统的错综复杂，无法获得最新的数据支持，难以采取有效措施，提高服务质量。例如，客服部门无法及时获取最新的数据，不能对代理人进行及时提醒及跟踪管理，从而影响了代理人对投保客户的服务，导致客户的流失，影响了代理人工作的积极展开。

（3）数据的不完整性。由于保险产品条款的不断变化以及企业各项管理制度的不断改革，导致了数据处理方法的频繁变更，使系统数据出现不同程度的混乱，破坏了数据的完整性与正确性。结果，企业内的海量关键数据的可利用性不断降低，大量数据资源被浪费。最直接的影响是，从各个业务部门汇集的报表不一致，管理层无法分辨数据的真实性。这些矛盾的数据使得管理层难以掌握企业真实的运营信息、外部行业信息；无法利用信息技术提供的各种内外部信息以及分析工具确定企业的战略目标、实施策略，在战略计划实施的过程中，也无法得到反馈，从而无法迅速调整战略规划、无法显著提高企业内部沟通，也难以提高员工工作的积极性。

商务智能应用于保险行业，可以很好地让承保、保全、理赔、团险等保险业务之间有互动，精准地通过对业务系统数据的集成、提取，并运用灵活、直观的图表对保险企业的各种指标数据进行集中、快速展现和分析，提高管理人员科学决策的能力。商务智能为保险行业管理层决策者提供保险数据的多角度分析利用，具体如下所述。

（1）渠道分析：根据各销售渠道的不同特点，选定各渠道关键的指标进行分析，帮助决策者及时发现问题，避免销售风险。同时通过不同渠道的对比分析，帮助及时调整整体的销售策略，提高企业的竞争力。

（2）产品分析：提供产品的市场销售情况的跟踪分析，提高产品的创新能力，满足各阶层民众的保险需求。

（3）承保分析：提供展业情况及同期比较分析，及时掌握各部门各险种承保的详细情况，了解各险种的发展潜力。

（4）理赔分析：提供对不同人员、不同地区的各个险种出险率、赔付率及不同出险原因分析，掌握各个险种的风险程度，为今后制订费率提供科学依据，以提高防范、化解经营风险的能力，确保企业经营的效益和稳健性。

（5）客户分析：通过对不同类型客户的属性分析，细分客户，指导销售，引导代理人获取低成本的新客户，挽留有价值的客户。

6. 政府机构

随着政府机构的不断完善和成熟，各个政府机构已建立起了自身的电子政务平台、数据采集、信息共享与安全等应用平台。与此同时，政府机构内部每个部门独特的业务结构和各种有效信息资源的急剧膨胀，形成了海量的信息和数据。但长期以来，处于安全保密或部门利益的需要，政府信息一直处于封闭或半封闭的状态，造成大量政府信息资源的闲置和浪费。

这些长期积累下来的政府信息资源综合了社会各方面的信息源，是社会经济活动不可缺少的决策依据。政府信息资源的开发和利用能力是提高政府决策水平的重要途径，也是确保工作质量和提高工作效益的关键。因此，合理使用庞大的政府信息资源，为管理出谋划策，提供准确完备的后台数据支持，就成为制订战略决策过程中备受重视的焦点。

基于上述情况，针对政府行业的信息化建设现状和发展趋势，项目组推出了政府数据中心解决方案，旨在协助将政府各职能部门的数据源整合（包括公检法信息库、工商税务信息库、社会保障信息库等），从中抽取数据并进行分析、挖掘，向政府人员、广大企业、公众等提供信息服务。

基于商务智能的政府数据中心解决方案，是结合政府信息化建设现状及发展需求而推出的，使得各政府部门之间的基础数据共享，让基础数据发挥更大的社会价值，使得政府从宏观上把握经济运行的整体情况。该方案可以实现如下所述功能。

（1）数据的即时整合，整合政府各个部门的业务系统，例如财政、地税、国税、经贸、法人、计生、统计等系统，保证基础数据和综合数据的完整性和可靠性，并在数据中心建立数据仓库，同时对全局数据进行灵活的多维度分析和多样式展示，为管理层监控和决策提供有效支持。

（2）政府部门之间数据的安全、可靠交换和共享，避免数据重复采集，保持各部门基础数据的一致。

（3）强大灵活的报表工具，仪表盘和计分卡工具，实现了从不同层面，不同角度展示数据，为政府各级用户提供了以数据为核心的全方位应用平台。

（4）通过仪表盘，用户可以定制自己关心的信息；通过权限控制，用户和管理员可实现报表共享，浏览和交换信息；通过告警器、趋势分析和信息视图，用户可以监控和跟踪关键绩效指标。

（5）通过终端用户查询分析，即席查询，部门员工可以在基本不依赖 IT 部门支持的前提下制作自己的报表，获取需要的信息，高效处理日常的工作，做出准确的决策。

7. 电子商务行业

随着信息技术的迅速发展，电子商务已在国民经济中显现出极其重要的作用。电子商务所带来的数据量也以每年翻倍的速度迅速扩增，然而数据源分散、异构数据库难以整合、数据接口复杂等问题，导致大量数据中真正能被用来分析和运用的数据不足 10%。商务智能的出现能很好地解决这些问题。

在电子商务交易中，企业关注的是用户浏览量和交易量。只有用户浏览了企业的站点，企业才有可能将产品和服务向用户推广，进而使用户产生购买欲望，产生交易。用户浏览站点时，不同时间在不同页面的停留时间不尽相同。这将产生大量的用户行为。用户的所有行为在企业站点后台数据库记录之后，许多企业往往极少给予关注。企业将商务智能引入电子商务交易的切入点和措施如下所述。

（1）商务智能在交易搜索中的应用。每个企业站点都提供搜索功能。这是用户找到所需信息的最直接途径。用户在搜索时输入的关键词以及输入次数都能反映用户的某种兴趣和爱好，通过对用户输入的关键词和关键词出现次数进行分析，综合利用数据仓库和 OLAP 技术，挖掘出不同用户群体最关注的产品和服务，从而对不同兴趣和爱好的用户提供满足其需求的信息。这将大大提高用户的回头率和忠诚度。

（2）商务智能在完善网站结构方面的应用。网站结构是指整个网站的页面布局和业务流程。合理的网站结构能够帮助用户快速地找到所需要的信息，可大大增加用户在网站的停留时间和交易次数。电子商务网站刚刚推出往往都是企业一厢情愿的结构设计，其中可能存在许多不适合用户体验的区域。这就需要通过综合分析用户访问日志，通过数据仓库、数据挖掘以及 OLAP 技术来分析出用户喜欢怎样的页面访问形式，用户偏好怎样的业务流程，从而完善网站结构，获取更好的用户体验。

（3）商务智能在交易相关性方面的应用。交易相关性是指用户在使用网上商城购买某件商品的同时，购买相关商品的关联性。这主要应用数据挖掘的关联规则分析技术。在交易页面，往往都会放些与该交易商品相关的一些商品和服务，分析用户进入该交易页面时单击相关链接的内容和次数，并进一步分析单击的相关链接所增加的交易数量，在符合一定支持度和置信度的情况下判断用户的交易相关性。这将完善网上商品的位置摆放和商品交易时相似或相关商品的集中度，从而增加交易量。

（4）商务智能在交易额度分析上的应用。分析用户的交易额度对企业实施客户关系管理有很大的帮助，从而提高客户忠诚度。通过综合运用 OLAP、数据挖掘技术对用户在某段时间交易数量和交易额度以及交易内容的分析，得到不同时间段的用户在不同内容商品上的不同交易额度，从而对交易进行管理。例如，对不同额度的客户，提供不同的售后服务、赠送不同价值的礼品和给予不同程度的优惠。在用户交易额度普遍比较高的时段，前期采取大力的宣传，以进一步促进交易消费。

（5）商务智能在退货处理方面的应用。网上交易因为看到的不是实际商品，而只是交易商品的图片，可能会与用户想象的实际商品存在一定的差距，所以网上商品存在更高退货率。通过对退货数据进行挖掘和分析，企业可以认识到其所提供的商品和服务质量存在的缺陷，为企业改善自身商品和服务质量以及提高企业竞争力有很大的帮助。

（6）商务智能在防止交易欺诈和网络安全上的应用。网上交易毕竟突破了现实中实物交换的形式，实现了电子货币和物品交换的新形式。其中出现的种种欺诈行为和安全问题防不胜防，可能会给企业带来巨大的经济损失。通过商务智能技术，分析出用户存在的欺诈手段和安全漏洞，以及可能存在的黑客攻击方法，改进企业的风险防范和应急措施。

面向电子商务的商务智能管理系统是在智能管理系统和在线决策支持系统相结合的基础上，将智能化、集成化、协调化、网络化及在线决策支持的思想融入传统的商业计算机管理系统之中，使其能够适应现代商业发展的规律与趋势，为经营决策者提供更好的经营管理环境和决策支持。

7.1.2 商务智能的应用价值

目前，无论国内市场还是国外市场，各个行业都面临着激烈的竞争。正确、及时的决策是企业生存与发展的关键因素。越来越多的企业管理层开始认识到：只有充分利用、发掘企业的现有数据，才能实现更大的收益。商务智能在挖掘业务数据的潜在价值，以及支持企业管理决策方面体现了其他管理应用软件无法相比的价值。商务智能让企业信息化价值得以升华。全球 IT 研究顾问咨询企业 Gartner 企业调查发现：企业竞争优势的大小，一定程度上取决于其收集与分析数据、制订和执行决策等方面所花时间的多少。一般情况下，企业活动要经过收集数据、分析数据、制订决策和执行决策等阶段。如果企业有效应用了商务智能，则可以大量地减少前两个阶段的时间，把主要的精力放在制订和执行决策上。商务智能的应用价值具体体现在以下几个方面。

1. 经营分析

应用商务智能的经营分析功能，简便、快捷地定制各种成本收益报表，对不同的业务活动进行成本核算，深入分析偏差和改进方法，从而降低成本，提高收入。

经营分析包括经营指标分析、经营业绩分析和财务分析三部分。

经营指标分析是指对企业不同的业务流程和业务环节的指标，如利润率、应收账款率、销售率、库存量、单品销售情况及所占营业比例、风险采购和库存评价指标等进行搜集和分析。但这些指标只能反映局部的经营状况。为了解企业的整体经营状况，还需对这些指标进行科学的组织和分析，利用智能管理技术，形成一个能反映企业整体情况的数学模型。这样通过观察总指标并设置告警，才能反映整个企业的经营状况。

经营业绩分析是指对各部门的营业额、销售量等进行统计，在此基础上，进行同期比较分析、应收账款分析、盈亏分析、各种商品的风险度分析等。经营业绩分析有利于企业实时掌握自身的发展和经营情况，有利于企业及时调整经营业务、化解经营风险。

财务分析是指对企业财务数据中的利润、费用支出、资金占用及其他具体经济指标进行有效分析。

通过财务分析，企业可以及时掌握资金使用方面的实际情况，为及时调整和降低成本提供数据依据。

例如，汽车零件中一个小小的螺帽，其价格微不足道，年产 100 万辆汽车，那么每个螺帽 0.6 元的价格偏差就将导致至少近百万元的成本支出。生产汽车的菲亚特企业在引入商务智能解决方案后，立刻意识到了这个问题，并及时地与螺帽供应商洽谈，从而降低了生产成本，增加了利润。

2. 市场营销策略

利用商务智能技术构建商业模型，确定合适的营销策略。美国的知名零售企业 Sears 在 20 世纪 90 年代曾经面临倒闭的危险，后来他们引入了商务智能系统，把业务系统的数据整合到数据仓库后挖掘得到不同家庭的消费习惯，从而精确地投放具有针对性的广告策略和促销计划（精准营销），击败了对手并获得了成功。目前 Sears 已是全美第二大零售企业。麦当劳风靡全球，然而顾客众多使得经营策略的制订出现了困难。在麦当劳的顾客中，不同的顾客有不同的选择，商务智能系统能分析顾客的偏好。把不同顾客选择产品的数据进行收集和分析，发现相当多的顾客在购买汉堡包的时候也会点上一杯可乐，而且一定比例的顾客在购买薯条的同时配上一份鸡翅。根据这些顾客的消费习惯，麦当劳推出了相应的套餐，并给这些套餐特价的优惠。事实证明，套餐举措是成功的尝试，既吸引了顾客的注意力，又节省了交易成本。电信企业利用商务智能也可以进行用户发展分析、优惠策略预测、套餐分析、促销分析等，对市场营销的成本和收益进行评估。

3. 客户管理

企业正在逐渐由“以产品为中心”转化为“以客户为中心”；应用商务智能中的在线分析处理和数据挖掘等技术，处理大量的交易记录和相关客户资料，对客户进行分类，然后针对不同类的客户制订相应的服务策略。客户智能是商务智能在客户关系管理中的应用。例如，电信企业利用分析型客户关系管理系统进行客户分类、客户信用度评估、大客户管理、通话分析、欠费与欺诈分析、客户流失分析、网络性能分析、未接通呼叫分析和客户投诉分析等，提高客户的满意度和忠诚度，最大化客户价值。

4. 风险管理

在银行、保险和电信等领域，商务智能可以识别潜在的问题，给出存在欺诈行为的用户特征。例如，银行的贷款业务，应用数据挖掘技术可以对客户进行信用分析，发现其中的欺诈行为特征，提出有效的预警，为银行减少损失。电信企业也可以对重大事件、重点业务动态跟踪和监控，及时发现业务收入下降的原因，避免更大的损失。

5. 战略决策支持

商务智能减少管理者收集数据、获取信息所花费的时间，加速决策过程，使正确的信息在正确的时间流向决策者。在经营分析的基础上，企业将各类数据、信息进行高度的概括和总结，然后形成供高级决策者参考的企业经营状况分析报告。

商务智能对战略决策的支持表现在对企业战略、业务战略和职能战略的支持上。在企业战略决策支持层面上，商务智能可以根据企业各战略业务单元的经营业绩和经营定位，选择一种合理的投资组合战略；在业务战略决策支持层面上，由于商务智能系统中集成了更多的外部数据，如外部环境和行业信息，各战略业务单元可据此分别制订自身的竞争战略；在职能战略决策支持层面上，由于来自于企业内部的各种信息源源不断地输入进来，相应地可以提供营销、生产、财务、人力资源等决策支持。

例如，电信企业通过业务分析支撑系统把数据整合后进行分析，辅助企业高层管理者进行企业关键业绩指标分析、竞争对手分析、新业务可行性分析和投资收益分析等。

6. 绩效管理

企业应用商务智能技术能够从各种应用系统中提取各种基础绩效指标与关键绩效指标。为了考核员工的绩效，企业可以先将希望员工做的工作进行量化，然后借助商务智能工具，追踪、衡量和评价员工的工作绩效，引导员工的思想方向和行动与企业的整体目标保持一致。企业通过仪表盘监控关键绩效指标，可掌控业务执行的状况，以便及时调整策略。

7. 市场响应能力

企业借助商务智能还可以预测市场变化，精简流程，确定需要改进的环节，以适应外部环境的变动，提高市场响应能力。根据全球最大的管理咨询企业——埃森哲对高绩效企业的调查，不少领先企业已经大量投资构建强大的商务智能系统。这些系统成为企业提高市场响应能力，制订成功战略的重要工具。

7.2 商务智能的发展趋势

商务智能作为企业信息化的高端产品，已经被越来越多的企业管理者所接受。未来，商务智能的发展将呈现以下趋势。

1. “云端部署+移动商务智能”将成为主流

随着云计算的快速发展和普及应用，以云计算为基础的商务智能应用和在线服务将成为全新的商务智能部署的主流方向。目前，Oracle、ArcPlan、Jasper 等已建设了支持云计算的商务智能平台。此外，移动互联网时代已然来临，移动商务智能将实现随时随地的数据查询与分析，其应用前景不容忽视。移动商务智能融合了计算机技术、通信技术、互联网技术，消除了时间和空间的限制。企业高层和基层员工均可将移动商务智能作为辅助决策的有力工具，可随时随地获取所需的业务数据及分析展现，完成独立的分析与决策应用，实现决策分析的实时动态管理。

移动商务智能重在体验，是传统商务智能的扩展应用，具有传递及时性、使用便利性、不受时空限制等特征。

2. 可视化分析成为通用语言

传统的报表和图报展现已经不能满足用户的需求，数据仪表盘、数据驾驶舱以及基于地图的数据展示等以可视化和个性化数据展现为目标的工具日趋流行。友好的数据可视化技术要求同时拥有数据处理和数据展现的功能。新型的数据可视化的工具在满足这两项功能的基础上，还必须具有交互功能。未来，更加专业化、更加简便、更加灵活的数据展现是数据可视化工具受欢迎的市场驱动。

3. 操作型商务智能应用将得到快速发展

有了大量的数据来源，人们将更容易地深入挖掘数据背后的价值。目前商务智能技术不仅仅应用于企业高层管理者的决策分析，越来越多的商务智能分析结果正被用于普通员工的日常工作流程中，直接推动业务的执行。商务智能系统与业务系统的数据交换更加紧密，操作型商务智能在银行、证券、电信、零售、电子商务等多个行业将得到越来越重要的应用（例如，顾客在家乐福购物时，收银员已经可以根据顾客的购物篮进行产品推荐）。

4．数据分析将从简单走向深入，真正为决策服务

随着业务需求的不断深入，国内的商务智能应用中简单报表和自定义报表已经普遍应用，更深层次的 OLAP 应用得到越来越多的用户的认可。前几年国内报表厂商的产品多为单纯的报表产品，随着商务智能应用的不断发展，越来越多的厂商将扩展 OLAP 分析功能。目前，大部分的报表厂商进入了商务智能市场，对于商务智能应用的普及做出重要贡献。

5．数据集成应用将得到更为广泛的重视

一些大型企业往往有几十个甚至几百个信息系统。企业如果要将这些数据整合到数据仓库中，一般采用 ETL 工具抽取多个厂商数据库的数据，有些甚至还包含非结构化数据（例如 XML、Excel、文本等）。这些数据往往需要被加工和整理放入操作数据存储中（操作数据存储是一个面向主题的、集成的、可变的、当前的细节数据集合，用于支持企业对于即时性的、操作性的、集成的全体信息的需求），最后以规范、标准的格式存储到数据仓库。企业在这个数据集成的过程中，要做到系统兼容性好、开发效率高、处理性能好，而且能够捕捉数据的变化处理增量数据。数据集成是建立实用的数据仓库的关键，而且数据集成的过程占商务智能应用中一半以上的工作量，因此越是大型企业，越重视数据集成。

6．中小企业商务智能应用将逐步扩大，商务智能应用走向平民化

从中小企业的情况来看，尽管中小企业信息化管理起步较晚，但中小企业越来越注重自身的发展，越来越多的中小企业已经意识到信息化管理的重要性和迫切性。因此，中国中小企业逐渐呈现对管理软件旺盛的需求态势，很多厂商发布了专门针对中小企业的商务智能套件，例如 Cognos Express 等，而且很多国内的商务智能厂商推出了廉价的商务智能产品。中小企业在投入 ERP、CRM 产品后，必将应用商务智能，因此，中小企业市场是商务智能应用非常重要的组成部分。

7．多种经营模式的发展同时出现

由于经济危机的影响，企业纷纷缩紧自己的“钱袋子”，减少信息化项目上的投资。在这种大背景下，不少软件企业改变了自己的经营模式。一种模式是软件即服务（Software-as-a-service，SaaS）模式，它是基于互联网提供软件服务的软件应用模式——软件免费用，只收服务费用。另外一种模式就是软件租赁——软件企业把软件出租，免费提供服务，只收取租赁费。

8．商务智能的消费化

随着 iPhone 与 iPad 等产品影响的扩大，为了扩大商务智能的使用和价值，商务智能工具必须简单、可移动和“有趣”。商业用户希望如享用他们的个人工具那样地能简单地使用商务智能工具。需要直观性和互动性的商务智能工具来服务越来越流动的客户，移动式的商务智能也是未来的发展趋势。

课后习题

1．举例说明商务智能在某个行业的应用现状。

2．简述商务智能未来的发展趋势。

参考文献

[1] （法）伯纳德·利奥托德，（美）马克·哈蒙德．商务智能：信息-知识-利润[M]．郑晓舟等，译．北京：电子工业出版社，2002．

[2] 王茁，顾洁．三位一体的商务智能：管理、技术与应用[M]．北京：电子工业出版社，2004．

[3] 谢邦昌．商务智能与数据挖掘 Microsoft SQL Server 应用[M]．北京：机械工业出版社，2008．

[4] 赵卫东．商务智能（第 4 版）[M]．北京：清华大学出版社，2016．

[5] 谭学清．商务智能[M]．武汉：武汉大学出版社，2006．

[6] 曹淑荣．浅议商务智能在 B2C 电子商务站点的应用[J]．科技信息（科学教研），2007，（28）：133．

[7] 曹萍．商务智能在电子商务中的应用研究[J]．科技和产业，2009，（05）：33-36．

[8] 陈进宝．商务智能在电子商务中的应用研究[D]．北京：北京邮电大学，2008．

[9] 朱荣，王丽君，孔峰，孔祥真．商务智能技术在中小企业中的应用调查报告[J]．电子商务，2011，（06）：57-58．

[10] 陈鸿雁．商务智能在保险数据分析和决策支持中的设计与实现[J]．计算机系统应用，2010，（11）：139-142．

[11] 许多顶．商务智能系统实现的关键技术[J]．企业经济，2010，（12）：85-87．

[12] 周瑾．基于商务智能的企业营销决策研究[J]．企业技术开发，2008，（06）：69-71．

[13] 张巧．商务智能发展现状与趋势分析[J]．中国证券期货，2009，（02）：14-17．

[14] 张瑞君，胡耀光，王运志，冯毅雄．制造业商务智能研究框架与发展模式[J]．中国制造业信息化，2010，（10）：70-72．

[15] 季显武，田大钢．基于 Teradata 数据仓库的零售业商务智能模型[J]．价值工程，2010，（16）：150-152．

[16] 陈国庆，高博，胡爱华．我国银行数据仓库和商业智能的发展策略[J]．金融电子化，2005，（9）：51-53．

[17] 邓宏．电信业务的分析需求及其 IBM 商业智能解决方案[J]．通信世界，2004，（7）：35-35．

[18] 柯湘晖．商业智能——提升制造企业应用的有效工具[J]．印制电路信息，2006，（7）：60-62．

[19] 高振宇．保险行业中商业智能系统的设计与实现[D]．天津：天津大学，2010．

[20] 陆从青．商业智能系统在政府部门的应用[J]．无线互联科技，2016，（11）：136-137．

[21] 廖飒．利用 PowerDesigner 建立数据仓库多维模型的研究[J]．南宁师范高等专科学校学报，2006，（01）：73-75．

[22] 薛薇，陈欢歌．SPSS Modeler 数据挖掘方法及应用（第 2 版）[M]．北京：电子工业出版社，2014．

[23] 蒋盛益．商务数据挖掘与应用案例分析[M]．北京：电子工业出版社，2014.

[24] 张文彤，钟云飞．IBM SPSS 数据分析与挖掘实战案例精粹[M]．北京：清华大学出版社，2013.

[25] 黄蓉．基于聚类分析的数据挖掘方法研究[J]．山东农业大学学报（自然科学版），2017，48（01）：100-103.

[26] 刘智龙．统计行业数据分析与数据挖掘应用——工具篇[J]．统计与咨询，2014，（01）：36-38.

[27] 钱贺斌．数据挖掘——大数据时代的重要工具[J]．中国科技信息，2013，（16）：78.

[28] 秦莉花，李晟，陈晓阳，等．数据挖掘的分类、工具及模型的概述[J]．现代计算机，2013，（11）：17-21.

[29] 刘明亮，李雄飞，孙涛，许晓晴．数据挖掘技术标准综述[J]．计算机科学，2008，（06）.

[30] 钱晓东．数据挖掘中分类方法综述[J]．图书情报工作，2007，（03）.

[31] 邹志文，朱金伟．数据挖掘算法研究与综述[J]．计算机工程与设计，2005，（09）.

[32] 刘红岩．商务智能方法与应用[M]．北京：清华大学出版社，2013.

[33] 陈为，沈则潜，陶煜波．数据可视化[M]．北京：电子工业出版社，2016.

[34] 陈高雅．一图胜千言：信息可视化艺术设计指南[M]．北京：机械工业出版社，2015.

[35] 陈伟．商业智能中的数据可视化研究[D]．合肥：合肥工业大学，2010.

[36] 宋绍成，毕强，杨达．信息可视化的基本过程与主要研究领域[J]．情报科学，2004，22（1）：13-18.

[37] 徐新萍，王晓民，彭瑞云，等．浅议信息可视化基本原理与应用[J]．中国体视学与图像分析，2007，12（1）：75-78.

[38] 李纲，郑重．信息可视化应用研究进展[J]．图书情报知识，2008（4）：36-40.

[39] 杨彦波，刘滨，祁明月．信息可视化研究综述[J]．河北科技大学学报，2014，35（1）：91-102.